基于计算机数字图像处理技术木材表面纹理特征提取和分类识别方法

王 辉 王 晗 著

北京理工大学出版社
BEIJING INSTITUTE OF TECHNOLOGY PRESS

内 容 简 介

本书采用计算机图像处理技术对木材表面纹理分析与识别方法进行了讨论研究，系统地介绍了木材表面纹理分类识别研究现状、常用模式识别方法、图像纹理特征提取方法及最新研究进展等内容。

本书可以作为高职高专及本科院校电气自动化、信息技术等相关专业的教师和学生的参考用书，也可以作为相关科研人员、工程技术人员的学习和参考资料。

图书在版编目（CIP）数据

基于计算机数字图像处理技术木材表面纹理特征提取和分类识别方法／王辉，王晗著．—北京：北京理工大学出版社，2020.6

ISBN 978－7－5682－8552－0

Ⅰ．①基…　Ⅱ．①王…②王…　Ⅲ．①木材纹理－数字图像处理－模式识别－研究　Ⅳ．①S781.1－39

中国版本图书馆CIP数据核字（2020）第096666号

出版发行／北京理工大学出版社有限责任公司
社　　址／北京市海淀区中关村南大街5号
邮　　编／100081
电　　话／（010）68914775（总编室）
（010）82562903（教材售后服务热线）
（010）68948351（其他图书服务热线）
网　　址／http：//www.bitpress.com.cn
经　　销／全国各地新华书店
印　　刷／保定市中画美凯印刷有限公司
开　　本／710毫米×1000毫米　1/16
印　　张／12
字　　数／230千字
版　　次／2020年6月第1版　2020年6月第1次印刷
定　　价／69.80元

责任编辑／张鑫星
文案编辑／张鑫星
责任校对／周瑞红
责任印制／施胜娟

自　序

纹理是木材表面重要的天然属性，直接关系着木制品的感观效果和经济效益，可以作为区分不同树种和材性的重要依据，并被木材物理学作为木质环境学的重要内容进行研究。然而，木材表面纹理具有精细复杂的结构，很难用明确的数学解析式表达，是困扰木材学术界的一个难题。与密度、强度、颜色等指标一样，木材纹理已在木材质量检验工作中日益受到重视，并作为重要的材质性状指标对珍贵装饰和家具用材进行选择。在木材加工企业的生产过程中，经常需要按纹理对木材进行分类。同时，木材加工业迫切需要一种能依据纹理对木材进行分类的自动化设备。传统的方法是人工分类，效率很低，劳动强度大，分类结果受人为因素影响很大。因此，研究准确、高效的木材表面纹理自动化分类方法具有重要的现实意义。近年来，随着计算机图像处理技术和模式识别理论的发展，图像分析与分类识别理论的研究取得了一系列突破。我们采用计算机图像处理技术对木材表面纹理分析与识别方法进行了讨论研究。此外，在纹理的分类研究中，对木材这类自然纹理的分析、识别方法还远不够成熟，主要表现在没有一种纹理分析方法对所有对象是普遍通用的，还需要进行深入研究，提出更好的理论方法，丰富计算机视觉和模式识别领域关于自然纹理分析分类的理论方法。因此，本书所论述木材表面纹理特征提取与分类识别具有理论和实用双重价值。

本书由盘锦职业技术学院王辉、盘锦高级技工学校王晗著，在编著过程中，还得到了东北林业大学王克奇教授、白雪冰教授的大力支持。此外，出版过程获辽宁“百千万人才工程”培养经费资助。

由于编者水平有限，书中难免有不足和遗漏之处，恳请广大读者批评指正。

著　者

CONTENTS

目　录

第1章 基于计算机图像处理技术木材表面纹理分类识别研究现状

1.1 计算机数字图像处理及其在木材科学领域的研究现状

1.1.1 计算机数字图像处理概述

在社会生活和科研生产工作中，人们每时每处都要接触图像。一般来讲，凡能为人们视觉系统所感知的信息形式或人们心目中的有形想象统称为图像（Image）。图像是自然生物或人造物理的观测系统对世界的记录，是以物理能量为载体，以物质为记录介质的一种信息形式。图像是人类认识世界的重要知识来源，国外学者曾做过统计，人类所获得的信息有80%以上是来自眼睛所摄取的图像。对图像进行一系列的操作，以达到预期目的的技术称为图像处理。

图像处理可分为模拟图像处理（Analog Image Processing）和计算机数字图像处理（Digital Image Processing）两种方式。利用光学、照相和电子学方法对模拟图像的处理称为模拟图像处理。这种处理从本质上看是属于并行处理技术，其最明显的特点是处理速度快，一般为实时处理，理论上讲可达到光速。模拟图像处理的缺点是精度较差，很难有判断能力和非线性处理能力。早期的计算机数字图像处理（也称计算机图像处理）是指使用数字计算机加工处理图像以获得所需要的信息或信息形式，这类技术的系统研究始于20世纪50年代。从20世纪60年代起，随着电子计算机技术的进步，计算机数字图像处理获得了飞跃的发展。所谓计算机数字图像处理，就是利用计算机或实时硬件对计算机数字图像进行系列操作，从而获得某种预期结果的技术。计算机数字图像处理的主要优点表现在：对图像的处理是通过运行处理程序来实现的，可灵活、多变地实现各种处理。既可以对图像做线性化处理，也可做非线性变换处理，并且处理精度高，再现性好。与模拟处理相比，计算机数字图像处理的主要缺陷表现在：处理速度慢，所需数据存储空间大，从而使计算机数字图像处理成本增高。

近十几年来，计算机数字图像处理技术的发展更为深入、广泛和迅速，这主要是因为各个领域对其提出了越来越高的要求以及相关学科的飞速发展。现在人们已充分认识到计算机数字图像处理技术是认识世界、改造世界的重要手段之一。

1.1.2 计算机数字图像处理主要内容及其在木材科学领域的应用

木材表面纹理具有精细复杂的结构，很难用明确的数学解析式表达，对其进行研究具有理论和实际双重价值，但同时也作为一个难题一直困扰着木材学术界。随着计算机技术的飞速发展，国内外学者将计算机数字图像处理技术引入木材学领域，为解决这一难题提供了新的思路。

计算机数字图像处理主要包括以下几项内容：几何处理、算术处理、图像增强、图像复原、图像重建、图像编码、模式识别、图像理解等。

1. 几何处理

几何处理包括：坐标变换，图像的放大、缩小、旋转、移动，多个图像配准，全景畸变校正，周长、面积、体积计算等。

2. 算术处理

算术处理主要对图像进行加、减、乘、除等运算，虽然该处理主要针对像素点的处理，但非常有用，如医学图像的减影处理技术就有显著的效果。

3. 图像增强

图像增强处理主要是突出图像中感兴趣的信息，而减弱或去除不需要的信息，从而使有用信息得到增强，便于区分或解释。主要方法有直方图增强、伪彩色增强、灰度窗口等技术。

4. 图像复原

图像复原的主要目的是去除干扰和模糊，恢复图像的本来面目。典型的例子，如去噪就属于图像复原。图像噪声包括随机噪声和相干噪声，随机噪声干扰表现为麻点干扰，相干噪声表现为网纹干扰。去模糊也是复原处理的任务，这些模糊来自透镜散焦、相对运动、大气湍流以及云层遮挡等。这些干扰可用维纳滤波、逆滤波、同态滤波等方法加以去除。

5. 图像重建

几何处理、图像增强、图像复原都是从图像到图像的处理，即输入的是图像，输出的也是图像；而图像重建则是从数据到图像的处理，即输入的是某种数据，处理结果得到的是图像。图像重建的主要算法有代数法、迭代法、傅里叶反投影法、卷积反投影法。值得注意的是，三维重建算法发展很快，而且由于与计算机图形学相结合，把多个二维图像合成为三维图像，并加以光照模型和各种渲染技术，能生成各种具有强烈真实感及纯净感的高质量图像。三维重建技术也是当今虚拟现实和科学可视化技术的基础。

6. 图像编码

图像编码研究属于信息论中的信息编码范畴，其主要宗旨是利用图像信号的统计特性及人类视觉的生理学及心理学特性对图像进行高效编码，即研究数据压缩技术，以解决数据量大的矛盾。一般来说，图像编码的目的有三个：①减少数据存储量；②降低数据量以减少传输带宽；③压缩信息量，便于特征抽取，为识别做准备。

7. 模式识别

模式识别理论和技术经常应用在计算机数字图像处理研究中。目前，模式识别方法主要分为五种，即统计识别法、句法结构模式识别法、模糊识别法、基于神经网络的模式识别方法和人工智能方法。统计识别法侧重于特征，句法结构模式识别法侧重于结构和单元，模糊识别法是把模糊数学的一些概念和理论用于识别处理。在模糊识别处理中充分考虑了人的主观概率，同时也考虑了人的非逻辑思维方法及人的生理、心理反应。

8. 图像理解

图像理解是由模式识别发展起来的一个重要研究领域，它输入的是图像，输出的是一种描述。这种描述不是单纯用符号做出的描述，而是要利用客观世界的知识使计算机进行推理、联想及思考，从而理解图像所表现的内容。

目前，计算机数字图像处理技术（计算机图像处理技术）已是各个学科竞相研究并在各个领域广泛应用的一门科学，广泛应用于许多社会领域，如工业、农业、国防军事、社会公安、科研、生物医学、通信邮电等。随着科技事业的进步以及人类需求的多样化发展，多学科的交叉、融合已是现代科学发展的突出特色和必然途径，而图像处理科学又是一门与国计民生紧密相连的应用科学，它的发展和应用与我国的现代化建设关系之密切、影响之深远是不可估量的。计算机数字图像处理技术在木材科学领域的应用主要包括以下几个方面：①木材构造的分析与测量；②人造板加工和制材控制；③木质材料表面粗糙度检测；④制浆和造纸分析；⑤木材表面纹理的分析等。计算机图像处理技术作为一种先进的技术手段，正在积极推动木材科学的研究和木材工业的发展。

1.2　计算机数字图像处理技术中的纹理分析研究现状

在计算机数字图像分析中，纹理是描述图像常用的一个概念。纹理特征是一种不依赖于颜色或亮度的反映图像中同质现象的重要特征。它是所有物体表面共有的内在特性，包含了物体表面结构组织排列的重要信息以及与周围环境的联系。因此，纹理特征在图像的分类识别中得到了广泛的应用。

1.2.1 纹理的定义

纹理是图像分析中的重要特征，是模式识别中用来辨别图像区域的重要依据，常使用区域的尺寸、可分辨灰度元素的数目以及这些灰度元素（像素）的相互关系来描述一幅图像中的纹理区域。纹理是一种普遍存在的视觉现象，例如，木材表面、草坪、皮肤、织物、水波等都有各自的纹理特征。任何物体的表面，如果一直放大下去，一定会显现出纹理。从心理学的观点考虑，人类观察到的纹理特征包括均匀性、密度、粗细度、粗糙度、规律性、线性度、定向性、方向性、频率和相位等，并且这些特征是相互联系的。但是，大部分纹理模型表达的是三个方面的纹理测度，即粗糙度、方向性和对比度。一般来说，纹理和图像频谱中高频分量是密切联系的，光滑图像不认为是纹理图像。人们可以感受到纹理，却很难对纹理的精确定义形成统一的认识。因此，到目前为止，对纹理还没有统一的、确切的定义，通常是根据具体应用的需要而做出不同定义，下面给出 9 种关于纹理的定义。

（1）Pickett（1964）：保持一定的特征重复性，并且其间隔规律可以任意安排的空间结构，则称为纹理。

（2）霍金斯（1969）：纹理必须具有 3 个要素，即局部的空间变化序次在更大的区域内不断重复；序次是由基本部分，即纹理基元，非随机排列而组成；纹理区域内任何地方都有大致相同的结构。

（3）Sklansky（1978）：影像小范围内若一系列局部统计特征或其他局部图形性质不变，或者变化缓慢，或近似可预测，则称为纹理。

（4）Li Wang（1990）：纹理是纹理基元组成的。纹理基元是表现纹理特征的最小单元，是一个像元在其周围 8 个方向上的特征反映。

（5）徐光祐（1999）：纹理是一种有组织的区域现象，它的基本特征是移不变性，即对纹理的视觉感知基本上与其在图像中的位置无关。

（6）容观澳（2000）：纹理是物体表面结构的模式，表征了相邻像元的灰度或彩色的空间相关性或它随空间而变化对人视觉的反映和理解。

（7）贾永红（2001）：如果图像在局部区域内呈现不规则性，而在整体上表现出某种规律性，习惯上把这种局部不规则而宏观有规律的特性称为纹理。

（8）舒宁（2004）：影像纹理是地物（或其他目标）在光谱空间中的表征点到地物（或其他目标）分布二维投影空间的映射模式或映射表达方式。

（9）Milan Sonka：纹理是表达物体表面或结构的属性，是互相关联元素组成的某种东西，且高度依赖于纹理的尺度。

我们比较赞同霍金斯和徐光祐教授的观点，认为纹理是由纹理基元按某种确定性的规律或者某种统计规律排列组成的，具有移不变性，并且是一种有组织的区域现象。

纹理的分类方式大致有以下 3 种：①由于构成纹理的规律可能是规则的，也可能是随机的。因此，纹理可分为规则纹理（也称为结构性纹理或确定性纹理）和随机纹理。规则纹理有可以识别的单元且有一定的排列规则，现实世界中的纹理多介于两者之间。②根据纹理变化的尺度大小，纹理可分为微纹理和宏纹理。若图像中灰度（或其他量）在小范围内相当不稳定，称为微纹理；若图像中有明显的结构单元，整幅纹理是由这些结构单元按一定规律形成的，称为宏纹理（粗纹理），上述结构单元称为纹理基元。③纹理还可以分为人造纹理和自然纹理，如图1－1所示。

图1－1　人造纹理与自然纹理

(a)～(f)人造纹理；(g)～(l)自然纹理

1.2.2　纹理的研究方向

对纹理的研究有两个目的：①研究纹理的观赏特性，即如何设计具有特定效果的纹理，使之有一定的美学价值或自然逼真效果，这是计算机图形学所研究的主要目标；②研究纹理图像的特性，即纹理分析，以便分类和识别场景，这是机器视觉追求的目标。对纹理分析的研究主要包括以下六大领域：纹理分类、纹理分割、纹理描述、纹理合成、基于纹理的三维形状分析以及纹理检索。

1. 纹理分类

纹理分类的研究对象是整幅图像的纹理，即图像整体的纹理。所谓整体的纹理是指所考察的整幅图像的纹理可以被看成一类，是图像全局的纹理参数。纹理分类的目的是判断每一幅图像的纹理类别。一般来说，在分类之前要有一些关于纹理图像的先验知识。此时，追求的目标是获得更高的分类识别率，这就涉及纹理特征参数的获取、提取与选择和分类器的设计三大部分，只有将这三大部分有机地结合起来才能达到预期的目标。

2. 纹理分割

纹理分割是指一幅图像中包含有多种类别的纹理，需要把包含同一种纹理的区域提取出来，或找出不同纹理间边界的技术和过程。这是纹理分析中一个较难的问题，因为通常在这种情况下，事先并不知道图像中存在哪些纹理、有多少类纹理以及哪些区域包含哪类纹理。纹理分割的目的是减少后续的图像分析、图像理解和目标识别等高级处理阶段所要处理的数据量，所以分割的准确性直接影响后续任务的有效性。

纹理分割总体上可以分为两类：基于区域的方法和基于边界的方法。由于纹理具有区域性，所以目前的纹理分割方法主要是基于区域的方法。该方法可以分为两步：第一步是纹理特征获取，这是进行纹理分割的基础。第二步是分割算法，该算法要快速、准确地对纹理特征进行聚类，这不仅是保证纹理分割准确性的先决条件，同时也是保证纹理分割实时性的关键所在。我们所建立的木材表面纹理参数体系也为木材表面缺陷的分割与识别研究奠定基础。

3. 纹理描述

纹理描述是对图像中纹理信息的特性做出某种度量。纹理描述的基础是找出一组能够有效反映图像纹理的特征参量，这些特征参量能够对纹理的某些特性做出度量。

4. 纹理合成

纹理合成是一种创建新纹理的有效方法，其基本框架如图 1 - 2 所示，其目的是给定一个样本纹理，合成出新的纹理。对人的感知系统来说，新纹理就好像是从样本纹理中自然衍生出来的，其主要难题在于建模和采样两大部分。

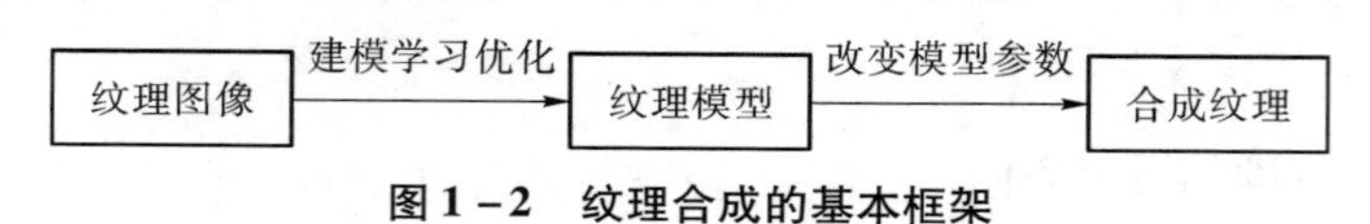

图 1 - 2　纹理合成的基本框架

建模是指如何模拟从给定的有限大小的纹理样本合成出新纹理的过程。采样是根据一定的合成纹理过程，如何发展出一种有效的采样程序去产生新纹理。具体步骤应是：首先对纹理图像进行建模，通过学习和优化确定模型参数，然后改变模型参数，用得到的模型来合成纹理。通常，我们可以采用的纹理模型有高斯 - 马尔可夫随机场模型（GMRF）、分形模型等，其中 GMRF 是一个较为常用的用来合成纹理的模型。

5. 基于纹理的三维形状分析

图像中有很多信息可以用来推断物体的三维形状。例如，边界的相对结构信息、目标物体表面阴影的变化以及边界连接的形状信息等。早在 1950 年，Gibson 就指出了纹理特性的变化和表面形状的关系。Steven 也研究了几种与表面形状分析密切相关的纹理特性，这些特性包括纹理基元的透视特性、尺度变化以及它们的密度变化。

6. 纹理检索

纹理检索是基于图像内容检索（Content Based Image Retrieval，CBIR）的重要组成部分，由于纹理特征能够充分地描述图像内所包含物体表面的结构信息，并且计算简单、性能稳定。因此，纹理检索成为 CBIR 中一种有效的手段。

基于纹理特征的图像检索有三个关键问题：

（1）要选取恰当的纹理图像特征；

（2）要采用有效的特征获取方法；

（3）要有准确的特征匹配算法。

图 1－3 所示为基于内容的图像检索系统的体系结构，系统的核心是图像特征数据库。如果图像特征数据库中只包含纹理信息，那么图 1－3 就是所谓的纹理检索系统。图像特征是从图像本身获取得到的，并可以用于计算图像之间的相似度。用户可以向系统提出查询要求，系统根据查询要求返回查询结果。

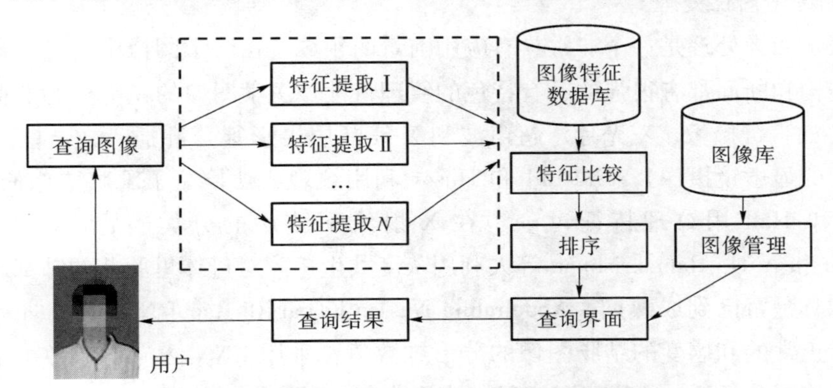

图 1－3　基于内容的图像检索系统的体系结构

1.2.3　纹理的应用领域

自然界的纹理几乎无处不在，充分地利用纹理的复杂多样性和强大的表现区分能力，能够更好地将纹理应用到科研、生产和生活中。目前，纹理在许多领域有着广泛的应用，如遥感图像分析、医学图像分析、缺陷检测、基于生物特征的身份鉴定、文档分割、目标识别以及图像检索等方面。下面我们简单回顾一下纹理在遥感图像分析、医学图像处理、工业产品缺陷检测中的应用。

1. 遥感图像分析

遥感图像包括卫星图像、卫星多谱段图像、地震测量和声呐图像等。在遥感图像中，陆地、水、小麦、城市、森林、山脉等都具有各自特定的纹理。通过分析遥感图像的纹理特征，可以进行区域识别、森林利用、城市发展、土地荒漠化等在国民经济中很有价值的宏观研究及应用。目前，纹理分析被应用在遥感图像分析的领域有遥感图像目标识别、遥感图像地形分类和卫星遥感图像云类识别等。Haralick 等使用灰度级二阶统计特征来分析遥感图像，他们计算了四个方向（0°、45°、90°和 135°）上灰度共生矩阵，对一个七类分类问题，通过使用纹理特征，获得了大约 80% 的分类精度。Willhauck 使用两种方法对 SPOT 数据与航空影像数据进行森林类别的识别，结果表明面向对象的分类方法优于传统的目视解译。Hofmann 在面向对象的分类方法中利用影像对象的光谱、纹理、形状与背景信息识别 IKONOS 影像中的居民地，得到的分类结果有较高的精度。Batuer 对奥地利维也纳市进行航空影像土地利用分类，结果表明目视解译能取得一定的精度，但速度很慢，而采用面积对象的计算机自动分类技术，速度快精度高，是高分辨率影像自动分类的理想选择。Willhauck 采用面向对象的影像分析方法，集合了多种数据如 SAR 影像、植被图及 NOAH 数据完成了全球在 1997 与 1998 年严重森林火灾后的制图任务。

2. 医学图像处理

医学图像处理是一个非常具有应用前景的领域。在医学图像中，各个器官的组织结构和断面都有很强的、有特色的纹理特性。医学图像的获得分为非插入式技术（如直接摄像、X 光片、超声波和 X 线断层摄影等）和插入式方法（如组织切片的显微镜摄像）。Gulsrud 和 Husoy 利用纹理成功检测了乳腺图像的病变。Sutton 和 Hall 用纹理特征讨论了在 X 射线下肺病的分类问题。K. N. Bhanu Prakash 和 A. G. Ramakrishnan 等人利用灰度共生矩阵对母体里胎儿的肺部超声图像检测其是否已到成熟期。Abdelrahim Nasser Esgiar 和 Raouf N. G. Naguib 等人研究了正常的和癌变的结肠图像的分形维数值，采用 KNN 法为图像做出了正常或癌变的区分。Harms 等利用纹理特性并结合色彩信息来检测血细胞中白血球的恶化问题。Albregtsen 和 Schulerud 也通过老鼠活细胞切片的电子显微镜图像的纹理来识别癌症细胞等。Landeweerd 和 Gelsema 利用纹理的一阶和二阶统计来检测白血球的各种形态和它们的畸变，用于检测病情。

3. 工业产品缺陷检测中的应用

工业制造过程中的自动缺陷检测是对大量产品检验的重要步骤，产品外表面的质量与纹理特征息息相关，已经有相当多的纹理分析方法应用在缺陷自动检测系统中，包括纺织企业的织物疵点检测、织物缺陷检测、林业生产中原木内部缺陷检测、汽车喷漆的检测和钢管缺陷检测等。Conners 等利用纹理分析的方法来自动检测木头家具端面的缺陷。Dewaele 等提出了在纹理图像中检测点缺陷和线缺陷的算法。Jain 等利用 Gabor 滤波器抽取纹理特征，并把它用来自动检测金属喷漆的质量。Jasper 等采用适合纹理分析的小波基对纺织品纹理进行缺损检测，其频率响应对正常纹理为零、对有缺陷的纹理有明显的频率响应。此外，纹理分析的方法还能对工业产品的外观质量做出自动评定和检测，其中包括纺织品外观等级评定、机械产品表面粗糙度非接触检测、电站锅炉水冷壁污染程度检测等。随着计算机数字图像的广泛应用和人工智能理论的日益成熟，纹理分析的研究也不断深入，新的方法层出不穷，纹理分析必将在实际生产生活中发挥越来越大的作用。

1.3 木材表面纹理分类识别研究意义

自古以来，人类生活就与木材息息相关。随着人们生活质量的提高和回归自然的追求，人们对木材的喜爱有增无减，木材是室内装饰、家具制作的首选材料。从使用方面来看，木材具有令人愉悦的视觉特性、触觉特性、嗅觉特性和调湿特性，是良好的室内环境材料和生活用具材料，给人以舒适感；木材富有悦目的花纹、光泽和颜色，具有良好的装饰性，用作室内装饰装修材料，给人温馨感；木材具有电热绝缘性，是良好的电绝缘、热绝缘材料；木材对声波具有良好的共振性，是制作乐器的优良材料；木材是弹塑性体，具有破坏先兆性，给人以安全感。木材表面纹理正是自然纹理的典型代表。木材表面纹理在自然生长中形成，它由生长轮、木射线、轴向薄壁组织等解剖分子相互交织而产生，其主要表现形式来自由导管、管胞、木纤维、射线薄壁组织等的细胞排列所构成的生长轮。无论从任何角度进行切削，都产生非交叉的、近于平行的直线或曲线图形，而在不同的切面又呈现不同的纹理图案，具有独特的美感。通常，木材的横切面上呈现同心圆状花纹，径切面上呈现平行的条形带状花纹，弦切面上呈现抛物线状花纹。木材表面纹理还具有尺度性，在不同分辨率下，木材表面纹理依然呈现出细微而复杂的结构，不同尺度之间的纹理常常表现出形态上的相似性。木材学的研究表明，木材表面纹理能给观察者以良好的心理感觉。由此可见，木材表面纹理丰富、精细、独特的图案正是区别于其他自然纹理的主要特征，而木材表面纹理所给予人类的舒适的视觉和心理感受更是其他人造纹理所无法实现的，这些正是木材这种自然纹理最显著的特点。

纹理是木材表面的天然属性，直接关系到木制品的感观效果和经济效益，可以作为区分不同树种和材性的重要依据，并被木材物理学与木质环境学作为重要内容进行研究。与密度、强度、颜色等指标一样，木材表面纹理已在木材质量检验工作中日益受到重视，例如美国、法国、日本等发达国家已将它作为评价木材质量和决定木材产品商品价值的一个重要参考，并作为重要的材质性状指标对珍贵装饰和家具用材进行选择。在木材加工企业的生产过程中，经常需要按木材表面纹理对木材进行分类，如木质地板块加工生产、家具生产等。传统的方法是人工分类，效率很低，劳动强度大，分类结果受人为因素影响很大。如果没有定量的指标作为参考而仅靠人工直观感性地评价木材表面的纹理特征，其结果将失去客观性和实用性。因此研究准确、高效的木材表面纹理自动化分类方法具有重要的现实意义。然而，到目前为止还没有相关木材表面纹理的国家标准或行业标准。此外，在基于纹理特征木材表面缺陷分割与识别的研究方面以及有关木材表面纹理加工等方面，也需要一套能有效描述木材表面纹理的参数。因此，迫切需要建立一套参数体系来有效描述木材表面纹理，这也正是我们的主要目的之一。而纹理又是图像的重要视觉特征，在图像分析、对象识别和机器视觉中起着重要的作用，甚至起关键性的作用。纹理反映了物体表面颜色或亮度规律性变化或分布的性质，在人们对图像长期认知中形成了纹理的概念，但目前在数学上还没有确切的定义，也没有恰当、准确的数学描述方法。在实际应用方面，纹理作为图像的重要属性，被广泛应用到图像分类与识别、图像分割、图像检索、图像纹理合成以及基于纹理特征图像三维形状分析等方面。然而，由于自然纹理的随机性和复杂性，使它成为是图像处理中一个很难处理的案例。到目前为止，还没有十分成熟的方法来分析自然纹理图像，而木材表面纹理恰恰是自然纹理的典型代表，它具有自然纹理的全部特点，因此，对其进行分类识别研究同时也就是丰富了自然纹理的分类识别方法。以往的研究已表明，木材表面纹理与人的感观心理具有很强的耦合关系，如果没有定量指标作为参考，而仅凭人的直观感觉进行纹理分析评定，对木材视觉环境学特性的分析结果将失去客观性和科学性。因此，木材表面纹理研究的首要问题是确立表征木材表面纹理特征的理论方法和技术手段，并据此建立木材表面纹理的指标体系，其结果将填补国内、国际木材科学研究领域的空白，为木材学的研究提供更科学先进的手段。此外，纹理作为计算机视觉与模式识别领域的重要研究内容，应当说，纹理分析与识别是计算机视觉和模式识别领域的一个根本性问题。然而，目前纹理（尤其是自然纹理）分析与识别方法还不够成熟，需要我们对其进行深入研究。

国内外部分学者对该问题进行了研究，日本京都大学的增田稔博士对木材的平行条纹、涡形条纹、放射状等条纹进行了考察，发现当完成了类似于一个周期的深浅变化以后，以平均值横线分界的波形阴影总是能够全部或部分地重合，开创了木材表面纹理研究的先河。仲村匡司采用计算机图形处理模拟制作了各种木材径切面纹理模型图片，并调查分析了“自然感”心理量与其他心理量以及纹理图形数字化参数之间的关系。伏劲松引用电磁学中等电位面的概念，以线电荷的作用，推导出一个适合于表现木材表面纹理的体纹理函数，克服了共轴圆柱法产生的纹理单调性，解决了点电荷等电位面法中对纹理效果不易控制的缺陷，能够较为贴近地描绘自然界中木材表面纹理。东北林业大学刘一星教授、王克奇教授、马岩教授、白雪冰副教授、于海鹏博士也在该领域进行了研究，他们主要采用计算机图像处理技术和建立数学模型的方法来探索木材表面纹理分布的规律，取得了一些成果。其中，马岩教授主要采用建立数学模型的方法对木材端面纹理进行了探索，指出利用木材端面纹理往往可以显现的特点来识别木材年轮宽度、锯材在原木中的下锯位置、原木椭圆度等参数，并且为木材几何参数识别数学模型的建立提供了工具。马岩教授为船舶、乐器等特殊行业需要的弦切板数控加工提供数学描述理论，实现了对原木锯割弦切板材板面尺寸的数学描述。刘一星教授与于海鹏博士在充分分析木材表面纹理的特点和变化规律的基础之上，采用图像处理技术对木材表面纹理进行了详细的研究，建立起一套木材表面纹理特征参数，使木材表面纹理的研究实现了定量化，尤其在木材表面纹理的空域统计分析上研究比较深入，有许多值得借鉴之处。王克奇教授与白雪冰副教授从模式识别角度出发对木材表面纹理进行了研究，并验证了所建立参数体系的有效性，使木材表面纹理的自动化分类识别向可实现方向迈进了关键的一步。此外，东北林业大学的任洪娥教授、合肥工业大学的江巨浪副教授、中国林业科学研究院木材工业研究所的江泽慧教授、安徽农业大学的邵卓平教授也在木材表面纹理的相关领域进行了研究。传统的纹理分析主要集中在灰度级纹理分析的研究上，有必要通过增加颜色信息对灰度级纹理分析进行改进。此外，近年来，彩色纹理图像分析成为研究的热点。彩色纹理图像可以认为是纹理图像的色彩和结构分布之间的关系。尽管彩色纹理图像分析具有优越性，但如何很好地把颜色和纹理特征整合成为一个有机模型还是一个挑战。

综上所述，目前对木材表面颜色和纹理的综合测量主要靠人工目测，人为因素影响大，测量速度慢，精度低，如何表征木材表面纹理以及对木材表面纹理的分类识别不但是一个木材学的前沿课题，也是计算机视觉与模式识别领域的一个重要研究方向。无论是从科学研究的角度还是人们日常生产和生活的需要，对木材表面纹理进行分类识别研究都具有十分重要的意义。

1.4 木材表面纹理特征提取分析的常用方法及其研究现状

基于木材科学与木质物理学的木材表面纹理分析方法，多从定性的角度开展，分析由树种、生长条件等因素引起的木材表面的规律性、周期性、方向性的变化，以及由此而引发的人的主观心理感受。所以，迄今为止关于木材表面纹理表达与分析的研究，基本上仍停留在定性描述为主，局部定量为辅的阶段。

日本的仲村匡司采用计算机图形处理模拟制作了各种木材径切面纹理模型图片，并调查分析了“自然感”心理量与其他心理量以及纹理图形数字化参数之间的关系。其结果表明，“自然感”与“木纹相象感”和“喜好感”相关程度很高，可认为加强自然感是提高木纹仿制品视觉特性的有效途径之一。增田稔基于“能给予人眼最明显刺激的图案是隐现相间出现的图案”的思想，进行了从隐现相间出现的图案中提取规律性成分的尝试。对木材的平行条纹、涡形条纹、放射状等条纹进行考察后，发现当完成了类似于一个周期的深浅变化后，以平均值横线分界的波形阴影总是能够全部或部分地重合，这种具有规律的性质可以作为将图案模型化和数量化的出发点。伏劲松引用电磁学中电位的概念，以线电荷的作用，推导出一个适合于木材表面纹理表现的体纹理函数，达到了共轴圆柱表示法与点电荷等电位面法的统一，克服了共轴圆柱法产生的纹理单调性，又解决了点电荷等电位面法中对纹理效果不易控制的缺陷，能够较为贴近地描绘自然界中木材表面纹理的特点。

20 世纪 90 年代初期，以刘一星为代表的我国学者开始木材视觉环境学特性的研究，取得了丰硕的研究成果。代表性的研究为：对国产 110 个树种木材视觉物理量的定量化参数提取、测量，统计它们在颜色坐标空间、主成分空间的分布情况；分析视觉物理量与视觉心理量之间的相互作用关系，得出了由视觉物理量参数预测木材视觉心理量的回归方程。但只提取到木材表面纹理的色度学参数，未能够实现对木材表面纹理的定量化表征及特征参数提取，因而在分析时也忽略了纹理在其中所起的影响作用。白雪冰教授、于海鹏博士等在充分分析木材表面纹理的特点和变化规律的基础之上，采用图像处理技术对木材表面纹理进行了详细的研究，建立起一套木材表面纹理特征参数，使木材表面纹理的研究实现了定量化，尤其在木材表面纹理的空域统计分析上研究比较深入，有许多值得借鉴之处。

纹理分析是指通过一定的图像处理技术，获取图像的纹理特征，从而获得纹理的定量或定性描述的处理过程。因此，纹理分析应包括两个方面的内容：①检测出纹理基元；②获得有关纹理基元排列分布方式的信息。对于纹理图像的分析通常包括纹理图像的预处理、特征获取以及对纹理图像分类、分割和理解。不管是纹理分类、分割或理解，纹理特征可以用模型参数表示，也可以按照人的视觉感知特性获取相应的有明确意义的特征度量，如粒度、对比度、方向性、线状程度、规则性、粗糙度等。按照获取和表示特征的方法，纹理分析方法可分为四大类：统计方法、结构方法、模型方法以及基于频谱分析的方法。在介绍各种纹理分析方法之前，我们先来看一下纹理的数学描述。

1.4.1　纹理的数学描述

我们可以把纹理图像 I 用简单的数学模型表示为

$$I = R(S_k) \tag{1-1}$$

式中，R 为位移（或关系）规则；S_k 为像素的小区域，它构成了纹理基元（元素）。S_k 本身又是输入图像 $I(i,j)$ 的函数。

由式（1－1）我们可以从两个方面描述纹理：①描述组成纹理的基元属性；②描述纹理基元之间的空间关系或相互影响。第一个方面与纹理区域中的影调基本分布情况（称为影调基元）或局部特性有关。其中，影调基元是具有确定影调特性的区域，可以用平均灰度，或区域中的最大和最小灰度这样的特性来描述。第二个方面与影调基元的空间组织有关。按照上述观点，纹理分析方法可用图 1－4 表示。

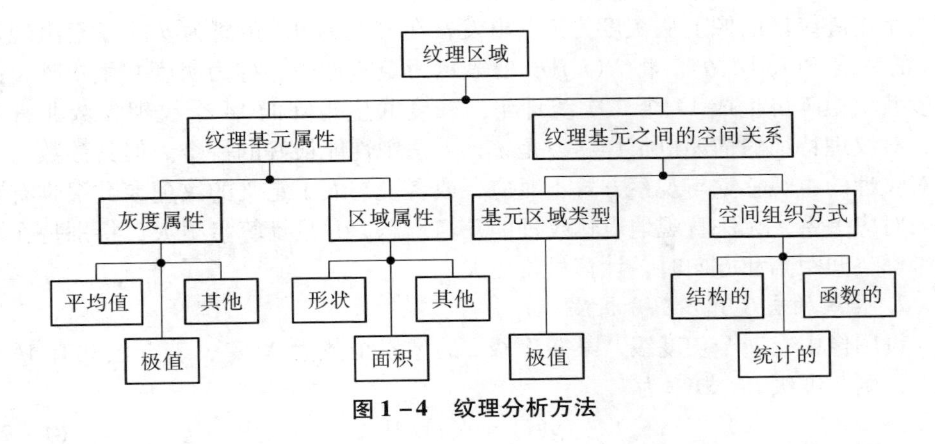

图1-4　纹理分析方法

纹理可用纹理基元的数量和类型以及这些基元的空间组织或排列来描述。纹理的空间组织可能是随机的，也可能一个基元对相邻基元有成对的依赖关系，或者几个基元同时相互关联，而这样的关联可能是结构的、概率的或是函数的。了解上面的知识以后，我们来介绍一些常见的纹理分析方法。

1.4.2　统计分析法

统计分析法是指在不知道纹理基元或尚未检测出基元的情况下对小区域纹理特征的统计分布进行纹理分析，主要描述纹理基元或局部模式随机的空间统计特征，以表示区域的一致性及区域间的相异性。无论是从历史发展还是从当前进展来看，统计分析法在纹理分析中都占有主导地位，对纹理的细节性和随机性描述较好，具有适应性强的特点，不仅适用于纹理比较细且纹理基元排列不规则的图像纹理，例如木纹表面纹理、沙地和草坪等自然纹理；而且也适用于基元排列具有一定规则性的人造纹理。

统计方法通过计算每个点的局部特征，从特征的分布中推导出一些统计量来刻画纹理。根据特征计算时所使用的点的个数，统计特征量又可分为一阶、二阶和高阶统计量。高阶统计量分析是近年来国内外信号处理领域内的一个前沿课题，用于处理非高斯、非平稳、非白色的加性噪声信号及非线性、非因果、非最小相位系统。它既含有丰富的幅值信息又含有相位信息，比一阶和二阶统计量所带信息更为丰富；但是高阶统计量的计算数据量相对低阶统计量要大得多，从而影响图像处理的运行速度。我们在对木材表面纹理图像进行分类识别时，选用了二阶统计方法，获得了较为理想的识别率。

目前，一阶统计分析法主要包括传统的灰度直方图分析法、差分百分率直方图法、边缘直方图等。二阶统计分析法主要包括灰度共生矩阵法、灰度-基元共生矩阵法、灰度-梯度共生矩阵法、自相关函数法、灰度游程长度法等，这里只对其中常见的几种分析方法加以介绍。

1. 灰度共生矩阵法

灰度共生矩阵法是经典的纹理统计分析方法，至今仍具有旺盛的生命力。灰

度共生矩阵统计图像上从灰度为 i 点出发，在方向为 θ，距离为 d 的像素出现灰度 j 的频度 $P(i,j|d,\theta)$。将 $P(i,j|d,\theta)$ 表示为矩阵形式，称为灰度共生矩阵，由灰度共生矩阵可生成 14 个二次统计量。灰度共生矩阵的 14 个纹理参数非常强大，对纹理特征的描述也很详尽，是统计方法中性能最好的一个。但其参数与人们对纹理的主观感觉与观察方式不对应，或者说与人工定义的纹理参数很难有直接的对应关系，无法直观地表达纹理的几何形态，并且计算量很大，特别是在同时考虑空间距离和方向时，计算量将更大。

2. 传统的灰度直方图分析法

设图像中有 n 个灰度级，某灰度级 i 的像素个数为 $N(i)$，若全图共有 M 个像素，则灰度级 i 的概率为

$$p(i) = N(i)/M \tag{1-2}$$

统计每个灰度级的 $p(i)$，从而构成了一阶概率分布，也称一阶灰度直方图。直方图形状反映了图像灰度分布的情况。在实际应用中，一般不取整个直方图作为特征，而是从中再获取二次统计量，以下是从直方图中获取的 5 个重要统计特征。

（1）对于原点的 r 阶矩：

$$m_r = \sum_{i=1}^{n} i^r p(i) \tag{1-3}$$

常用图像的均值 $u = m_1$，图像的能量 $E = m_2$。

（2）对于均值 u 的 r 阶中心矩：

$$n_r = \sum_{i=1}^{n} (i-u)^r p(i) \tag{1-4}$$

二阶中心矩就是方差 $\sigma^2 = n_2$。

（3）扭曲度：

$$S = \frac{1}{\sigma^3}\sum_{i=1}^{n} (i-u)^3 p(i) \tag{1-5}$$

（4）峰度：

$$K = \frac{1}{\sigma^4}\sum_{i=1}^{n} (i-u)^4 p(i) \tag{1-6}$$

（5）熵：

$$Ent = -\sum_{i=1}^{n} p(i)\ln[p(i)] \tag{1-7}$$

一般来说，均值 u 反映图像的平均亮度，方差 σ^2 反映图像灰度级分布的离散性。这两个统计量容易受图像的采样情况，如受光照等条件所影响。因此，在纹理分类问题中，一般情况下都先对图像进行规范化处理，使得所有图像有相同的均值和方差。扭曲度 S 是直方图偏离对称情况的度量。峰度反映直方图所表示的分布是集中在均值附近还是散布于端尾。能量是灰度分布对于原点的二阶矩。根据信息理论，熵是图像中信息量多少的反映，等概率分布时，熵取得最大值。如图 1－5 所示，白桦、红松、落叶松、水曲柳、柞木的径切和弦切纹理共 10 种

木材样本、其直方图以及直方图的二次统计量。

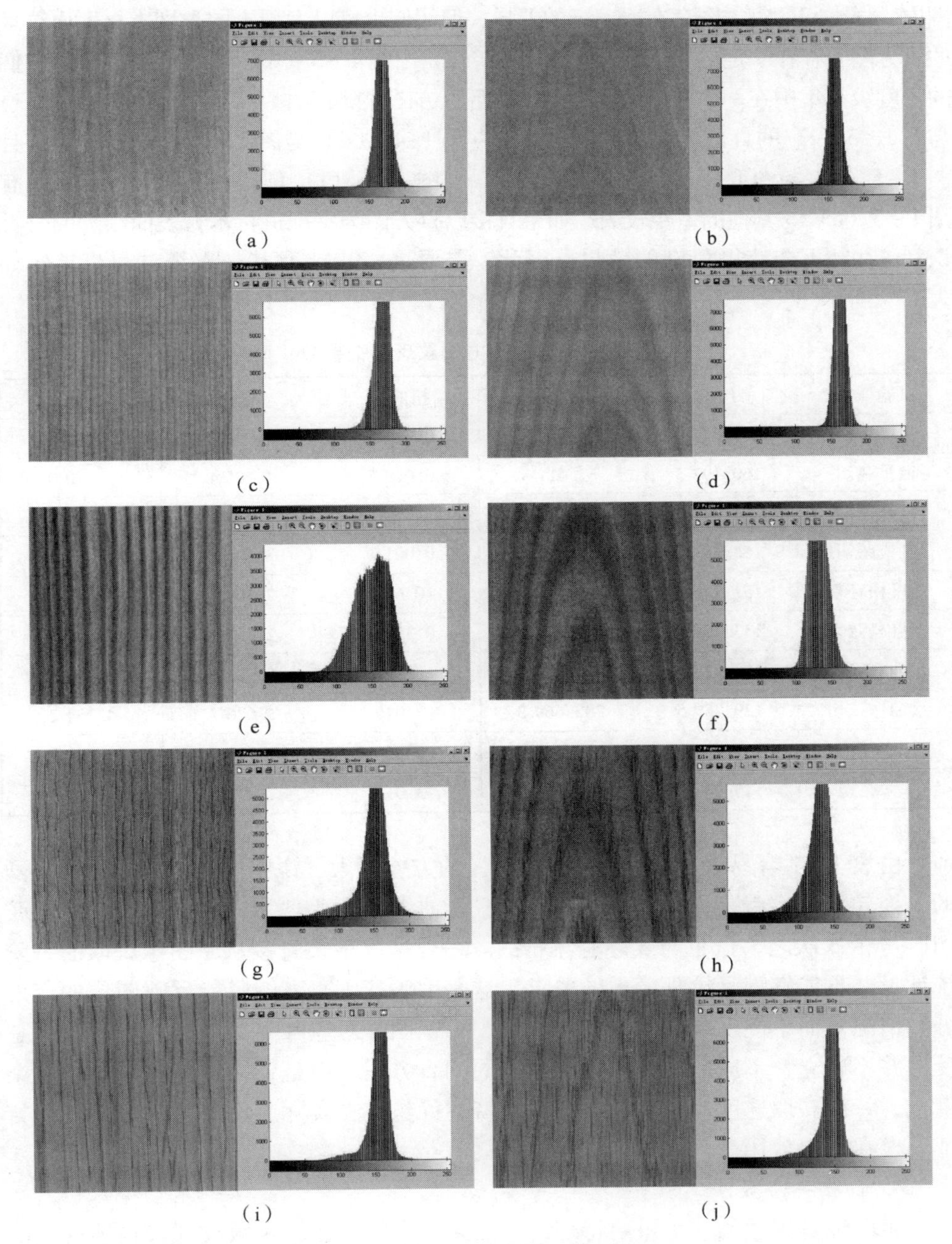

图1-5　木材样本及其直方图

(a) 白桦径切样本及其直方图；(b) 白桦弦切样本及其直方图；(c) 红松径切样本及其直方图；(d) 红松弦切样本及其直方图；(e) 落叶松径切样本及其直方图；(f) 落叶松弦切样本及其直方图；(g) 水曲柳径切样本及其直方图；(h) 水曲柳弦切样本及其直方图；(i) 柞木径切样本及其直方图；(j) 柞木弦切样本及其直方图

从图1-5可以看出，木材样本的灰度分布总体上集中于100~200狭窄的灰度范围内，样本间的直方图存在着一定的差异，但我们也可以发现不同类别木材表面纹理的直方图间存在一定的相似性，如图1-5（a）~图1-5（d）与图1-5（f），它们的灰度级都集中在一个较窄的范围内，而且直方图很陡；图1-5（g）~图1-5（i）与图1-5（j）的直方图较图1-5（a）~图1-5（d）与图1-5（f）平缓，并且图1-5（g）与图1-5（h）、图1-5（i）与图1-5（j）具有一定的相似性，只有图1-5（e）与其他的差距较大。如果直接以直方图为特征进行木材表面纹理的分类识别，往往不会获得很好的效果。因此，需要进一步获取其二次统计量，具体如表1-1所示。

表1-1 样本直方图纹理特征参数

试验样本	均值	方差	扭曲度	峰度	熵
白桦径切	170.226 0	105.355 5	0.322 5	3.997 6	3.732 6
白桦弦切	160.192 3	67.011 8	0.079 5	4.105 4	3.510 0
红松径切	168.228 5	120.488 4	-1.160 6	3.979 7	3.784 9
红松弦切	164.381 8	64.938 6	0.001 1	3.804 1	3.500 4
落叶松径切	151.276 5	579.682 0	-0.630 9	2.508 7	4.569 9
落叶松弦切	133.327 9	181.304 5	0.320 6	2.557 4	4.004 0
水曲柳径切	150.073 4	471.337 0	-2.498 8	5.921 3	4.349 8
水曲柳弦切	129.759 5	282.669 2	-2.046 3	4.686 7	4.154 2
柞木径切	155.198 9	251.681 9	-3.325 6	8.260 5	3.973 3
柞木弦切	145.335 9	204.908 0	-3.012 4	7.470 6	3.915 8

由表1-1容易看出，“落叶松径切”的方差最大，说明它的对比度是最强烈的，换句话说也就是图像最清晰的，而“水曲柳径切”“水曲柳弦切”“柞木弦切”等依次次之，这也与实际是相符的。一般情况下，直接从原图像获取的一阶统计量并不能够满足纹理分析的要求。这是因为灰度直方图只能反映图像的灰度分布情况，而不能反映图像像素的位置，一幅图像对应唯一的灰度直方图，但是反之并不成立，不同的图像可以对应相同的直方图。但是，一阶统计量计算复杂度低，特征获取速度快，仍然具有其独特的优势。在实际应用中，一般与其他特征融合在一起使用。

3. 自相关函数法

粗糙性是纹理的一个重要特征，一般采用空间自相关函数纹理来描述纹理的粗糙程度。粗糙度的大小与局部结构的空间重复周期有关，周期大的纹理粗，周期小的纹理细。这种感觉上的粗糙与否不足以作为定量的纹理测度，但至少可以用来说明纹理测度变化的倾向，即小数值的纹理测度表示细纹理，而大数值的则表示粗纹理。

对于图像为$\{f(x_i,y_j)\mid i=0,1,\cdots,M-1;j=0,1,\cdots,N-1\}$，自相关函数定义为

$$r(k,l)=\frac{\sum_{i=0}^{M-1}\sum_{j=0}^{N-1}f(i,j)f(i+k,j+l)}{\sum_{i=0}^{M-1}\sum_{j=0}^{N-1}f^2(i,j)} \tag{1-8}$$

式中，k，l都为整数，分别表示横坐标方向与纵坐标方向的移动步长，容易验证$0\leqslant r(k,l)\leqslant 1$，$r(0,0)=1$。

自相关函数能够表示纹理的粗糙程度。当k，l发生变化时，粗纹理的自相关函数随$d=\sqrt{k^2+l^2}$变化曲线的下降速度缓慢，而细纹理下降速度较快；当k，l不发生变化时，图像中粗纹理的自相关系数比细纹理的大。对于规则纹理，自相关函数呈现出峰谷相间的特点。自相关函数法的特点是运算量较小，但对纹理特征的描述不够丰富、细致。

4. *灰度游程长度法*

灰度游程长度为同一直线上具有相同灰度值的最大像元数的集合，它与灰度级数、长度、方向等因素有关。一个灰度游程长度定义为游程中像素点的个数。

设图像相邻像素的灰度值可能相同。在图像中，统计从任意像素点出发沿某个θ方向上连续n个像素都具有灰度值为g出现的概率，记为$p(g,n)$。其中，$g=0,1,\cdots,N_f-1,n=0,1,\cdots,N_r-1,N_f$为灰度级数，$N_r$为行程数，$\theta$一般取0°、45°、90°、135°共4个方向。在某一方向上具有相同灰度值的像素个数称为行程长度（Run Length）。灰度游程长度也表示为矩阵形式，矩阵$\boldsymbol{P}(\theta)=[p(g,n/\theta)]$中每一项$p(g,n/\theta)$表示在方向$\theta$上，灰度级为$g$，而游程为$n$的次数。在灰度游程长度矩阵基础上，可以获取一些能够较好地描述纹理变化特性的参数。

（1）长行程因子：

$$\mathrm{LRE}=\frac{\sum_{g,n}n^2p(g,n/\theta)}{\sum_{g,n}p(g,n/\theta)} \tag{1-9}$$

（2）灰度分布：

$$\mathrm{GLD}=\frac{\sum_{g}\left[\sum_{n}p(g,n/\theta)\right]^2}{\sum_{g,n}p(g,n/\theta)} \tag{1-10}$$

（3）行程长分布：

$$\mathrm{RLD}=\frac{\sum_{n}\left[\sum_{g}p(g,n/\theta)\right]^2}{\sum_{g,n}p(g,n/\theta)} \tag{1-11}$$

（4）行程比：

$$\mathrm{RPG}=\frac{\sum_{g,n}p(g,n/\theta)}{N^2} \tag{1-12}$$

式中，N^2 为像素总数。LRE 和 PRG 用来描述图像中长、短灰度行程出现的多少，借以说明纹理的粗细或疏密程度。GLD 反映灰度分布的均匀性与差异性，当总频数和与灰度级数一定时，各灰度值的局部频数和差异越大，即灰度分布越不均匀，则 GLD 越大，反之，GLD 越小；当各灰度值的局部频数和相等时，即灰度分布最均匀，GLD 为最小值。RLD 用来描述一定方向上某行程长度的局部频数和，或一定方向上的各行程长度的局部频数和的平方和，可用来说明行程长度分布的不均匀性。

灰度游程长度法在反映纹理周期、粗细均匀度方面比前面的传统灰度直方图和空间自相关函数细致直观一些，但其运算量也相应增大了。之前研究表明用灰度游程长度统计法获取的纹理参数能够反映木材表面的灰度二阶组合信息，能够体现木材表面纹理的强弱、周期变化、粗细均匀性以及整体色调的明暗，较为全面地概括了木材表面纹理的几个主要特征。

1.4.3 结构分析法

结构分析法主要是指在已知纹理基元的情况下，根据图像纹理小区域内的特征及其周期性排列的空间几何特征和排列规则进行纹理分析。它适用于纹理基元及其排列比较规则的图像纹理（地毯、砖墙等人工图像纹理）。目前采用较多的结构分析法有形态学、图论、拓扑等方法。结构分析法对纹理的宏观性和结构性描述较好，但适应性远不如统计分析的方法。

结构分析法通常需要分以下步骤进行：①图像增强；②基元获取，即纹理特征获取；③计算纹理基元的特征参数及构成纹理的结构参数。其中，图像增强有利于纹理基元的获取；纹理基元特征参数及纹理基元参数包括基元的尺寸、偏心矩、位置和姿态等；纹理结构参数包括相位、距离、分离度、同现率等。

为了分析纹理结构，首先要描述结构基元的分布规则，一般可做如下两项工作：①从输入图像中获取结构基元并描述其特征；②描述结构基元的分布规则。具体做法是首先把一张纹理图片分成许多窗口，也就是形成子纹理，最小的小块就是最基本的子纹理，即基元。纹理的表达可以是多层次的，如图 1－6（a）所示。它可以从像素或小块纹理一层一层地向上拼合。当然，基元的排列可有不同的规则，如图 1－6（b）所示，第一级纹理排列为甲乙甲，第二级排列为乙甲乙等。其中，甲乙代表基元或子纹理。这样就组成一个多层的树状结构，可用树状法产生一定的纹理并用句法加以描述。

纹理的判别可用如下方法：首先，把纹理图像分成固定尺寸的窗口，用树状法说明属于同纹理图像的窗口，识别树状结构可以用树状自动机，该自动机不仅可以接收每个纹理图像中的树，而且能用最小距离判据，辨识类似的有噪声的树。然后，可以对一个分割成窗口的输入图像进行分类。

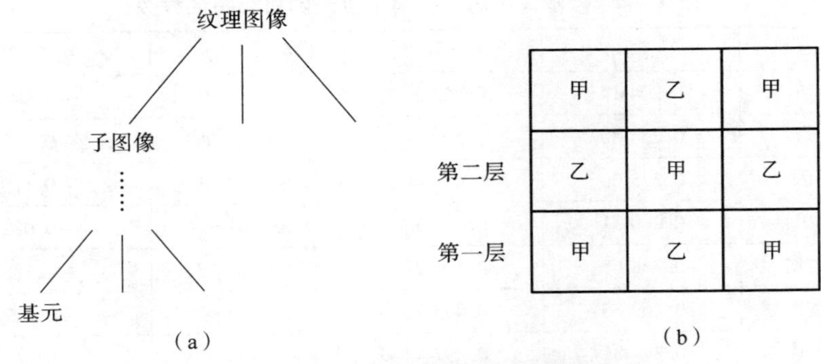

图1-6　纹理的结构分析法描述

描述纹理的结构方法的优点是其可提供图像的符号描述，这就使纹理合成很简单。这种方法很适合于具有明确纹理基元的规则纹理，但对于自然纹理就不太合适，特别是这种方法只适用于纹理识别，而难以应用于纹理分割。

1.4.4　模型分析法

模型分析法假定纹理是以某种参数控制的分布模型方式形成的，认为一个像素与其邻域内的像素存在某种依赖关系，这种关系既可以是线性的，也可以是服从某种条件概率的。通过模型参数来定义纹理，通过纹理图像的实现来估计模型参数，以参数作为纹理的特征进行纹理分析，其关键是准确估计模型的特征参数集。

在某种程度上，模型分析法可以看成是统计分析方法的特例。常用的模型主要有马尔可夫（Markov）随机场模型、分形（Fractal）模型、自回归模型等。这里主要介绍马尔可夫随机场模型以及分形模型。

1. 马尔可夫随机场模型

马尔可夫随机场（MRF）模型是一种描述图像结构的概率模型。它是建立在MRF模型和Bayes估计基础上，按统计决策和估计理论中的最优准则确定问题的解。其突出特点是通过适当定义的邻域系统引入结构信息，提供了一种一般而自然的用来表达空间上相关随机变量之间相互作用的模型，由此所生成的参数可以描述纹理在不同方向、不同形式的集聚特征，更符合人的感官认识。

MRF模型及其应用主要有两个分支：一支是采用与局部Markov性描述完全等价的吉布斯（Gibbs）分布；另一支是假设激励噪声满足高斯（Gauss）分布，从而得到两个由空域像素灰度表示的差分方程，分别称作吉布斯-马尔可夫和高斯-马尔可夫随机场模型。其中，由于高斯-马尔可夫随机场（GMRF）的计算量相对较小，获得了较为广泛的应用。我们对图1-5所用的样本图像获取了2阶高斯-马尔可夫随机场特征参数，具体如表1-2所示。

表 1-2　样本 2 阶高斯 - 马尔可夫随机场特征参数

试验样本	θ_1（0°）	θ_2（90°）	θ_3（45°）	θ_4（135°）
白桦径切	0.294 14	0.485 33	-0.153 91	-0.125 57
白桦弦切	0.254 30	0.509 18	-0.114 06	-0.149 42
红松径切	0.275 06	0.479 88	-0.154 61	-0.100 32
红松弦切	0.200 31	0.472 35	-0.090 115	-0.082 55
落叶松径切	0.348 65	0.500 28	-0.160 62	-0.188 31
落叶松弦切	0.269 85	0.493 72	-0.135 93	-0.127 64
水曲柳径切	0.344 81	0.497 47	-0.174 69	-0.167 61
水曲柳弦切	0.326 07	0.495 25	-0.178 01	-0.143 33
柞木径切	0.280 39	0.495 89	-0.150 35	-0.125 93
柞木弦切	0.278 31	0.496 37	-0.118 19	-0.156 49

观察表 1-2，可得出以下结论：

（1）对于某一具体样本，值最大的参数所表示的纹理集聚方向为纹理的主方向，在该方向上灰度一致性最好。由于我们采用的样本纹理灰度一致性方向主要集中于 90°方向，所以 θ_2 最大。

（2）对于纹理主方向相同的样本，纹理越细致、越规则、周期密度越大，其相应参数总体上越小；弦切纹理的 θ_1 基本上小于相应的径切纹理的 θ_1，可以通过附加其他信息来区分同种木材表面的径切与弦切纹理。

（3）将特征参数 θ_1、θ_2、θ_3 和 θ_4 组合在一起或从中选出几个参数，用于区分同种木材表面的径切或弦切纹理是基本可行的。

（4）5 阶 GMRF 模型有 12 个特征参数，其参数表征纹理的能力强于 2 阶 GMRF，能从更多的角度刻画木材表面纹理，用其区分同类树种的径切或弦切纹理应是可行的。

之后，我们对图 1-5 所用的样本图像获取了 5 阶 GMRF 参数，具体如表 1-3 所示。

表 1-3　样本 5 阶高斯 - 马尔可夫随机场特征参数

试验样本	θ_1	θ_2	θ_3	θ_4	θ_5	θ_6
白桦径切	0.314 91	0.559 67	-0.199 21	-0.154 64	-0.101 99	-0.056 66
白桦弦切	0.276 59	0.603 49	-0.162 19	-0.178 15	-0.143 69	-0.049 81
红松径切	0.286 81	0.544 38	-0.174 22	-0.119 55	-0.087 17	-0.024 42
红松弦切	0.215 04	0.524 13	-0.112 31	-0.111 22	-0.076 843	-0.053 36
落叶松径切	0.338 82	0.594	-0.172 49	-0.197 06	-0.111 01	-0.014 86
落叶松弦切	0.284 48	0.579 86	-0.168 67	-0.152 47	-0.113 23	-0.050 34

续表

试验样本	θ_1	θ_2	θ_3	θ_4	θ_5	θ_6
水曲柳径切	0. 386 99	0. 546 8	−0. 233 57	−0. 211 51	-5.64×10^{-2}	−0. 109 2
水曲柳弦切	0. 367 3	0. 581 89	−0. 251 5	−0. 199 51	−0. 103 75	−0. 093 43
柞木径切	0. 300 22	0. 545 87	−0. 179 47	−0. 140 57	-5.68×10^{-2}	−0. 061 84
柞木弦切	0. 297 34	0. 545 97	−0. 136 5	−0. 188 82	-5.41×10^{-2}	−0. 059 19
试验样本	θ_7	θ_8	θ_9	θ_{10}	θ_{11}	θ_{12}
白桦径切	0. 021 659	0. 041 39	0. 023 484	0. 051 241	−0. 003 4	0. 003 523
白桦弦切	0. 030 771	0. 025 425	0. 042 673	0. 050 513	0. 000 978	0. 003 403
红松径切	−0. 008 02	0. 018 002	0. 022 092	0. 034 404	1.37×10^{-5}	0. 007 695
红松弦切	0. 022 705	0. 018 216	0. 033 071	0. 023 082	0. 012 651	0. 004 834
落叶松径切	−0. 001 14	0. 008 231	0. 026 419	0. 020 489	-1.74×10^{-3}	0. 010 338
落叶松弦切	−0. 050 34	0. 022 569	0. 033 714	0. 026 486	−0. 003 705 8	−0. 003 71
水曲柳径切	0. 044 884	0. 059 639	0. 025 848	0. 045 812	-9.76×10^{-3}	0. 010 397
水曲柳弦切	0. 035 509	0. 067 003	0. 038 422	0. 069 618	-1.50×10^{-2}	0. 003 422
柞木径切	0. 019 739	0. 030 089	0. 002 9	0. 031 879	-2.35×10^{-3}	0. 010 339
柞木弦切	0. 034 404	0. 025 662	0. 032 388	0. 005 88	4.56×10^{-4}	−0. 003 55

2. 分形模型

Benoit Mandelbrot 成功地把自然现象的自相似性和分形的概念联系在一起，于 1975 年首先提出了分形（Fractal）的术语，并在 1982 年给出分形的初始定义：分形是 Hausdorff – Besicovich 维数严格大于拓扑维数的数学集合。

分形图形在任意尺度下具有不规则的细节和自相似性，而自然界许多纹理现象具有不规则性和自相似性，用传统的欧几里得几何模型很难描述。分形几何理论体系的建立为我们提供了一种有效的方法。Pentland 已经证明了分形表面的图像仍是分形的，反之亦然，这为研究图像的分形特征提供了重要依据。定量刻画分形特征的参数是分形维数（Fractal Dimension），分形维数是分形的数量表示，它不是通常的欧氏维数的简单扩充，而是赋予了许多崭新的内涵。分形维数可以是分数值，也可以是整数值，一维空间的分形维数大于 1. 0 小于 2. 0，二维空间的分形维数大于 2. 0 小于 3. 0。

分形维数作为分形的重要特征和度量，可以作为描述物体的一个稳定的特征量，把图像的空间信息和灰度信息简单而又有机地结合起来，常用来描述曲线或曲面的粗糙程度。分形维数的定义很多，常见的有相似性维数、容量维数、Hausdorff 维数、信息维数、Lyapunov 维数、谱维数、毯子维、盒子维、填充维等。在以上计算分形维数的方法中，人们最常用的是盒子维。盒子维的计算方法大致有 3 种，我们介绍的是 Sarkar 和 Chaudhuri 共同提出的计算方法。根据 Sarkar 和 Chaudhuri 的理论，一个图像窗口的分形维数应计算如下：

$$D=\ln(N_r)/\ln(1/r) \tag{1-13}$$

式中，若 $r>0$，N_r表示半径为 r 的闭球覆盖图像所需最少的球数；D 为窗口内图像分形集的分形维数。考虑尺寸大小为 $M\times M$ 像素的图像，按比例尺缩小到一个值 S，$1<S\leqslant M/2$，且 S 是整数。这样就有一个对尺度 r 的估计，尺度 r 为：$r=M/S$。

把图像看成一个(x,y,z)的三维空间，(x,y)表示二维坐标，z 为图像元素的灰度。这样(x,y)空间被分割成大小为 $S\times S$ 的方格，在每个方格上堆叠一系列底为 $S\times S$ 的盒子，盒子的高度 h 可通过图像总灰度级 G 计算得到，即 $G/h=M/S$。从下往上将每个盒子赋予标号 1，2，3，…，检查第(i,j)个格子图像灰度的最大值和最小值分别落入哪一个盒子中，假设最大值落入 I 中，最小值落入 K 中，则有 $n_r=I-K+1$。计算每一个格子，则有

$$N_r=\sum_{i,j}n_r(i,j) \tag{1-14}$$

这样，通过每一个尺度 r 计算出对应的 N_r，用最小线性拟合 $\ln(N_r)$ 和 $\ln(1/r)$，并代入式（1-13），即可得到某窗口图像的分形维数 D。

在计算分形维数时，需要考虑子图像窗口的选择和计算分形维数尺度的选择。窗口子图像尺寸太小会丢失重要的纹理特征；若窗口子图像尺寸太大，则边缘像素和图像区域的其他像素混合，影响纹理特征的获取。我们选用图像的尺寸为512×512，尺度选为从 3 取到 15，即（3、5、7、9、11、13 和 15）共 7 个点，这样可提高拟合直线的精确性。我们对图 1-5 中的样本图像获取了分形维数，如表 1-4 所示。受篇幅限制，只列出 2 个样本纹理幅图像的分形维数拟合曲线，如图 1-7 所示。

表 1-4　样本的分形维数

试验样本	分形维数	试验样本	分形维数
白桦径切	2.797 8	落叶松弦切	2.800 8
白桦弦切	2.776 0	水曲柳径切	2.839 3
红松径切	2.838 8	水曲柳弦切	2.796 6
红松弦切	2.813 2	柞木径切	2.856 4
落叶松径切	2.843 3	柞木弦切	2.815 6

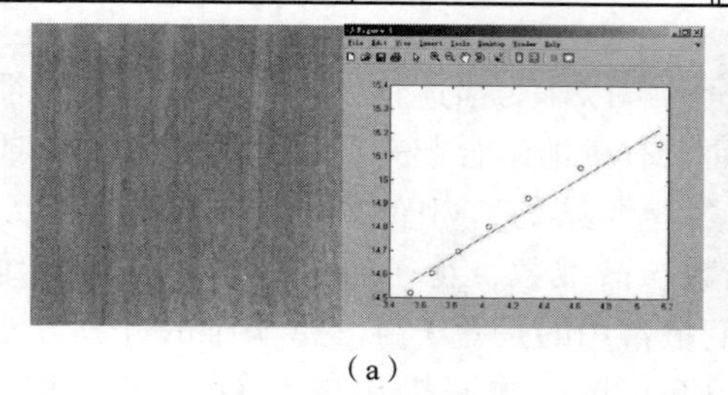

（a）

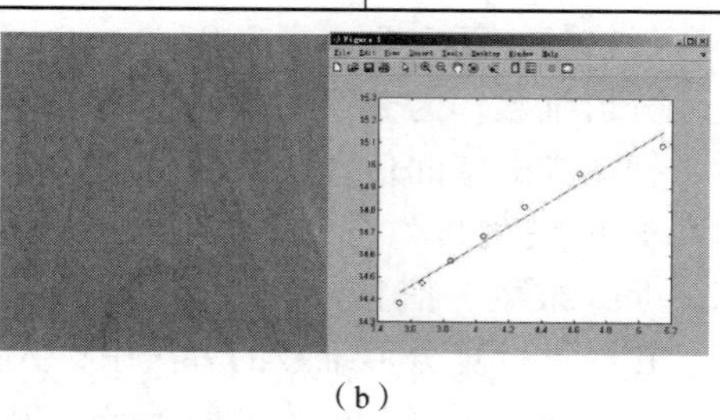

（b）

图 1-7　木材样本及其分形维数拟合曲线

（a）白桦径切样本及其分形维数拟合的曲线；（b）白桦弦切样本及其分形维数拟合的曲线

观察表1－4可以发现，同一种木材径切纹理的分形维数均大于弦切纹理的分形维数，表明分形维数可作为区分木材径切纹理和弦切纹理的重要参数，分形维数可用作表征木材表面粗糙度的特征参数。当木材表面纹理光滑时，对应图像的分形维数相对较小。当木材表面纹理很粗糙时，对应图像的分形维数相对较大。此外，我们将小波技术与分形维数联系在一起，形成小波多分辨率分形维数，并将其应用到木材表面纹理分类识别中，获得了很高的分类识别率，但其主要缺点是时间复杂度比较高，实时性差。

1.4.5　基于频谱分析的方法

纹理感知过程的心理研究表明，人们是通过对图像频谱分析得到一些称为纹理基元的局部特征差异来分辨纹理的，所以频谱分析的方法很适合于图像的纹理分析。常见的频谱分析方法主要包括傅里叶变换、Gabor 滤波器和小波变换等。本节主要介绍傅里叶变换和小波变换。

1. 傅里叶变换

图像中变化较快的细小特征（即细纹理）对应于频率域的高频成分，而变化较慢的粗大特征（粗纹理）对应于图像的低频成分，因此，图像频率域的频率成分及频率方向能够反映图像纹理的粗糙程度及其纹理密度与方向的变化，即频率也是图像纹理的一种测度。傅里叶变换的频率可由其功率谱来反映，所以功率谱可以作为描述图像纹理特征的一种测度。

傅里叶变换就是以时间为自变量的信号和以频率为自变量的频谱函数之间的某种变换关系。这种变换同样可以用在其他有关数学和物理的各种问题之中，并可以采用其他形式的变量。当自变量时间或频率取连续形式和离散时间形式的不同组合时，就可以形成各种不同的傅里叶变换对。

在图像处理中，常用的变换方法是二维离散傅里叶变换（Two－Dimensional Discrete Fourier Transform，2DDFT）。对于 $M\times N$ 的计算机数字图像阵列 $f(x,y)$，$0\leqslant x\leqslant M,0\leqslant y\leqslant N$，其二维傅里叶变换的级数形式定义为

$$F(u,v)=\sum_{x=0}^{M-1}\sum_{y=0}^{N-1}f(x,y)\mathrm{e}^{-\mathrm{j}(2\pi/M)ux}\mathrm{e}^{-\mathrm{j}(2\pi/N)vy} \tag{1-15}$$

$$f(x,y)=\frac{1}{MN}\sum_{u=0}^{M-1}\sum_{v=0}^{N-1}F(u,v)\mathrm{e}^{\mathrm{j}(2\pi/M)ux}\mathrm{e}^{\mathrm{j}(2\pi/N)vy} \tag{1-16}$$

式（1－15）中，$u=0,1,2,\cdots,M-1;v=0,1,2,\cdots,N-1$。式（1－16）中，$x=0,1,2,\cdots,M-1;y=0,1,2,\cdots,N-1$。在这里 N 和 M 一般选择2的幂次方，这样可以采用快速傅里叶（Fast Fourier Transform，FFT）技术。

FFT 的主要实现过程是：二维离散傅里叶变换，可以由两步一维离散傅里叶变换来实现，即先对列进行一维离散傅里叶变换，然后对行进行一维离散傅里叶变换，进行一维离散傅里叶变换可以采用快速算法 FFT 来提高速度。二维离散傅

里叶变换的频率谱、相角和能量谱与二维连续傅里叶变换的形式类似，只是独立变量是离散的。傅里叶变换法可以分析木材表面纹理的频率成分和该频率成分的方向，我们对图 1－5 中的第 5 个样本图像进行了快速傅里叶变换，其变换后的图像及其谱分量如图 1－8 所示。

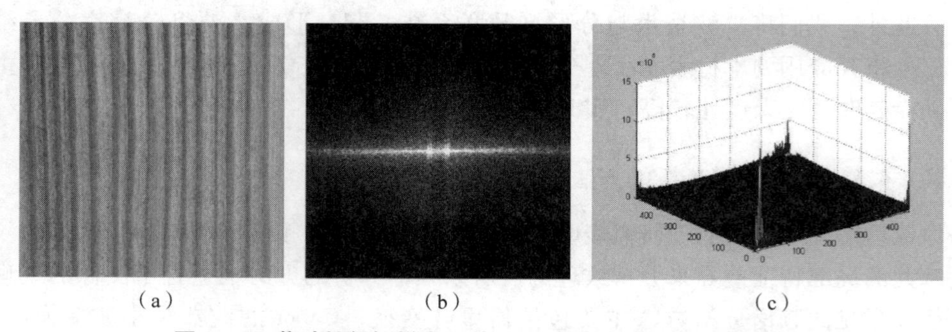

（a）　　（b）　　（c）

图 1－8　落叶松径切样本及其 FFT 变换后的图像和频谱图

（a）落叶松径切样本（原图像）；（b）FFT 变换后的图像；（c）FFT 变换后的频谱图

从样本变换后的频谱图中，可以近似求出样本纹理的周期近似为 16，与实际正好相符。我们也可以获取木材图像在傅氏频域下的特征，如水平方向能量、垂直方向能量、环形区域能量和扇形区域能量等，将其作为描述图像纹理特征的参数。之前研究用快速傅里叶变换功率谱法对木材表面纹理进行了分析，得出结论：基于频域法的快速傅里叶变换角度函数能够以折线散点图的方式反映木材表面纹理的方向性，频率函数能够表征木材表面纹理的粗细均匀性，但不足之处是没能获取典型的纹理参数。

2. 小波变换

小波变换的概念最初是由法国工程师 Morlet 在 1974 年提出的，之后于 1986 年著名数学家 Meyer 与 Mallat 合作建立了构造小波基的统一方法。直到 1989 年 Mallat 结合 Julesz 的纹理区分理论，指出小波特别适合纹理分析之后，小波分析才被应用到纹理分析中。随后，小波包（树形小波变换）、小波框架、复小波、M 带小波、调制小波、多小波以及第二代小波等也都被应用到纹理分析。

小波变换与傅里叶变换、窗口傅里叶变换（Gabor 变换）相比，是时间和频率的局部变换，因而能有效地从信号中获取信息，通过伸缩和平移等运算功能对函数或信号进行多尺度细化分析（Multiscale Analysis），解决了傅里叶变换不能解决的许多难题，成为继傅里叶变换之后科学上的重大突破。因此，小波变换也被誉为“数学显微镜”。

图像的小波多分辨率分析是将图像分解为不同尺度、不同方向的系数矩阵，每个矩阵代表了近似、水平细节、垂直细节、对角细节四个方面的信息。其实质是将原图像在一定分辨率尺度下，在各个方面上相对于小波变换函数的相似程度。

多小波的理论框架是基于：$r>1$ 重多分辨分析建立的，是将单小波中由单个尺度函数生成的多分辨分析空间扩展为由 r 个尺度函数分量生成，其尺度函数和小波函数均是 r 维的向量，即有

$$\boldsymbol{\Phi}(t)=[\Phi_1(t),\Phi_2(t),\cdots,\Phi_r(t)]^{\mathrm{T}} \tag{1-17}$$

$$\boldsymbol{\Psi}(t)=[\Psi_1(t),\Psi_2(t),\cdots,\Psi_r(t)]^{\mathrm{T}} \tag{1-18}$$

对于正交的 r 重多分辨分析，$\boldsymbol{\Phi}(t)$ 和 $\boldsymbol{\Psi}(t)$ 满足的二尺度方程为

$$\boldsymbol{\Phi}(t)=\sum_n \boldsymbol{H}(n)\boldsymbol{\Phi}(2t-n) \tag{1-19}$$

$$\boldsymbol{\Psi}(t)=\sum_n \boldsymbol{G}(n)\boldsymbol{\Psi}(2t-n) \tag{1-20}$$

式中，$\boldsymbol{H}(n)$ 和 $\boldsymbol{G}(n)$ 分别为 $r\times r$ 维的低通和高通矩阵滤波器。

将单小波变换的快速算法（Mallat 算法）推广到多小波变换，可以得到多小波分析的快速算法——多元 Mallat 算法。分解过程和重构过程分别为

$$\boldsymbol{C}_{j+1}(n)=\sum_k \boldsymbol{H}(k-2n)\boldsymbol{C}_j(k) \tag{1-21}$$

$$\boldsymbol{D}_{j+1}(n)=\sum_k \boldsymbol{G}(k-2n)\boldsymbol{C}_j(k) \tag{1-22}$$

$$\boldsymbol{C}_j(n)=\sum_k \overline{\boldsymbol{H}}^{\mathrm{T}}(n-2k)\boldsymbol{C}_{j+1}(k)+\sum_k \overline{\boldsymbol{G}}^{\mathrm{T}}(n-2k)\boldsymbol{D}_{j+1}(k) \tag{1-23}$$

多小波重构以与分解相反的方向进行，从最高层开始，对分解后的图像执行多小波分解的逆运算可重构出图像，见式（1－23）。

小波分析方法的处理方式非常类似于人的视觉特点，人类视觉系统是以多尺度的方法来处理图像的。在人类视觉系统的初级部分中至少包含 7 个不同频带的空间频率通道，而小波二级分解后刚好包括不同频率的 7 个子图像，这正符合人类的视觉特征。图 1－9 所示为原始图像小波二级分解后的子图分布示意图。图 1－9 中，子图像 5、6、7 分别是一级分解后水平方向、垂直方向、对角方向的高频率的细节图像；子图像 2、3、4 分别是一级分解后水平方向、垂直 方向、对角方向的高频率的细节图像；子图像 1 是二级分解后的低频率的近似图像。

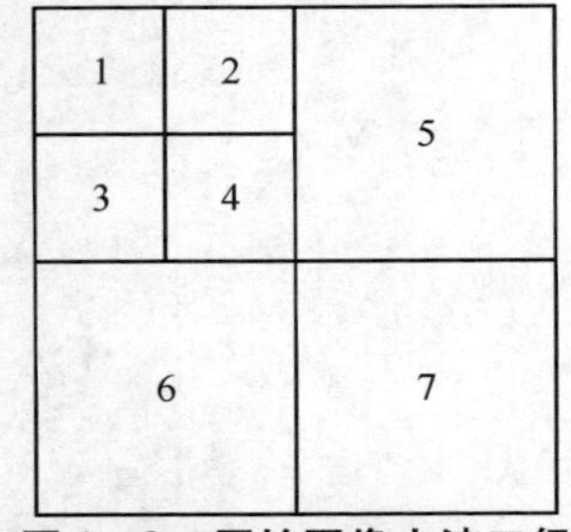

图 1－9　原始图像小波二级分解后的子图分布示意图

将图 1－5 中的第 5 个样本图像（落叶松径切样本）用 Symlets－4 小波进行二级分解并进行单支重构，形成二级分辨率下的近似和水平、垂直、对角三个方向的细节图像，共 8 幅图像，如图 1－10 所示。

小波变换的缺点大致可总结为以下 3 个方面：①不具有平移不变性，即对输入信号进行简单的整数平移，都会导致离散小波系数很大的变化，因此纹理的平移可能导致获取到的特征不稳定，从而影响纹理图像处理的结果。②方向选择性

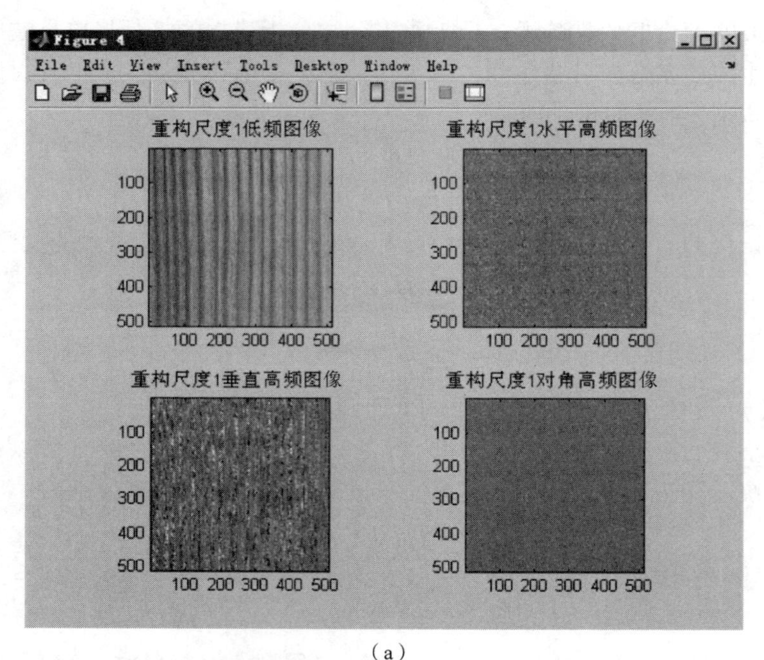

（a）

（b）

图 1－10　落叶松径切样本二级分解－重构图像

（a）重构尺度 1 的四个子图像；（b）重构尺度 2 的四个子图像

较差，因为小波变换只考虑三个方向，即水平、垂直和对角。③在逐级分解图像时，会丢失一半的信息。小波法的优越之处在于将空域和频域结合，不但能对木材表面纹理进行多尺度的频谱分析，有效地获取木材表面纹理的低频和高频分量，得出其在水平、垂直和对角方向上的频率变化信息，补充了其他纹理方法在此方面的不足。

1.4.6　其他纹理分析方法

其他纹理分析方法还有三阶直方图统计分析、灰度差分向量、纹理频谱法、潜谱法、二进制堆栈法、逻辑算子、基础结构平衡法。上述方法不同于传统几何学描述方法，它们或者从宏观上、或从微观上、或从统计规律上、或从分形维数上、或从随机概率分布上对纹理加以描述，更加适合于纹理这种内容复杂、结构丰富的结构。但上述研究大多用单一方法并针对人工纹理集，对自然纹理的研究还不多。事实上，任何一种纹理分析分类算法都不是万能的，一般只擅长描述纹理某一方面的特征，而对其他的特征则显得描述能力不足，没有一种方法适合于所有的纹理类型。此外，传统的纹理分析主要集中在灰度级纹理分析的研究上，有必要通过增加颜色信息对灰度级纹理分析进行改进。因此，近年来，彩色纹理图像分析成为研究的热点。彩色纹理图像可以认为是纹理图像的色彩和结构分布之间的关系。尽管彩色纹理图像分析具有优越性，但如何很好地把颜色和纹理特征整合成为一个有机模型还是一个挑战。彩色图像的纹理分析可以总结为以下两种方式：第一种是先进行颜色空间转换，把灰度信息和彩色信息分开来，分别提取图像的纹理特征和颜色特征，然后对它们进行综合考虑。第二种是在多个颜色通道上提取图像纹理特征，直接把灰度图像特征分析算法扩展到彩色图像，主要应用于彩色纹理分割和分类；尽管存在以上研究，但总体上彩色纹理分析的研究仍然较少，不同方法需要与具体对象相结合，没有一种普遍适应的彩色纹理分析分类。

1.5　木材表面纹理分类的常用模式识别方法及其研究现状

模式识别（Pattern Recognition）诞生于20世纪20年代，是随着40年代计算机的出现和50年代人工智能的兴起，于60年代初迅速发展起来的一门新兴学科。它研究的是一种自动技术，依靠这种技术，机器能够自动地（或人很少地干涉）把待识别模式分配到各自的模式类中去。

1.5.1　模式和模式识别的概念

“模式”是一个抽象的概念，广义地说，模式是存在于时间和空间中可观察的事物，如果我们可以区别它们是否相同或是否相似，都可以称之为模式。但模式所指的不是事物本身，而是我们从事物获得的信息。通常，我们把通过对具体的个别事物进行观测所得到的具有时间和空间分布的信息称为模式，而把模式所属的类别或同一类中模式的总体称为模式类，简称为类。

人通过自己的感觉器官从外界获取信息，然后经过思维、分析、判断，建立对客观世界各种事物的认识，比如通过视觉获得物体的形状、大小、颜色等特征信息，反映在人脑海中构成一幅幅图像；通过听觉获取各种音响的信息；通过触觉感知温度、湿度、材料强度等；通过嗅觉闻到各种气味等。人们从各方面获得信息，然后进行综合思维，认识各种客体。所谓模式识别是根据研究对象的特征或属性，利用以计算机为中心的机器系统运用已知的分析算法判定它所属的类别，并且系统应使分类识别的结果尽可能地符合真实。模式识别技术的目标是模拟人的识别方法，但这一点是极不容易做到的，目前模式识别的一些理论方法仍停留在理论研究阶段。尽管如此，模式识别技术已经成功地应用于工业、农业、国防、科研、公安、生物医学、气象、天文学等许多领域，如我们熟知的信件分拣、指纹识别、生物医学的细胞或组织分析、遥感图片的机器判读、系统的故障诊断、具有视觉的机器人、武器制导寻的系统、汽车自动驾驶系统以及文字与语言的识别等，并且现在正扩展到其他许多领域。当今时代科技发展的重要趋势之一是智能化，模式识别是人工智能的一个分支。尽管现在机器识别的水平还远不如人脑，但随着模式识别理论以及其他相关学科的发展，可以预言，它的能力将会越来越强，应用也会越来越广泛。

1.5.2 模式识别系统

一个功能较完善的识别系统在进行模式识别之前，首先需要学习。一个模式识别系统及识别过程的原理框图可以用图 1-11 表示。其中，虚线的上部是识别过程，虚线的下部是学习、训练过程。需要指出的是，应用的目的不同，采用的分类识别方法不同，具体的分类识别系统和过程也有所不同。

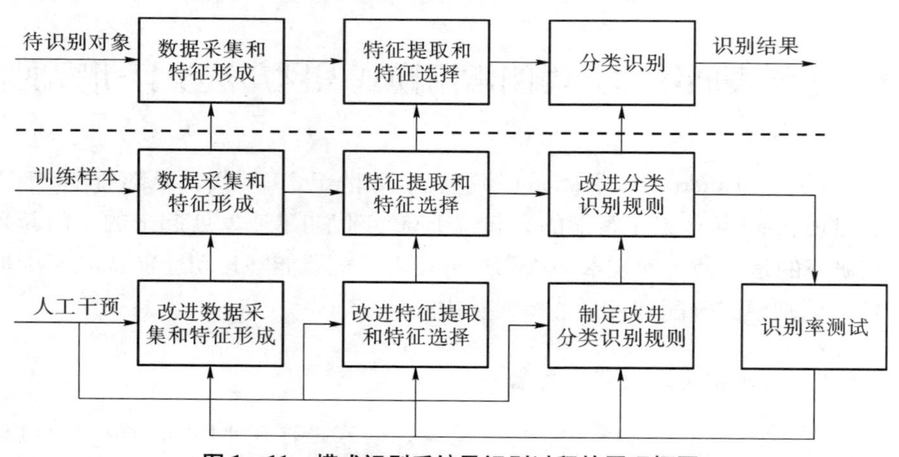

图 1-11　模式识别系统及识别过程的原理框图

下面我们对模式识别系统的主要环节做简要的说明。

1. 特征形成

“特征形成”也称为“特征获取”，是根据被识别的对象产生出一组基本特征，它可以是计算出来的（当识别对象是波形或计算机数字图像时），也可以是用仪表或传感器测量出来的（当识别对象是实物或某种过程时），这样产生出来的特征叫作原始特征，有些书中用原始测量（或一次测量）这一名词，我们认为在很多情况下有些原始测量就可以作为原始特征，而有些情况则不然，例如识别对象是计算机数字图像时，原始测量就是各点灰度值，但很少有人用各点灰度值作为特征，需要经过计算产生一组原始特征。

2. 特征提取与特征选择

原始特征的数量可能很大或者说样本是处于一个高维空间中，通过映射（或变换）的方法可以用低维空间来表示样本，这个过程叫作特征提取。映射后的特征叫作二次特征，它们是原始特征的某种组合（通常是线性组合）。所谓特征提取在广义上就是指一种变换，若 Y 是测量空间，X 是特征空间，则变换 A：$Y \rightarrow X$ 就叫作特征提取器。

特征选择是指从一组特征中挑选出一些最有效的特征以达到降低特征空间维数的过程。有时特征提取和选择并不是截然分开的。例如，可以先将原始特征空间映射到维数较低的空间，在这个空间中再进行选择以进一步降低维数。也可以先经过选择去掉那些明显没有分类信息的特征，再进行映射以降低维数。

3. 学习与训练

为让机器具有分类识别的能力，如同人类自身一样，应首先对它进行训练，将人类的识别知识和方法以及关于分类识别对象的知识输入机器中，产生分类识别的规则和分析程序，这也相当于进行机器学习。这个过程一般要反复进行多次，不断地修正错误、改进不足，包括修正特征提取方法、特征选择方案、判决规则等，最后使系统的识别率达到设计要求。目前，机器的学习需要人工干预，这个过程通常是人机交互的。

4. 分类识别

在学习、训练之后，所产生的分类规则及分析程序用于对未知类别对象的识别。需要指出的是，输入机器的人类分类识别的知识和方法以及有关对象知识越充分，这个系统的识别功能就越强、识别率就越高。有些分类过程（如聚类分析）似乎没有将有关对象的知识输入，实际上我们在选择距离测量、在采用某种聚类方法时，已经用到了对象的一些知识，也在一定程度上加入了人类的知识。

1.5.3　模式识别方法

由于识别活动是人类的基本活动，人们希望机器能代替人类进行识别工作。因此，模式识别的理论和方法引起了人们极大的兴趣并进行了长期的研究，现已发展成一门多学科的交叉学科。这门学科涉及的理论与技术相当广泛，涉及计算机科学、数学理论、神经心理学、信号处理等。从本质上讲，这门学科实际上是数据处理及信息分析，而从功能上讲，可以认为它是人工智能的一个分支。针对不同的对象和不同的目的，可以用不同的模式识别理论和方法。目前，主流的模式识别方法可分为统计模式识别方法、结构模式识别方法、基于神经网络识别方法以及模糊模式识别方法等。

1. 统计模式识别方法

统计方法利用统计决策与估计理论，解决了很多实际问题，并且在模式分类的统计理论方面也做出了突出贡献，特别适合于特征数值化的场合，如地震波解释、机械设备运行状态识别与分析等。统计方法对待识别客体可以用一个或一组数值（特征向量）来表征，即利用客体的特征向量来研究各种划分特征空间的方法，最终判别待识别客体所属的类别。但是，到目前为止，统计方法对特征的选择还没有建立统一的理论。

2. 结构模式识别方法

结构方法是建立在形式语言的早期研究成果和对计算机语言研究的成果之上，并已发展成一个独立的学科分支，它提倡对模式进行结构描述和分析。当待识别的客体复杂且类别较多时，将导致统计数据剧增，难以得到表征该模式类的特征向量或由于维数过高使计算难以实现。此时，人们通过寻找客体内在的结构特征，将复杂模式逐级分解为若干简单的、易于识别的子模式的集合，并模仿语言学中句法的层次结构，运用形式语言与自动机技术对其进行识别。该方法不局限于形式语言，且在解决模式识别问题的过程中大大扩展了形式语言的理论，从而使结构模式识别超出了语言学理论的范畴。

3. 基于神经网络的模式识别方法

由于神经网络在自学习、自组织、自联想及容错等方面的非凡能力，以此种模型为基础，有可能建立以识别结果作为反馈信号、具有自动选择特征能力的自适应模式识别系统。同时，还可能从神经网络模型中得到最灵活的联想存储器，它既能有效地按内容进行检索，又能从局部残存的信息联想到整体。用神经网络实现模式识别算法的意义，不仅仅在于神经网络可快速实现递归过程，还在于用神经网络的观点来研究模式信息处理可以激励人们创造性地发现新的方法。

4. 模糊模式识别方法

模糊方法是采用模糊数学理论方法来实现模式识别。通常，人们习惯使用定性符号特征和定量特征两种方式来描述模式，模糊数学理论则为它们提供了一种联系。此方法适合处理带有模糊性的模式识别问题，主要针对识别对象本身的模糊性或识别要求上的模糊性。实现模糊模式识别的方法和途径有很多种，目前主要有隶属原则与择近原则、模糊聚类分析、模糊相似选择与信息检索、模糊逻辑与模糊形式语言、模糊综合评判、模糊控制技术等。其中值得注意的是，待识别客体的模糊特性能否得到充分应用，关键在于能否获得（或建立）良好的隶属函数。

5. 人工智能方法

众所周知，人类具有极其完善的分类识别能力，人工智能是研究如何使机器具有人脑功能的理论和方法，模式识别从本质上讲就是如何根据对象的特征进行类别的判断，因此，可以将人工智能中有关学习、知识表示、推理等技术用于模式识别。

使用上述方法做出初步分类判别后，能得到对这些客体定性、半定量或模糊的符号描述，即知识的描述，从而成为进一步推理的事实，这就是运用人工智能技术做进一步分类的基础。由于模式识别的最终目的是避免主观识别与客观实际的差异。所以，目前的实际应用趋势就是把上述各种方法结合起来，互有分工，互有补充。表1-5对统计、结构和神经网络三种模式识别方法做了比较分析。

表1-5　统计、结构和神经网络三种模式识别方法的比较

比较内容	统计方法	结构方法	神经网络方法
模式生成基础	概率模型	形式语言	稳定态或权阵列
模式分类基础	估计/决策理论	语法分析	基于神经网络特性
特征组织	特征向量	初始数据和可测关联度	神经元输入或存储状态
典型学习方法	密度/分布估计聚类	形式语言聚类	确定网络参数聚类
局限性	难于表达结构信息	难于学习结构规则	网络缺少符号信息

1.6　木材表面纹理样本库及其纹理特征

1.6.1　木材表面纹理样本库

选取合适的实验材料是我们的前提条件。从原则上讲，样本库中应含有尽可能多的树种，每个树种木材样本越多越好，而实际上，不可能获得每种树种的大量样本。考虑我们的内容和目标，我们对木材样本的选择基于如下原则：用于纹理分析算法研究的木材样本要有代表性，应兼顾国内常见的树种；用于模式识别研究的每种样本要有足够的数量，以满足分类器训练的需要。在现有条件下，我们建立了两个样本库：

1. 样本库1：多类树种样本库

来自“生物质材料科学与技术教育部重点实验室”。包括国内具代表性的树种24科36属共50种，其中针叶材16种，阔叶材34种，每个树种的样本有2个（木材径切、弦切样本各1个），尺寸均为120 mm×120 mm。用扫描仪扫描所有实物样本形成数字化图像输入计算机，保存为 BMP 格式。数字化的木材样本图片为 512 像素 ×512 像素，256 级灰度，共计 100 幅。样本清单如表 1－6、表 1－7 所示。

表 1－6 纹理分析选用的针叶材树种

序号	树种名	拉丁种名	中文属名	中文科名	拉丁科名
1	银杏	*Ginkgo biloba*	银杏属	银杏科	*Ginkgoaceae*
2	臭冷杉	*Abies nephrolepis*	冷杉属	松科	*Pinaceae*
3	秦岭冷杉	*Abies chensiensis*	冷杉属	松科	*Pinaceae*
4	鱼鳞云杉	*Picea jezoensisvar. microsperma*	云杉属	松科	*Pinaceae*
5	麦吊云杉	*Picea brachytyla*	云杉属	松科	*Pinaceae*
6	落叶松	*Larix gmelinii*	落叶松属	松科	*Pinaceae*
7	黄花落叶松	*Larix olgensis*	落叶松属	松科	*Pinaceae*
8	红松	*Pinus koraiensis*	松属	松科	*Pinaceae*
9	樟子松	*Pinus sylvestrisvar. mongolica*	松属	松科	*Pinaceae*
10	云南松	*Pinus yunnanensis*	松属	松科	*Pinaceae*
11	华山松	*Pinus armandi*	松属	松科	*Pinaceae*
12	油松	*Pinus tabulaeformis*	松属	松科	*Pinaceae*
13	云南油杉	*Keteleeria evelyniana*	油杉属	松科	*Pinaceae*
14	长苞铁杉	*Tsuga longibracteata*	铁杉属	松科	*Pinaceae*
15	圆柏	*Juniperus Chinensis*	刺柏属	柏科	*Cupressaceae*
16	竹柏	*Podocarpus nagi*	竹柏属	罗汉松科	*Podocarpaceae*

表 1－7 纹理分析选用的阔叶材树种

序号	树种名	拉丁种名	中文属名	中文科名	拉丁科名
1	檫木	*Sassafras tzumu*	檫木属	樟科	*Lauraceae*
2	春榆	*Ulmus davidianavar. japonica*	榆树属	榆科	*Ulmaceae*
3	核桃楸	*Juglans mandshurica*	核桃属	核桃科	*Juglandaceae*
4	青钱柳	*Cyclocarya paliurus*	青钱柳属	核桃科	*Juglandaceae*
5	柞木	*Quercus mongolica*	麻栎属	壳斗科	*Fagaceae*
6	水青冈	*Fagus longipetiolata*	青冈属	壳斗科	*Fagaceae*
7	板栗	*Castanea mollissima*	栗属	壳斗科	*Fagaceae*
8	白桦	*Betula platyphylla*	桦木属	桦木科	*Betulaceae*
9	硕桦	*Betula costata*	桦木属	桦木科	*Betulaceae*
10	西南桦	*Betula alnoides*	桦木属	桦木科	*Betulaceae*
11	棘皮桦	*Betula dahurica*	桦木属	桦木科	*Betulaceae*

续表

序号	树种名	拉丁种名	中文属名	中文科名	拉丁科名
12	辽东桤木	*Alnus sibirica*	桤木属	桦木科	*Betulaceae*
13	木荷	*Schima superba*	木荷属	山茶科	*Theaceae*
14	厚皮香	*Ternstroemiagymnanthera*	厚皮香属	山茶科	*Theaceae*
15	紫椴	*Tilia amurensis*	椴树属	椴树科	*Tiliaceae*
16	大青杨	*Populus ussuriensis*	杨属	杨柳科	*Salicaceae*
17	山杨	*Populus Davidiana*	杨属	杨柳科	*Salicaceae*
18	粉枝柳	*Salix rorida*	柳属	杨柳科	*Salicaceae*
19	钻天柳	*Chosenia macrolepis*	钻天柳属	杨柳科	*Salicaceae*
20	山槐	*Maackia amurensis*	槐树属	豆科	*Rosaceae*
21	秋子梨	*Pyrus ussuriensis*	梨属	蔷薇科	*Rosaceae*
22	槭木	*Acer mono*	槭树属	槭树科	*Aceraceae*
23	白牛槭	*Acer mandshuricum*	槭树属	槭树科	*Aceraceae*
24	漆树	*Toxicodendron vernicifluum*	漆树属	漆树科	*Anacardiaceae*
25	银桦	*Grevillea robusta*	银桦属	山龙眼科	*Proteaceae*
26	水曲柳	*Fraxinus mandshurica*	白蜡树属	木犀科	*Oleaceae*
27	白蜡树	*Fraxinus chinensis*	白蜡树属	木犀科	*Oleaceae*
28	黄波罗	*Phellodendron amurense*	黄檗属	芸香科	*Rutaceae*
29	梓树	*Catalpa ovata*	梓属	紫葳科	*Bignoniaceae*
30	滇楸	*Catalpa duclouxii*	梓属	紫葳科	*Bignoniaceae*
31	刺楸	*Kalopanax septemlobus*	刺楸属	五加科	*Araliaceae*
32	山桔子	*Garcinia multiflora*	藤黄属	藤黄科	*Clusiaceae*
33	光叶桑	*Morus macroura*	桑属	桑科	*Moraceae*
34	重阳木	*Bischofia javanica*	重阳木属	重阳木科	*Bischofiaceae*

2. 样本库2：东北常见的五种木材样本库

选择东北最常见的五种木材，针叶材：红松、落叶松；阔叶材：白桦、水曲柳、柞木。各树种样本尺寸为120 mm×120 mm，包含各材种的径切面和弦切面的10种纹理试件。用扫描仪扫描所有实物样本形成数字化图像输入计算机，保存为BMP格式。数字化的木材样本图片为512×512像素，256级灰度，约2 000幅图像（每类200个），样本清单如表1－8、表1－9所示。

表1－8　纹理分类选用的针叶材树种

序号	树种名	拉丁种名	中文属名	中文科名	拉丁科名
1	红松	*Pinus koraiensis*	松属	松科	*Pinaceae*
2	落叶松	*Larix gmelinii*	落叶松属	松科	*Pinaceae*

表 1－9　纹理分类选用的阔叶材树种

序号	树种名	拉丁种名	中文属名	中文科名	拉丁科名
1	白桦	*Betula platyphylla*	桦木属	桦木科	*Betulaceae*
2	柞木	*Quercus mongolica*	麻栎属	壳斗科	*Fagaceae*
3	水曲柳	*Fraxinus mandshurica*	白蜡树属	木犀科	*Oleaceae*

为满足分类器训练和测试的需要，依据纹理之间相似性的原则，从上述 2 000幅木材表面纹理图片中人工挑选出 10 类不同纹理（对应 5 个材种的径、弦切）的木材图像，每类各 100 个，共计 1 000 幅，形成样本库 2。相似性则是根据各木材图像纹理的方向、平均灰度、灰度对比度、粗糙度、均匀度等人的视觉感受来判别，既要保证每类纹理是相似的，又要保证每类纹理具有一定的散度，同时，各类之间还要有明显的不同。图 1－12 所示为 10 类木材表面纹理样本图片。

表 1－10　对木材进行人工纹理分类的结果

类别	树种名	拉丁种名	样本切向	样本数量
1	白桦	*Betula platyphylla*	径切	100
2	白桦	*Betula platyphylla*	弦切	100
3	红松	*Pinus koraiensis*	径切	100
4	红松	*Pinus koraiensis*	弦切	100
5	落叶松	*Larix gmelinii*	径切	100
6	落叶松	*Larix gmelinii*	弦切	100
7	水曲柳	*Fraxinus mandshurica*	径切	100
8	水曲柳	*Fraxinus mandshurica*	弦切	100
9	柞木	*Quercus mongolica*	径切	100
10	柞木	*Quercus mongolica*	弦切	100

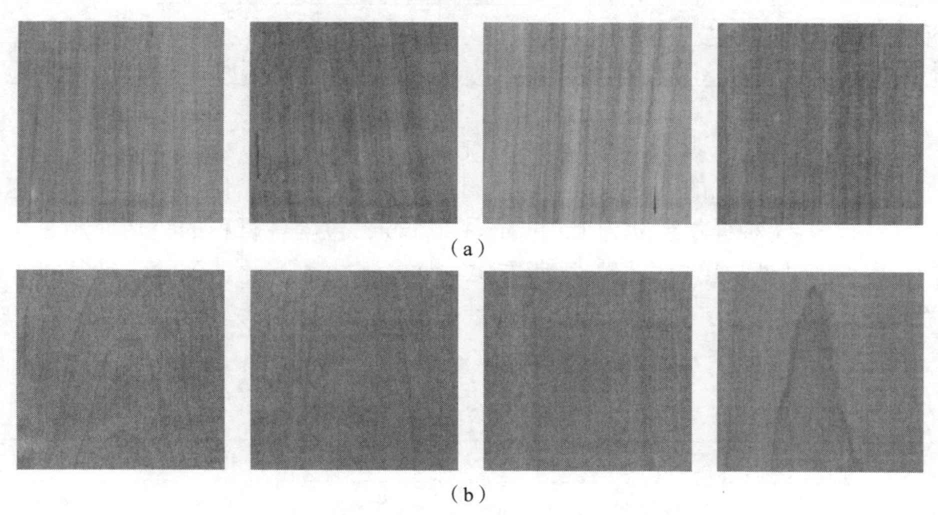

（a）

（b）

图 1－12　10 类木材表面纹理样本图片

（a）白桦径切；（b）白桦弦切

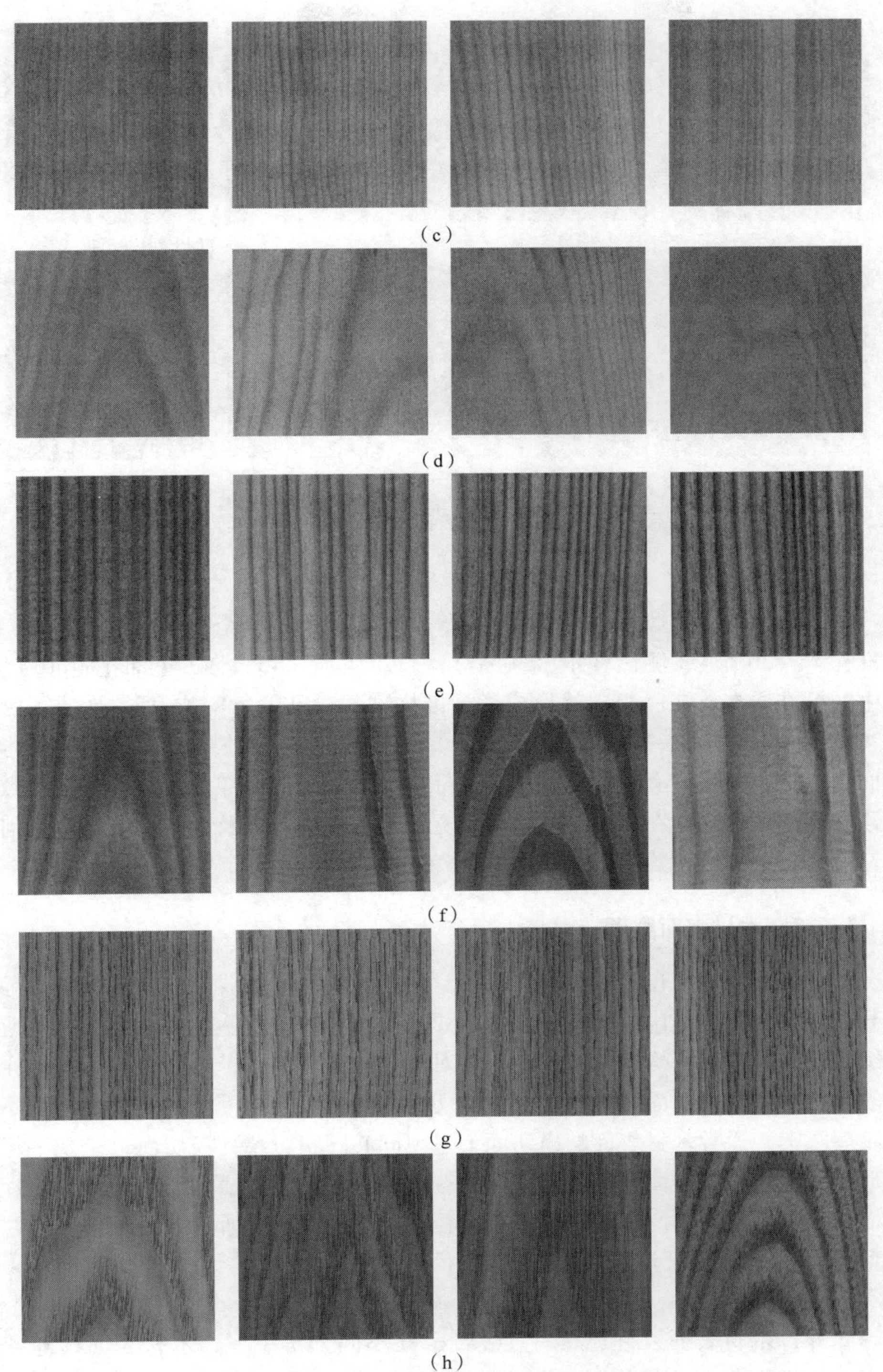

图1－12　10类木材表面纹理样本图片（续）

(c) 红松径切；(d) 红松弦切；(e) 落叶松径切；(f) 落叶松弦切；(g) 水曲柳径切；(h) 水曲柳弦切

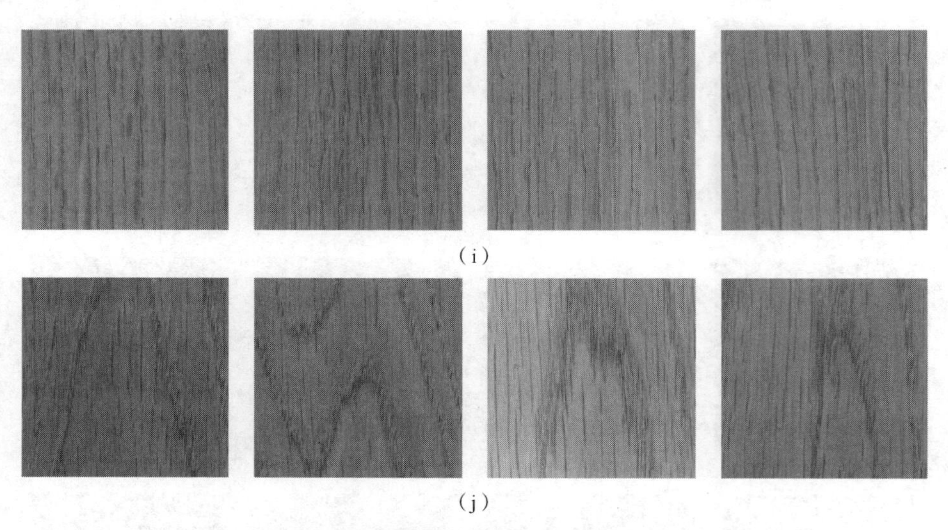

(i)

(j)

图 1－12　10 类木材表面纹理样本图片（续）

(i) 柞木径切；(j) 柞木弦切

为了对木材表面纹理进行模式识别，我们将每类 100 个样本分成 3 部分，即标准样本（30 个）、测试样本（30 个）、未知样本（40 个），进而把这 10 类样本中的标准样本放在一起，就形成了标准样本集（300 个），同理，形成了测试样本集（300 个）、未知样本集（400 个）。其中，未知样本集只在最后验证木材表面纹理参数体系的有效性时使用，而标准样本集和测试样本集是在上述参数体系建立时使用，这样在整个参数体系建立的过程中没有涉及未知样本集的任何信息，能够真正验证所建立木材表面纹理参数体系的有效性。

1.6.2　木材表面纹理特点

木材表面纹理在自然生长中形成，它由生长轮、木射线、轴向薄壁组织等解剖分子相互交织而产生，其主要表现形式来自由导管、管胞、木纤维、射线薄壁组织等的细胞排列所构成的生长轮。在对木材加工时，由于切削角度不同会在木材表面上产生 3 种切面，即横切面、径切面和弦切面。在不同的切面又呈现不同的纹理图案，通常木材表面的横切面上呈现同心圆状花纹，径切面上呈现平行的条形带状花纹，弦切面上呈现抛物线状花纹。一般来说，横切面所形成的纹理称为横切纹理，径切面所形成的纹理称为径切纹理，弦切面所形成的纹理称为弦切纹理。其中，我们只讨论木材表面的径切和弦切纹理，代表样本如图 1－13 所示。

此外，木材表面纹理还具有尺度性，在不同分辨率下，木材表面纹理依然呈现出细微而复杂的结构，不同尺度之间的纹理常常表现出形态上的相似性，图 1－10 列出了落叶松径切图像样本小波二级分解重构后图像。

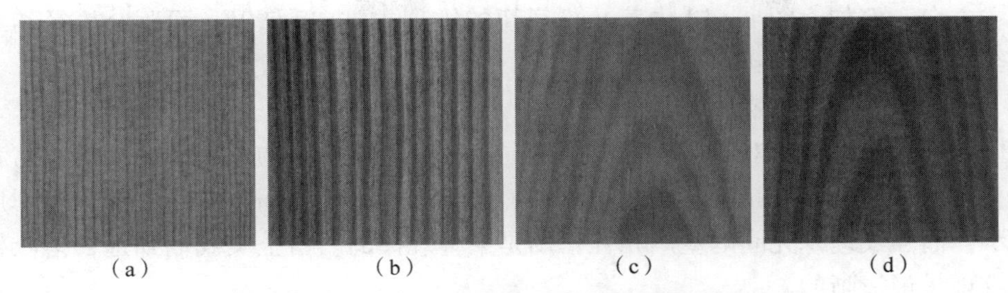

图1－13　木材表面的径切和弦切纹理样本

(a)、(b) 径切样本；(c)、(d) 弦切样本

木材表面纹理是木材重要的自然属性之一，具有精细复杂的结构，是鉴定和使用木材的重要依据，被作为木材物理学和木质环境学的重要内容进行研究。长久以来，人们主要通过以下几个角度研究木材表面纹理：木材科学、木材视觉环境学、心理物理学、计算机图像图形学等。从木材科学角度分析和研究木材表面纹理，能深刻地了解木材表面纹理产生的机理，纹理在视觉感观上的周期性表现是由生长轮的连续排列、早晚材的间隔出现等木材构造特征所引起，而且木材解剖分子构造的特点也会影响纹理其他方面的表现。因此，在定义木材表面纹理视觉物理量时，需要联系木材科学的理论知识，定义出具有一定专业含义的木材表面纹理物理量。

由于我们主要目的在于对木材表面纹理进行分类识别研究，所以对木材表面纹理描述的重点应从计算机图像图形学出发。因此，我们结合了木材科学、木材视觉环境学、心理物理学等学科的特点，主要从计算机图像图形学角度对所研究的10类木材表面纹理进行了分析。

观察图1－13可以发现，落叶松径切和弦切图像样本最为清晰，并且落叶松弦切是以下5种弦切中最具有明显抛物线状花纹的纹理，而白桦弦切却表现得很微弱；柞木弦切和水曲柳弦切非常接近，并且较红松弦切模糊。

从径切纹理角度上观察，落叶松的纹理最为清晰，并且可以计算出纹理的近似周期，上文中就用傅里叶变换获取了落叶松径切纹理的主频。这5种径切从纹理清晰程度上排序依次为：落叶松、红松、水曲柳、柞木、白桦。进一步观察发现径切纹理主要集中在90°方向上，而弦切纹理主要在45°和135°方向上，且纹理的方向性明显弱于径切纹理。当我们第一眼看到这十几幅图像时，容易发现水曲柳的径切纹理给人一种复杂的感觉，而白桦径切则给人一种安静、平稳的感觉；而且发现了样本图像的明暗程度上也有很大的差别，虽然在一定程度上受图像采集时光照和样本存放环境影响，但这本身也是样本纹理图像的一个固有的属性。通过以上的分析，我们认为以上10种木材表面纹理的主要组成成分包括以下6个方面。

1. *木材表面纹理主方向*

当纹理整体形状具有某些特定的角度朝向时，将该角度定义为木材表面纹理的主方向。例如：图 1－12 中落叶松径切的纹理主方向为 90°，而落叶松径切有两个纹理主方向，即 45°和 135°。

2. 木材表面纹理清晰程度

清晰程度也称为对比度，是亮度的局部变化，定义为物体亮度的平均值与背景亮度的比值，其值越大，图像越清晰。弱纹理的基元之间在空间上的相互作用较小，而强纹理基元间的空间相互作用是某种规律的。由上文我们知道，落叶松的纹理是最清晰的。

3. 木材表面纹理周期

纹理基元在垂直于纹理方向上的尺寸被认为是纹理宽度，每两个相邻的纹理基元之间的距离平均值被认为是纹理间距。这里，我们定义纹理基元重现的次数为纹理的周期。观察图 1－8 可以发现，落叶松径切的纹理周期为 16，而且我们通过傅里叶变换近似计算出了木材表面纹理的主频，也就是纹理的周期。

4. 木材表面纹理粗细均匀性

纹理的粗细均匀性与其基元结构的大小和空间重复周期有关。如果图像纹理基元中相邻像素有差异或连续变化，则产生精细的纹理效果；如果纹理基元比较大且包含了若干相同灰度级的像素，则产生粗糙纹理的效果。通过上文的分析，我们得出白桦径切的纹理图像是最均匀的。

5. 木材表面纹理明暗程度

纹理明暗程度也就是纹理的灰度分布，灰度值高，纹理就明亮，反之亦然。它与纹理的亮度和色调相关，当色调的明度高时，纹理也就比较明亮。由上文可知，红松径切纹理图像是最明亮的，也就是说它的灰度平均值要大于其他图像的。

6. 木材表面纹理复杂程度

纹理基元尺寸、形状、间距等方面的一致性程度称为纹理的规则度。反之则为不规则性纹理，对它的描述相应为复杂度，是纹理的综合描述，从总体上反映了纹理各方面的特点，我们通常通过图像的信息熵来表征图像的复杂程度。

通过以上的分析并结合所研究的图像样本，我们了解了木材表面纹理 6 大组成成分，但木材表面纹理终究是一种自然纹理，具有精细复杂的结构，并没有明显的纹理基元，前面提及的纹理基元只是为了结合规则纹理来介绍木材表面纹理 6 大组成成分，以便于理解。木材表面纹理特征也不是能通过几个纹理特征参数就可以很精确描述的，还有许多信息隐含在纹理图像之中，这也是我们未来需要研究和发掘的。

第2章 基于计算机图像纹理特征木材表面纹理的分类与识别

2.1 常用模式识别方法概述

2.1.1 最近邻决策法

在聚类分析中，由于没有任何样本类别的先验知识，因而按最近距离原则的基本思想进行分类。在代数类域界面方程法中，我们利用已知类别的训练样本进行学习产生各类决策域的判别界面，依据待识别模式所处的子区域而确定其类别。而最近邻法从技术特征上看介于聚类分析和代数类域界面方程法之间，最初是由 Cover 和 Hart 于 1968 年提出的，是在已知类别的训练样本条件下，按最近距离原则对待识模式进行分类。这种分类技术思想直观、方法简单、效果较好，其中的某些技术在理论上可以达到先验知识完备的贝叶斯决策的分类效果，能适应类域分布较复杂的情况，是最重要、最常用的模式识别方法之一。为了能真实地反映所获取特征的分类能力，应选择相对简单的分类器（按照最近邻决策规则设计的分类器称为最近邻分类器），从而避免分类器设计对识别率的影响，而最近邻分类器就是其中一种，这也是我们引入它的原因。

最近邻法决策规则：对于 c 类问题，设类 $w_i(i=1,2,\cdots,c)$ 有 N_i 个样本 $x_j^{(i)}(j=1,2,\cdots,N_i)$。分类的思想是，对于一个待识模式 x，分别计算它与 $N=\sum_{i=1}^{c}N_i$ 个已知类别的样本 $x_j^{(i)}$ 的距离，将它判为距离最近的那个样本所属的类。在这样的分类思想下，w_i类的判决函数为

$$d_i(x)=\min_{j=1,2,\cdots,N_i}\left\|x-x_j^{(i)}\right\|,\quad i=1,2,\cdots,N_i \tag{2-1}$$

判决规则为

$$\text{如果 } d_{\mathrm{m}}(x)=\min_{i=1,2,\cdots,c}d_i(x),\quad i=1,2,\cdots,c \tag{2-2}$$

则判 $x\in w_{\mathrm{m}}$。

其中，$d_i(x)$可以采用多种距离量度，如曼哈坦距离、欧几里得距离、余弦距离等。我们常用的是欧几里得距离。

最近邻分类器是最简单的分类器之一，相对于神经网络、支持向量机等复杂的分类器，其通用性好。虽然可能在识别率上要比针对具体问题而专门设计的分类器的识别效果差，但作为评价准则是很合适的，从而可以将注意力放到特征获取上。最近邻法的误判概率及其上下界如下：

在最近邻方法（记为1/*NN*，注*N*近邻法记为1/*N*）中，由于一个待识模式x的分类结果取决于它的最近邻元x^*的类别，因此判决结果有相当大的偶然性。例如，使用不同组的*N*个已知类别的样本，x的最近邻元x^*通常是不同类的。所以一个给定待识模式x的误判概率不仅和其自身有关，还与它的最近邻元x^*处两类的分布有关。

设$P_{1/N}(e|x,x^*)$为x^*，x^*条件下对x的误判概率，由于x^*是随机向量，故$P_{1/N}(e|x,x^*)$是随机变量。x条件下的误判概率可以由

$$P_{1/N}(e|x)=\int P_{1/N}(e|x,x^*)p(x^*|x)\mathrm{d}x^* \tag{2-3}$$

算得。最近邻法的渐近误判概率$P_{1/NN}(e)$可由式（2-4）推出。

$$\begin{aligned}P_{1/NN}(e)&=\lim_{N\to\infty}P_{1/N}(e)=\lim_{N\to\infty}\int P_{1/N}(e|x)p(x)\mathrm{d}x\\&=\int\lim_{N\to\infty}P_{1/N}(e|x)p(x)\mathrm{d}x\end{aligned} \tag{2-4}$$

最近邻法的渐近误判概率$P_{1/NN}(e)$的上下界为

$$P_{\mathrm{B}}(e)\leqslant P_{1/NN}(e)\leqslant P_{\mathrm{B}}(e)\left[2-\frac{c}{c-1}P_{\mathrm{B}}(e)\right] \tag{2-5}$$

式中，贝叶斯误判概率$P_{\mathrm{B}}(e)$的计算公式为

$$P_{\mathrm{B}}(e)=\int P_{\mathrm{B}}(e|x)p(x)\mathrm{d}x=\int[1-P(w_{\mathrm{m}}|x)]p(x)\mathrm{d}x \tag{2-6}$$

式中，$P(w_i|x)$为各类$w_i(i=1,2,\cdots,c)$的后验概率。若$P(w_{\mathrm{m}}|x)=\max[P(w_i|x)]$，按最小误判概率准则，应判$x\in w_m$，这时的条件误判概率为

$$P_{\mathrm{B}}(e|x)=1-P(w_{\mathrm{m}}|x) \tag{2-7}$$

贝叶斯误判概率为条件误判概率的期望。图2-1所示为c类问题中$P_{1/NN}(e)$与$P_{\mathrm{B}}(e)$的关系。图2-1中两条曲线是最近邻法当$N\to\infty$时渐近误判概率的上下界，其满足关系式(2-5)。由图2-1可清楚地看出，$P_{1/NN}(e)$与$P_{\mathrm{B}}(e)$的最大值及最小值都是0和$(c-1)/c$，在$[0,(c-1)/c]$中，$P_{1/NN}(e)$在$P_{\mathrm{B}}(e)$的上方，具体的$P_{1/NN}(e)$应落在图中阴影区内，实际的误判概率$P_{1/NN}(e)$应大于理论的$P_{1/NN}(e)$。

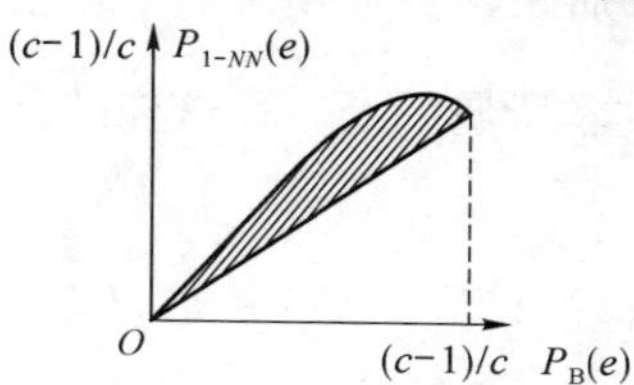

图2-1　$P_{1/NN}(e)$的上下界与最佳判决误判概率关系

2.1.2　特征选择

特征选择（Feature Selection）是模式识别、机器学习和数据挖掘等领域的一个热门研究课题，已广泛应用到图像分类、图像检索、客户关系管理、入侵检测和基因分析等方面。它在模式识别领域中扮演着一个极其重要的角色，一方面，在样本有限的情况下，用大量特征来设计分类器无论是从计算开销还是从分类器性能来看都不合时宜。另一方面，特征和分类器性能之间并不存在线性关系，当特征数量超过一定限度时，会导致分类器范化能力变差。因此，进行正确有效的特征选择成为模式识别中必须要解决的问题，在海量数据条件下尤为重要。

特征选择是数据预处理的主要内容之一，它是从一组特征中挑选出一些最有效的特征达到降低特征空间维数的目的。通常，我们无法找到最优特征子集，并且许多与特征选择相关的问题都是 NP 难问题。特征选择具体作用主要体现在以下三个方面：①提高模式识别分类器的泛化能力，即对未知样本的预测能力；②决定相关特征，即与学习任务相关的特征；③特征空间的维数约简，即删除了无关、冗余和噪声数据，降低了特征向量的维数。

特征选择需要解决两个问题，一是确定选择算法，在允许的时间内，以可以忍受的代价找出最小的、最能描述类别特征的参数组合；二是确定评价标准，衡量特征组合是否最优，得到特征获取操作的停止条件。因此，一般分两步进行特征选择：①产生特征子集；②对子集进行评价，如果满足停止条件，则操作完毕；否则，重复前述两步直到条件满足为止。其算法的基本结构如图 2－2 所示。

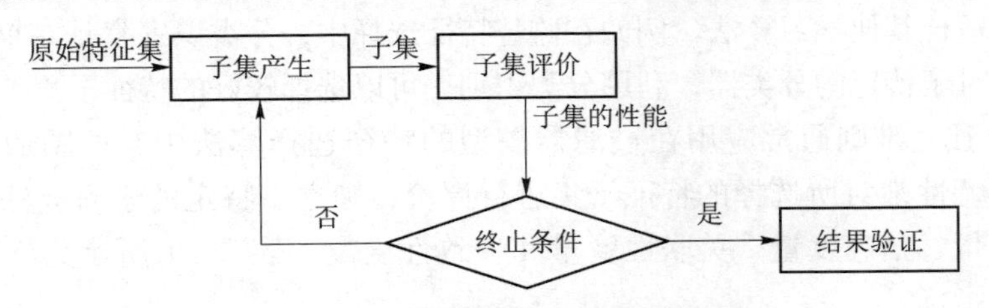

图 2－2　特征选择算法的基本结构

一个典型的特征选择算法通常包括以下四个基本步骤：

1. 子集的产生（Subset Generation）

这是一个搜索过程，通过一定的搜索策略产生候选的特征子集。子集的产生是启发式搜索的必要过程，它包含两个方面的内容：首先，必须决定搜索开始点，如选择特征子集初始为空集或是整个特征集或者随机选择一个子集；其次，必须决定搜索策略，对于一个 N 维的数据集，存在 2^N 个候选子集，即使是较小的 N，穷尽搜索都是不可行的，因此需要采用一些搜索策略。一般来说，常用的搜索策略主要包括完全搜索（Complete Search）、顺序搜索（Sequential Search）和随机搜索（Random Search）三种。

（1）完全搜索：可以保证获得对于给定的评价准则（也称为评价函数）是最优的特征子集，例如穷尽搜索就是一种完全搜索，相应的算法有 BS（Beam Search）算法和分支限界法等。

（2）顺序搜索：不需要进行完全搜索，因此也不能保证获得的结果是最优的，具体算法包括贪心爬山法的各种变化，如顺序前进法 SFS（Sequential Forward Selection）、顺序后退法 SBS（Sequential Back Fard Selection）、双向选择以及决策树法等。

（3）随机搜索：开始随机选择一个特征子集，紧跟着有两种不同的处理方式，一种是进行顺序搜索，将随机性与顺序性相结合，如模拟退火算法。另一种是接着再采用随机搜索获得下一个特征子集，如 Las Vegas 算法，利用随机搜索可以避免局部最优，并能保证所选特征子集的最优性。

总的来说，上述三种方法中只有完全搜索法可以保证最优，但其时间的消耗及计算复杂度很高；后两者以性能为代价换取简单、快速的实现，但不能保证解是最优的。实际应用中如何折中性能和代价之间的矛盾也是一个需要深入研究的方向。

2. 子集评价（Subset Evaluation）

每一个候选的特征子集都根据一定的评价准则进行评价，并与先前最优的特征子集进行比较。评价准则根据与学习算法的关联情况大体上可以分成两类，即关联准则和独立准则。

（1）关联准则通常应用在封装器模型的特征选择算法中，先确定一个学习算法并利用学习算法的性能作为评价准则。对于特定的学习算法来说，通常可以找到比封装器模型更好的特征子集，但是要多次调用学习算法，一般时间开销较大，并且可能不适合其他学习算法。例如在监督特征选择中，分类识别率是一个常用的关联准则，对于特定的分类器，利用分类识别率可以选择较好的特征子集。

（2）独立准则通常应用在过滤器模型的特征选择算法中，试图通过训练数据的内在特性来对所选择的特征子集进行评价，独立于特定的学习算法。通常包括距离度量、信息度量、关联性度量和一致性度量。表 2－1 所示为 5 种评价准则的性能指标。

表 2－1　5 种评价准则的性能指标

评价准则	时间复杂度	分类精度
距离测度	低	—
信息测度	低	—
相关性测度	低	—
一致性测度	中等	—
分类错误率	高	很好

3. 终止条件（Stopping Criterion）

指算法结束所要满足的要求，与子集的产生过程和选用的评价准则有关。经常采用的终止条件有：①搜索完成；②某种给定的界限如指定的特征数或循环次数等已达到；③再增加（或删除）任何特征都不能获得更好的结果；④对于给定的评价准则，已获得足够好的特征子集。

4. 结果验证（Result Validation）

根据一定的先验知识或通过合成或现实数据集的测试来证明所选择的特征子集的性能，先验知识通常是指对进行特征选择的数据集的了解，而在实际应用中，这种先验知识往往是无法获得的，于是就通过特征子集对学习算法的性能影响来评价所选择特征子集的性能。

特征选择方法的选取原则如下：理想的特征选择是严格筛选最小的、最佳的、最有影响的特征组合来实现最简单方便的分类。良好的特征组合应具有可辨别性好、可靠性高、独立性强、稳定性高和数量少等特点。目前，还没有文献给出一种通用的方法来解决特征选择问题。

影响特征选择方法的因素主要有数据类型、问题规模、样本数量等，具体如图2-3所示。此外，噪声引入的一些虚假或冗余特征，也会导致数据矛盾甚至错误，极大影响分类结果。因此，对噪声的容忍能力成为确定特征选择方法考虑的因素。

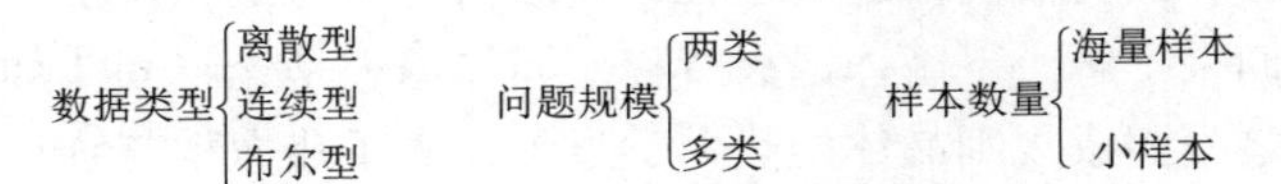

图2-3　影响特征选择的因素

综合上述影响因素，确定良好的特征选择方法应该遵循以下一些原则：

（1）处理数据类型的能力。

判断是否支持离散型数据、连续型数据或布尔型数据。各种特征选择方法有其处理数据类型的范围，如分枝定界法不支持布尔类型，Koller-Sahhmi 不支持连续类型等。

（2）处理问题规模的能力。

判断是否能够处理两类问题或者多类问题，如 Relief 不支持多类问题等。一般情况下可以先将多类问题划分为若干个两类问题，然后利用两类问题的选择方法进行处理来扩展处理能力。

（3）处理样本数量的能力。

判断是否能够处理小样本数据集或海量数据。特征选取方法对于特征集的大小有限制，如 SFBS 不能适应特征个数多于 110 的特征集。

（4）对噪声的容忍能力。

实际问题情况十分复杂，噪声分布各不相同，有强有弱。一般抗噪性越强，获取特征的性能也就越好。

（5）无噪声情况下，产生稳定的、最优特征子集的能力。

所谓最优特征子集的产生能力，除了直接由结果最优来决定外，还需要考虑代价因素。只要在允许的代价下能够获取满足要求的结果，就可以视为最优，但关于最优特征子集的衡量和实际参数有关。因此，针对我们所涉及特征选择方法的特点，提出两种基于模拟退火算法、遗传算法与最近邻分类器识别率的特征选择算法，具体见下文。

2.1.3　模拟退火算法

模拟退火算法（Simulated Annealing Algorithm，SA）是 20 世纪 80 年代发展起来的一种用于求解大规模优化问题的随机搜索算法。它得益于材料统计力学的研究结果，以优化问题求解过程与物理系统退火过程之间的相似性为基础，利用 Metropolis 准则并适当地控制温度的下降过程实现模拟退火过程，从而达到在多项式时间内求解近似全局优化问题的目标。模拟退火算法作为智能计算方法的一种，产生于 20 世纪 80 年代初，其基本思想来源于固体的退火过程。1982 年，Kirkpatrick 等人首先意识到固体退火过程与优化问题之间存在着相似性，Metropolis 等对固体在恒定温度上达到热平衡过程的模拟也给他们以启迪。通过把 Metropolis 准则引入到优化过程中，他们最终得到一种用 Metropolis 算法进行迭代的优化算法，这种算法类似固体退火过程，称之为“模拟退火算法”。

首先，我们来了解一下固体退火过程。固体退火是先将固体加热至熔化，再慢慢冷却，使之凝固成规则晶体的热力学过程，属于热力学与统计物理的研究范畴。在加热固体时，固体粒子的热运动不断增强，随着温度的升高，粒子与其平衡位置的偏离越来越大，当温度升至熔解温度后，固体的规则性被彻底破坏，粒子排列从较有序的晶体变为无序的液体。冷却时，液体粒子的热运动渐渐减弱，随着温度的缓慢降低，粒子运动渐趋有序。当温度降至结晶的温度后，粒子运动变为围绕晶体格点的微小振动，液体凝固成固体的晶态，这个过程叫退火(Annealing)。退火过程之所以缓慢进行，是为了在每一温度下都达到平衡状态，最终达到固体的基态。如果在退火时降温过快（即淬火，Quenching)，会导致不是最低能量状态的非结晶体的出现。与之相对，温度缓慢降低的过程，即退火是最理想的，缓慢降温的过程有利于形成结构统一的晶体，这种更稳定的晶体结构使得金属更加耐用。图 2 -4 所示为固体退火前后的结构。

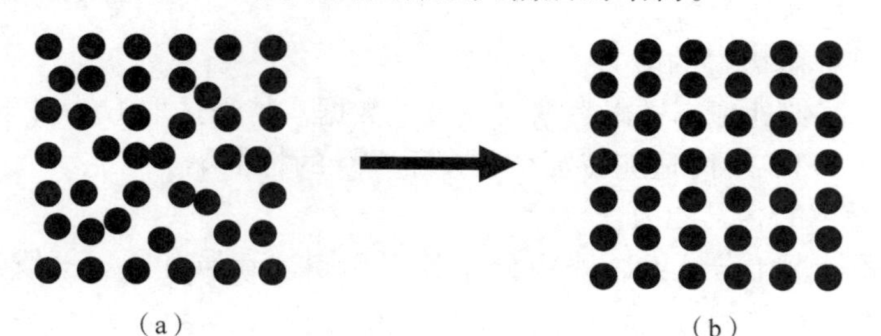

图 2 -4　固体退火前后的结构

（a）退火前的结构；（b）退火后的结构

模拟退火算法是一种适合求解大规模组合优化问题的随机搜索算法。由于其具有适用范围广、求得近似全局最优解的可靠性高、算法简单、便于实现等优点，使其在求解连续变量函数的近似全局优化问题上得到了广泛的应用，同时也取得了很好的效果。为了提高模拟退火算法的搜索效率，国内外的科研人员还在进行各种研究工作，尝试从模拟退火算法的不同阶段入手对算法进行改进，比如：①快速性的模拟退火算法，使该算法的求解速度和收敛性都得到较大提高；②适应性的模拟退火算法，使该算法具有智能性；③现在有学者提到的遗传-模拟退火算法，就是将遗传算法和模拟退火算法二者的优越性结合起来。不能忽略的是，每种算法的提出都与其应用范围紧密结合，这样才使得改进的算法在其应用领域具有较好的适用性。由于模拟退火算法受到了越来越多的重视，已经逐渐成为一个解决组合优化问题的重要发展方向。

1. 传统的模拟退火算法

模拟退火算法有两个主要操作：一个是称为冷却流程的热静力学操作，用于设定温度 t 下降幅度；另一个用于在每个温度下搜索最优解的随机松弛过程。设组合优化问题的一个解 i 及其目标函数 $f(i)$ 分别与固体的一个微观状态 i 及其能量 $E(i)$ 等价，令随算法进程递减的控制参数 t 担当固体退火过程中温度 T 的角色，则对于控制参数 t 的每一个取值，算法持续产生“新解-判断-接受/舍弃”的迭代过程就对应着固体在某一恒温下趋于热平衡的过程，也就是执行了一次 Metropolis 算法。表2-2对固体退火过程和组合优化问题进行了对比。

表2-2　固体退火过程和组合优化问题的对比

固体退火过程	组合优化问题
固体的一个状态 i	优化问题的一个解 x_i
系统能量 $E(i)$	目标函数值 $f(x_i)$
温度 T	控制参数 t
能量最低的状态（基态）	最优解
某一恒定温度下趋于热平衡的过程	产生新解-判断-接受/舍弃（Metropolis 算法）

模拟退火算法用 Metropolis 算法产生组合优化问题解的序列，并由 Metropolis 准则相对应的转移概率 P_i 确定是否接受从当前解 i 到新解 j 的转移，P_i 的计算式为

$$P_i=\begin{cases}1, & f(i)\leqslant f(j)\\ \exp\left[\dfrac{f(i)-f(j)}{t}\right], & f(i)>f(j)\end{cases} \tag{2-8}$$

式中，$t\in\mathbf{R}^+$ 表示温度控制参数，开始让 t 取较大的值（与固体的熔解温度相对应），如此反复，直至满足某个停止准则时算法终止。

传统的模拟退火算法伪代码为：

（1）任选一个初始解 $x_0, k=0, t_0=t_{max}$（初始温度）。

（2）若在该温度达到内循环停止条件，则跳至步骤（3）。否则，从邻域 $N(x_i)$ 中随机选取 x_j，计算 $\Delta f_{ij}=f(x_j)-f(x_i)$；若 $\Delta f_{ij}<0$，则 $x_i=x_j$。否则，若 $\exp(-\Delta f_{ij}/t_k)>\text{random}(0\sim1)$时，则 $x_i=x_j$，重复步骤（2）。

（3）$t_{k+1}=d(t_k), k=k+1$；若满足停止条件，终止计算，跳至步骤（4）；否则回到步骤（2）。

（4）输出最后结果，即近似全局最优解。

模拟退火算法依据 Metropolis 准则接受新解，因此除接受优化解外，还在一个限定范围内接受恶化解，这正是模拟退火算法与局部搜索算法的本质区别所在。开始时 t 值大，可能接受较差的恶化解；随着 t 值的减小，只能接受较好的恶化解；最后在 t 值趋于零值时，就不再接受任何恶化解了。这就使模拟退火算法既可以从局部最优的“陷阱”中跳出，更有可能求得组合优化问题的整体最优解，又不失简单性和通用性。因此，对大多数组合优化问题而言，模拟退火算法要优于局部搜索算法。

2. 有记忆的模拟退火法

传统的模拟退火算法思路清晰、原理简单、可用于解决许多实际问题。但存在很多弊病，国内外学者对其做相应的改进，得到了改进的模拟退火算法，包括加温退火法、有记忆的模拟退火算法、带返回搜索的模拟退火算法、多次寻优法、回火退火算法等。针对我们所涉及特征选择方法的特点，选用了“有记忆的模拟退火算法”作为搜索策略。在传统的模拟退火过程中，算法终止于一个预先规定的停止准则 S，如控制参数 t 的值小于某个充分小的正数；相继的若干个 Markov 链中解未得到任何改善；两个相继 Markov 链所得解的差的绝对值小于某个充分小的正数等。但一方面由于模拟退火算法的搜索过程是随机的，且当 t 值较大时可以接受部分恶化解，而随着 t 值的衰减，恶化解被接受的概率逐渐减小直至为0。另一方面，某些当前解要达到最优解时必须经过暂时恶化的“山脊”，因此，上述这些停止准则无法保证最终解正好是整个搜索过程中曾经达到的最优解。

解决方案：在传统的算法中增加一个记忆器，使之能够记住搜索过程中遇到过的最好解，当退火结束时，将所得最终解与记忆器中的解比较并取较优者作为最后结果，具体的算法伪代码如下：记忆器设置为变量 i^* 与 f^*，其中 i^* 用于记忆当前遇到的最优解，f^* 为其目标函数值；i_0 为初始解，f_0 为对应 i_0 的函数值；i 为被接受的新解，f 为对应 i 的函数值。首先，令 $i^*=i_0$，$f^*=f_0$，以后每接受一个新解时，就将新当前解的目标函数值 f 与 f^* 比较，若 f 优于 f^*，则将 i^* 和 f^* 分别赋值为 i 和 f，最后算法结束时，再从最后的当前解 i 与 i^* 中选取最优者为最终解。

2.1.4　基于模拟退火算法与最近邻分类器识别率的特征选择方法（SNFS）

针对常见特征选择方法的不直接性，我们将子集评价函数直接选为分类器的识别率，提出一种基于模拟退火算法与最近邻分类器识别率的特征选择方法（The Feature Selection Method Based on Simulated Annealing Algorithm and the Recognition Rate of 1 – NN Classifier，SNFS）。该算法具有较强的参数选择能力，能在多项式时间内找出问题的近似最优解。

1. 个体编码

在遗传算法中，代表染色体的二进制位串具有表达简单、操作方便、可代表较广范围的不同信息等优点。因此，我们采用二进制编码方式对个体（子集）进行编码。若原始特征有10个，则个体的长度$L=10$，个体的每一个基因对应相应次序的特征。当个体中的某个基因为“1”时，表示该基因所对应的特征项被选用，而为“0”时，则表示未被选中。例如，“1110010100”表示只有第1，2，3，6，8个特征被选用。

2. 评价准则（评价函数或代价函数）

特征选择的最终目的是找出分类能力最强的特征组合，因此，需要一个评价准则来度量特征组合的分类能力。特征选择的度量总体上可以分为3类：准确性度量、一致性度量和经典度量。一般来说，前者要优于后两者，但相应的时间复杂度也要高。分类器识别率是准确性度量，是最直观的评价准则。而最近邻分类器是最经典、最常见的非参数统计模式识别方法，只要合理选择分类器标准样本数目，并结合快速算法，就能将其耗用的CPU时间控制在很小的范围内，并且在很大程度上能够避免分类器设计对识别率的影响，进而能更好地反映特征子集的性能。因此，我们最终选用最近邻分类器识别率作为评价准则。

3. 邻域结构

一种新解产生法则对应一种特定的邻域结构。模拟退火算法中最常用的是2变换法和3变换法，这两种方法有着各自独特的优越性，我们将这两种方法随机交替使用获得了较好的效果。其中，2变换法和3变换法具体实现如下：

（1）2变换法。

任选访问的序号u和v，逆转u和v及其之间的访问顺序，此时产生的新解为（设$u<v$）

$$\pi_1\cdots\pi_{u-1}\pi_{v-1}\cdots\pi_{u+1}\pi_u\pi_{v+1}\cdots\pi_n \tag{2-9}$$

（2）3变换法。

任选访问的序号u，v和w，将u和v之间元素插到w之后访问，此时产生的新解为（设$u\leqslant v<w$）

$$\pi_1\cdots\pi_{u-1}\pi_{v+1}\cdots\pi_w\pi_u\cdots\pi_v\pi_{w+1}\cdots\pi_n \tag{2-10}$$

4. 冷却进度表

（1）初始温度 t_0 的选择。

Kirkpatrick 等在 1982 年提出了确定 t_0 值的经验法则，Johnson 等人对这个经验法则进一步深化提出，通过计算若干次随机变换目标函数平均增量的方法来确定 t_0 值，具体见式（2－11）和式（2－12）。

$$\chi_0 = \exp(-\Delta \bar{f}^+ / t_0) \tag{2-11}$$

$$t_0 = \Delta \bar{f}^+ / \ln(\chi_0^{-1}) \tag{2-12}$$

式中，$\Delta \bar{f}^+$ 表示上述平均增量。我们采用的具体实现方法如下：

假定对控制参数的某个确定值 t 产生一个 m 个尝试的序列，并设 m_1 和 m_2 分别是其中目标函数减小和增大的变换数，$\Delta \bar{f}^+$ 是 m_2 次目标函数增大变换的平均增量，则接受率 χ_0 可以用式（2－13）近似计算。

$$\chi \approx [m_1 + m_2 \times \exp(-\overline{\Delta f^+} / t)] / (m_1 + m_2) \tag{2-13}$$

由式（2－13）可得

$$t = \overline{\Delta f}^+ / \ln\{m_2 / [m_2 \times \chi - m_1 \times (1 - \chi)]\} \tag{2-14}$$

只要将式（2－14）中的 χ 设定为初始接受率 χ_0，就能求出相应的初始温度 t_0。

（2）衰减函数的选择。

为避免算法进程产生过长的 Markov 链，控制参数 t_k 的衰减量以小为宜，这样可以保证两个相继值 t_k 和 t_{k+1} 上的平稳分布是相互逼近的。如果在 t_k 值上达到准平衡，那么可以期望在 t_k 衰减为 t_{k+1} 以后，只需进行少量的变换就可以恢复 t_{k+1} 值上的准平衡，这样就可以选取较短长度的 Markov 链来缩减 CPU 时间，但 t_k 较小的衰减量可能导致算法进程迭代次数的增加，耗用更多的 CPU 时间。因此，折中考虑，选用 Kirkpatrick 等提出的控制参数衰减函数，见式（2－15）

$$t_{k+1} = t_k \times a \tag{2-15}$$

式中，$k = 0, 1, 2, \cdots$；$a = 0.95$。

（3）Markov 链长度 L_k 的选择。

Markov 链的长度选取原则是，在控制参数 t 的衰减函数已经选定的前提下，L_k 应选得在控制参数 t 的每一个取值上都能恢复准平衡。其中，在控制参数的每一取值上恢复准平衡需要进行的变换数可以通过至少应接受的变换数来推算。但由于变换的接受率随控制参数值的递减而减小，接受固定数量的变换需进行的变换数随之增多，最终在 $t_k \to 0$ 时，$L_k \to \infty$。因此，针对式（2－15）选择的衰减函数，我们选用固定的常量 L 来限定的 L_k 值，并取 $L = 100n$，其中 n 是问题的规模。

（4）停止准则的选择。

模拟退火算法收敛于最优集是随控制参数 t 值的缓缓减小而渐近进行的，只有在控制参数终值 t_f 充分小时，才能得出高质量的解。因此，停止准则一般选择

为 $t_f < \delta$，其中 δ 是个非常小的正数，但这样不能保证最终解的质量。为了兼顾最终解质量和算法的时间复杂度，我们选用的停止准则为：在相继的 s 个 Markov 链中，代价函数值无变化。这里将 s 定义为最优解质量等级，考虑到算法的时间复杂度，一般情况下取 $s \leqslant 5$。如需要提高最优解的质量，只需增大 s 取值，默认情况下取 $s = 1$。

5. 有记忆的模拟退火算法

模拟退火算法的搜索过程是随机的，且当 t 较大时可以接受部分恶化解，随着 t 的衰减，恶化解被接受的概率逐渐减小为0。但在某些当前解达到最优解时必须经过恶化的“山脊”，因此，前文中的停止准则不能完全确保解的质量。为解决以上问题，我们在算法中增加一个记忆器，使之能够记住搜索过程中的最好解，当退火过程结束后，将所得的最终解与记忆器中解比较作为最优解，这样确保了算法中最优解的质量。

SNFS 算法的伪代码如下：

（1）设定最优解维数范围 Scale 和质量等级 Quality。例如，若设定 Scale ∈ [3，8] 和 Quality = 2，表示选择的特征组合中参数个数属于 [3，8]，停止准则 $s = 2$。

（2）根据 Scale 随机产生初始解 Y_0，并在记忆器中以及最终解变量中保存初始解 Y_0 值及其评价函数值。产生 Y_0 具体作法如下：Scale 最小值表示 Y_0 中“1”的个数，Y_0 中其余位置均被“0”覆盖，其中“1”的位置是随机的。

（3）根据前文中所提方法产生新解，并计算新解的评价函数值，然后分别与记忆器中以及最终解变量中的代价函数值进行比较，如果其值大于记忆器中或最终解变量中的评价函数值，则相应地将记忆器中以及最终解变量中的信息被新解的信息替代；否则，按照 Metropolis 准则进行。如果接受了恶化解，则在最终解变量中的信息被新解的信息替代，将该步骤循环执行一个 Markov 链的长度。

（4）如果在一个 Markov 链中，评价函数值没有变化则跳至步骤（5）；否则，按照式（2－15）的衰减函数 $t_{k+1} = t_k \times 0.95$ 进行衰减，并跳至步骤（3）。

（5）判断是否达到 Scale 的最大值，若是，则跳至步骤（6）；否则，保存前一个最优解中“1”的位置不变，然后随机将该解中某一个为“0”位置变为“1”，作为下一个新解，执行步骤（3）产生新解以后的部分。

（6）算法结束，记忆器和最终解变量中的大者就是最优解，其中最优解中“1”所对应特征，即为选择后的特征参数组合。

2.1.5　遗传算法

遗传算法（Genetic Algorithms，GA）起源于对生物系统所进行的计算机模拟研究，是由美国 Michigan 大学的 John Holland 教授等人提出的一种借鉴生物体自然选择和自然遗传机制的随机搜索算法。它是模拟生物在自然环境中的遗传和进化过程而形成的一种自适应全局优化概率搜索算法，体现了“优胜劣汰、适者生存”的竞争机制。其主要特点是采取群体搜索策略和在群体中个体之间进行信息交换，利用简单的编码技术和繁殖机制来表现复杂的现象，不受搜索空间的限制性假设的约束，不要求诸如连续性、导数存在和单峰等假设，并且遗传算法的搜索过程不依赖于梯度信息，尤其适用于处理传统搜索方法难以解决的复杂和非线性问题。它作为一种高效、鲁棒性强的优化技术，已广泛应用于组合优化、机器学习、自适应控制、规划设计、人工生命和图像处理等领域。

遗传算法与传统的寻优算法不同，大多数寻优算法是基于一个单一的评价函数的梯度或较高次统计，以产生一个确定性的试验解序列。它不依赖于梯度信息，而是通过模拟自然进化过程来搜索最优解，利用某种编码技术，作用于称为染色体的数字串，模拟由这些串组成的群体的进化过程。总的来说，遗传算法具有如下优点：

（1）对可行解表示的广泛性。遗传算法的处理对象不是参数本身，而是对其编码之后的基因个体。

（2）群体搜索特性。许多传统的搜索方法都是单点搜索，这种搜索对于多峰分布的空间容易陷入局部极小。而遗传算法能够同时对种群中的多个个体进行处理，使得其具有较好的全局搜索能力，也使得算法本身具有并行性和高效性。

（3）不需要辅助信息。遗传算法仅用适应度函数（在特征选择中称为“评价函数”）的数值来评价个体，并在此基础上进行遗传操作。此外，遗传算法对其适应度函数要求比较宽松，仅要求编码必须与可行解空间对应，这也使得遗传算法的适应范围大大扩展。

（4）内在启发式随机搜索特性。遗传算法不是采用确定性规则，而是采用概率的变迁规则来指引它的搜索方向。从表面上看，遗传算法是一种盲目搜索方法，实际上它具有明确的搜索方向，即具有内在的并行搜索机制。

（5）全局性。遗传算法在搜索过程中不易陷入局部极值点，即使在非连续、多峰以及噪声的情况下，也能以很大的概率收敛到全部近似最优解。

（6）鲁棒性。鲁棒性强说明遗传算法的搜索以群体为操作单元，最终解随时间增加而趋于稳定，不受初始条件的影响，不因实例的不同而蜕变；同时也意味着，对同一问题，算法经多次运行得到的结果是相近的，即在解的质量上没有较大的差异。

（7）无约束性。遗传算法本质上是一种无约束优化方法。对于约束的优化问题，一般需转化为无约束优化问题求解。

（8）可扩展性。遗传算法具有良好的可扩展性，易于同其他搜索技术融合在一起，如同模拟退火算法结合，形成遗传－模拟退火算法。

通常情况下，经有限次遗传迭代操作，能够得到问题的满意近似全局最优解。此外，遗传算法本身作为一种优化方法，在具备以上优点的同时，也存在一些局限性：①编码不规范及编码存在表示的不精确性；②单一的遗传算法编码不能全面地将优化问题的约束全部表示出来；③容易出现过早收敛的现象；④在算法的精度、可信度、复杂性等方面，遗传算法还没有有效的定量分析方法。

遗传算法模拟了自然选择和遗传中发生的复制、交叉和变异等现象，从任一初始种群出发，通过随机选择、交叉和变异操作，产生一群更适应环境的个体，是群体进化到搜索空间中越来越好的空间，这样一代一代繁衍进化，最后收敛到一群最适合环境的个体，即求得问题的最优解。遗传算法的操作步骤也没有固定的模式，可以针对具体问题做适当的调整，其基本的操作步骤如下，其流程如图2-5所示。

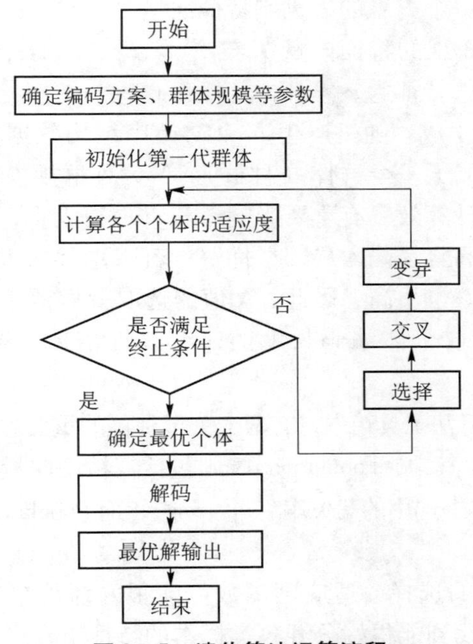

图2-5　遗传算法运算流程

（1）选择编码方案，确定种群规模及适应度函数。

（2）令进化代数 $g=0$。

（3）给出初始化群体 $P(g)$，令其作为第一代种群，令 x_g 为种群中任一个体。

（4）对 $P(g)$ 中所有个体进行适应函数的计算，并将群体中最优解 x' 与 x_g 比较，如果 x' 的性能优于 x_g，则 $x_g=x'$。

（5）如果终止条件满足，则算法结束，x_g 经过解码以后即为最优搜索的结果；否则继续步骤（6）。

（6）每个个体以适应度函数值所决定的概率复制到下一代。

（7）以一定的概率随机选择两个个体进行交叉操作。

（8）以一定的较小概率对个体进行突变操作。

（9）$P(g)$中的个体进行交叉和变异操作以后，得到新一代个体$P(g+1)$，令$g=g+1$，并跳至步骤（4）。

2.1.6 基于遗传算法与最近邻分类器的特征选择方法（GNFS）

（1）个体的编码：遗传算法在进行搜索之前先将解空间的解数据表示成遗传空间的基因型串结构数据，即编码。遗传算法最基本的编码方式是二进制编码。二进制编码方式将问题的解表示成二进制位串，其中，二进制位串长度应等于特征向量的维数。本课题中也采用二进制编码表示特征子集，一个长度为L的二进制位串，对应于一个L维的二进制特征向量，它的每一位表示包括或排除一个相应特征。例如，8维的特征向量$\boldsymbol{T}=[t_1,t_2,t_3,t_4,t_5,t_6,t_7,t_8]$，则编码[0,1,1,0,1,1,0,0]代表所选特征为$\boldsymbol{x}_g=[t_2,t_3,t_5,t_6]$。

（2）初始群体的生成：随机产生N个初始串结构数据，每个串结构数据称为个体，N个个体构成了一个群体（种群）。N为种群规模，是遗传算法的一个重要参数，对算法的计算效率有重要影响。若N取得太小，每一代处理的个体数量不多，搜索效率不高且易陷入局部最优解；若N取得太大，每一代的适应度值计算量太大，计算效率也不高，因此，N值的选取就显得尤为重要。本课题采用的方法是：群体规模取个体编码长度的一个线性倍数，这里取个体编码长度2倍。

在MATLAB遗传算法工具箱中，有两个关于种群的重要参数，分别是Population Type和PopulationSize。其中，Population Type包括双精度向量、位串（bitstring）以及自定义三种类型，本书选用的是位串（bitstring），而PopulationSize设置为个体编码长度2倍。

（3）适应度函数的选择：适应度函数应能很好评价个体或解的优劣性。对于我们的问题，是要找到能很好分开各类样本的特征组合，因此选取的适应度函数必须与样本的可分性成正比。因此，本课题直接选用最近邻分类器的分类识别率作为GNFS方法的适应度函数，其适应度参数直接选为MATLAB遗传算法工具箱中的排列函数（@ fitscalingrank）。

（4）选择（selection）函数的选取：选择的主要思想是串的复制概率正比于其适应度，即个体的适应度越大，被选中的概率就越高，即遵循了自然界“优胜劣汰、适者生存”的自然选择规律。选择的目的是从当前群体中选出优良的个体，使它们有机会作为父代繁衍子孙，从而可以提高遗传算法的全局收敛性和系统的效率。若选择不当，容易失去许多重要的个体，从而影响算法的收敛性。常用的选择方法有轮盘赌选择、精华选择、重组选择、均匀选择、适应性选择、线性排序、比例选择、自适应选择等。在MATLAB遗传算法工具箱中，选择函数包括随机均匀分布（Stochastic uniform）函数（@ selectionstochunif）、剩余（Remainder）函数（@ selectionremainder）、均匀（Uniform）函数（@ selectionuniform）、轮赌盘（Roulette）函数（@ selection roulette）以及自定义函数等，本算法选取轮赌盘（Roulette）函数。

（5）交叉（crossover）函数及交叉概率的选取：交叉是对于选中用于繁殖下一代的个体，随机地选择两个个体的相同位置，按交叉概率 P_c 在选中的位置实行交换。通过交叉操作可以得到新一代个体，新个体组合了父辈个体的特性。交叉目的在于产生新的基因组合，即产生新的个体。常用的交叉方法有单点交叉、双点交叉、均匀交叉、多点交叉、启发式交叉、顺序交叉、混合杂交等20种，图2－6所示为单点交叉和双点交叉的示意图。

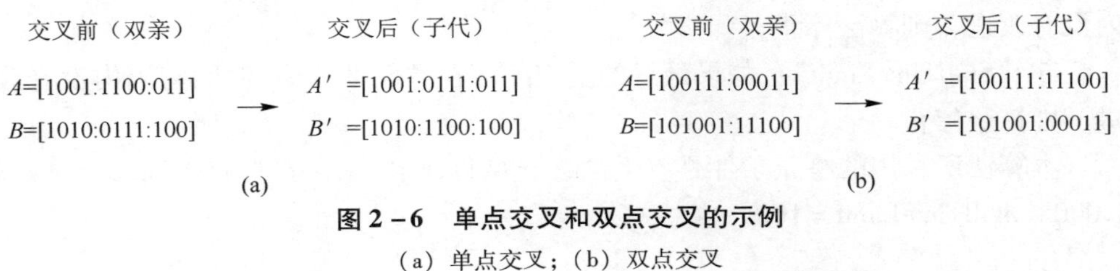

图2－6　单点交叉和双点交叉的示例

（a）单点交叉；（b）双点交叉

交叉概率控制交换操作的频率，较大的交叉概率可以增强遗传算法开辟新的搜索区域的能力，但同时高性能个体遭到破坏的几率也增大；交叉概率太低，又会使遗传算法陷入迟钝状态，搜索会停滞不前。通常情况下，交叉概率 P_c 取值在0.4～0.99。

在MATLAB遗传算法工具箱中，交叉函数（crossoverFcn）包括分散函数（@ crossoverscattered）、单点交叉函数（@ crossoversinglepoint）、双点交叉函数（@ crossov － ersinglepoint）以及自定义函数等，本算法选用的是分散函数（@ crossoverscattered）。交叉概率 P_c 为参数 CrossoverFraction，缺省值为0.8，本算法取 $P_c=0.67$，即设置 CrossoverFraction＝0.67。此外，设置参数 EliteCount＝2。

（6）变异（mutation）函数及变异概率的选取：变异是根据生物遗传中基因变异的原理，以变异概率 P_m 对某些个体的某些位执行变异。在变异时，对执行变异的串的对应位求反，即把“1”变为“0”，把“0”变为“1”。同生物界一样，遗传算法中变异发生的概率一般很低。若变异概率 P_m 较大，虽然能产生较多新的个体，但是也有可能破坏掉很多较好的个体；相反，则变异产生新个体的能力和抑止早熟现象的能力就较差。通常变异概率 P_m 取值范围为0.000 1～0.1，本算法取 $P_m=0.05$。

在MATLAB遗传算法工具箱中，变异函数（MutationFcn）包括高斯函数（mutati－ongaussian）、均匀函数（mutationuniform）以及自定义函数三种，本算法选的函数为缺省高斯函数，设置变异概率的语句为

options = gaoptimset(‘MutationFcn’,{@ mutationgaussian,0.05})

（7）终止条件的选择：终止条件一般有以下两种：①迭代代数达到给定的数值；②如果连续几代的最优个体适应度和群体适应度不再上升时，此时就认为种群已成熟且不再有进化趋势，并以此作为算法终止的判定标准。当以上两个条件满足其一时，则算法即可停止。在 MATLAB 遗传算法工具箱中，停止条件参数包括以下几种类型：

①“Generations”：指定算法最大重复执行次数，缺省值为 100；

②“TimeLimit”：指定算法停止运行前最大时间，以秒为单位；

③“FitnessLimit”：如果最好的适应度值小于或等于“FitnessLimit”，则算法停止；

④“StallGenLimit”：如果最好的适应度值在“Stallgenerations”指明的代数内没有改进，则算法停止；

⑤“StallTimeLimit”：如果最好的适应度值在“Stalltime”时间间隔内没有改进，则算法停止。

本算法所采用的终止条件是以上的终止条件①和⑤，分别设定 Generations = 1 000，StallTimeLimit = 100。

2.1.7 人工神经网络概述

人工神经网络（Artificial Neural Network，ANN），也称为神经网络（Neural Network，NN），自从 20 世纪 50 年代 Rosenblatt 首次将单层感知器应用于模式分类学习以来，已经有了几十年的研究历史。但是，由于 Minsky 和 Papert 指出单层系统的局限性，并表达了对多层系统的悲观看法，在 20 世纪 70 年代人们对 ANN 的研究兴趣逐渐减弱。直至 80 年代中期 Rumelhart 等重新阐述了反向训练方法，使得在 ANN 领域的理论和应用研究开始在世界范围内重新兴起。

人工神经网络是由大量处理单元（神经元 Neurons）广泛互连而成的网络，是对人脑的抽象、简化和模拟，反映人脑的基本特性。它是根植于神经科学、数学、统计学、物理学、计算机科学以及工程等多学科的一种技术。从本质上讲，它是一种按照人脑的组织和活动原理而构造的数据驱动型非线性映射模型，具有并行处理、自适应自组织、联想记忆、容错鲁棒以及逼近任意非线性等特性，在预测评估、模式识别、信号处理、组合优化及知识工程等领域具有广泛的应用。

模式识别的神经网络方法和传统的方法相比，具有以下几个明显的优点：①具有较强的容错性，能够识别带噪声或变形的输入模式；②具有很强的自适应学习能力；③并行分布信息存储与处理，识别速度快；④能把识别处理和若干预处理融为一体进行。近年来，已有多种 ANN 模型被提出并得以深入研究。其中，大约有 80% 的人工神经网络模型是采用前馈反向传播网络（Back Propagation Net Work，BP 网络）或其改进形式，它是前向网络的核心部分，体现了网络最精华的部分，这也是我们选用BP神经网络作为分类识别样本的分类器的原因之一。

一般来说，作为神经网络的模型应具备以下三个要素：

(1) 具有一组突触或连接，常用 w_{ij} 表示神经元 i 和神经元 j 之间的连接强度，或称为权值。与人脑神经元不同，人工神经元权植的取值可在负值与正值之间。

(2) 具有反映生物神经元时空整合功能的输入信号累加器。

(3) 具有一个激励函数用于限制神经元输出。激励函数将输出信号限制在一个允许范围内，使其成为有限值。通常，神经元输出的范围在［0，1］或［-1，1］闭区间。

一个典型的人工神经元模型如图2-7所示：

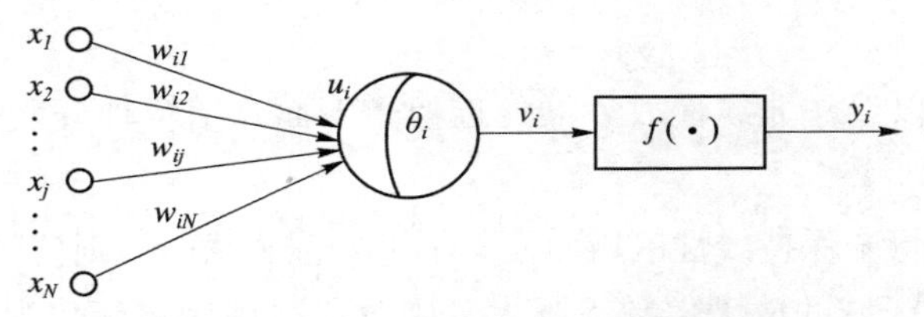

图2-7 一个典型的人工神经元模型

其中，$x_j(j=1,2,\cdots,N)$ 为神经元 i 的输入信号，w_{ij} 为突触强度或连接权。u_i 是由输入信号线性组合后的输出，是神经元 i 的净输入。θ_i 为神经元的阈值或称为偏差 b_i，v_i 为经偏差调整后的值，也称为神经元的局部感应区。

$$u_i = \sum_j w_{ij}x_j \tag{2-16}$$

$$v_i = u_i + \theta_i \tag{2-17}$$

$$y_i = f(\sum_j w_{ij} + \theta_i) \tag{2-18}$$

式中，$f(\cdot)$ 为激励函数；y_i 为神经元 i 的输出。激励函数 $f(\cdot)$ 可以取不同的函数，常用的激励函数有以下三种：

1. 阈值函数（Threshold Function）

$$f(v) = \begin{cases} 1, & v \geq 0 \\ 0, & v < 0 \end{cases} \tag{2-19}$$

阈值函数通常也称为阶跃函数，常用 $u(t)$ 表示，如图2-8（a）所示。若激励函数采用阶跃函数，则图2-7所示的人工神经网络模型，即为著名的MP（McCulloch-Pitts）模型，此时神经元的输出取0或1，反映了神经元的抑制或兴奋。此外，符号函数 $\mathrm{sgn}(t)$ 也常用来作为神经元的激励函数，如图2-8（b）所示。

2. 分段线性函数（Piecewise – Linear Function）

$$f(v)=\begin{cases}1, & v\geqslant 1\\ v, & 1>v>-1\\ -1, & v\leqslant -1\end{cases} \tag{2-20}$$

分段线性函数在［-1，1］线性区内的放大系数是一致的，如图2-9所示。

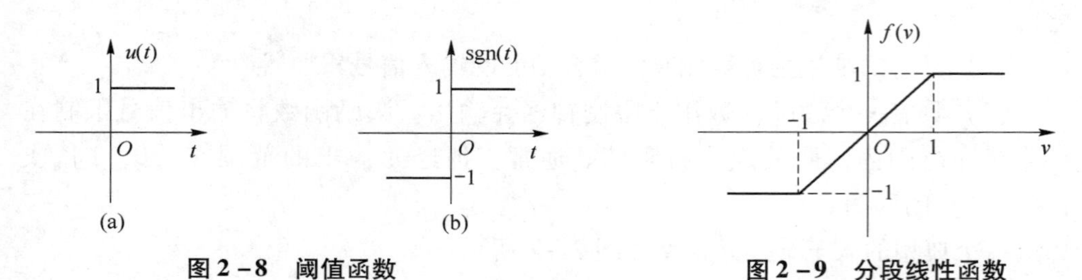

图2-8　阈值函数　　　　图2-9　分段线性函数

这种形式可以看作非线性放大器的近似，下面介绍两种分段线性函数的特殊形式。

（1）若在执行中保持线性区域而使其不进入饱和状态，则会产生线性组合器。

（2）若线性区域的放大倍数无限大，则分段线性函数简化为阈值函数。

3. Sigmoid 函数（Sigmoid Function）

Sigmoid 函数也称为S型函数。到目前为止，它是人工神经网络中最常用的激励函数，它的函数定义如下：

$$f(v)=\frac{1}{1+\exp(-av)} \tag{2-21}$$

式中，a 为 Sigmoid 函数的斜率参数，通过改变参数 a，我们会获取不同斜率的 Sigmoid 函数，如图2-10所示。

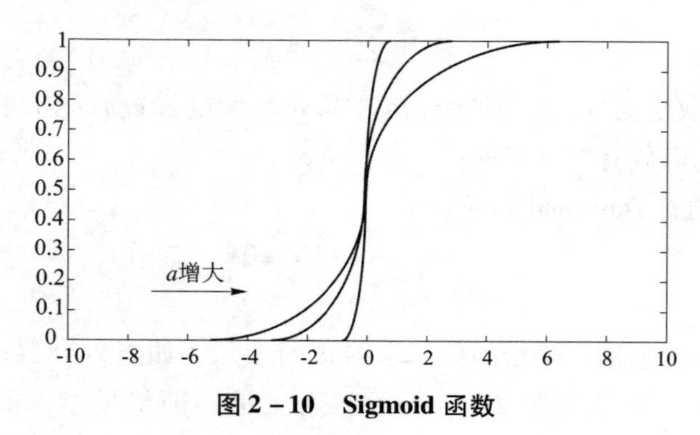

图2-10　Sigmoid 函数

当斜率参数接近无穷大时，此函数转化为简单的阈值函数，但 Sigmoid 函数对应0~1的一个连续区域，而阈值函数对应的只是0和1两点。此外，Sigmoid

函数是可微的，而阈值函数是不可微的。Sigmoid 函数也可用双曲正切函数（Signum Function）来表示。

神经网络中神经元的连接方式与用于训练网络的学习算法是紧密结合的，可以认为应用于神经网络设计中的学习算法是被结构化了的。通常，人们可以从不同的角度对人工神经网络进行分类，如从网络性能、网络结构、学习方式以及连接突触性质等。我们从网络结构与学习算法角度出发，把人工神经网络分为以下五类。

（1）单层前向网络：所谓单层前向网络是指拥有的计算节点（神经元）是单层的。典型单层前向网络包括单层感知器（Perception）模型和自适应线性元件（Adaptive Linear Element，ADALINE）模型。

（2）多层前向网络：多层前向网络与单层前向网络的区别在于多层前向网络含有一个或更多个隐含层，其中计算节点被相应地称为隐含神经元或隐含单元。通过加入一个或更多的隐层，使网络能提取出更高序的统计，尤其当输入层规模庞大时，隐层神经元提取高序统计数据的能力便显得格外重要。多层感知器和径向基函数神经网络是较为常见的多层前向网络。其中，我们主要采用的是前者。

（3）反馈网络：是指网络中至少含有一个反馈回路的神经网络。反馈网络可以包含一个单层神经元，其中每个神经元自身的输出信号反馈给其他所有神经元的输入，著名的 Hopfield 网络就是其中一种。

（4）随机神经网络：是对神经网络引入随机机制，认为神经元是按照概率的原理进行工作的，即每个神经元的兴奋或抑制具有随机性，其概率取决于神经元的输入，Boltzmann 机就是典型的随机神经网络。

（5）竞争神经网络：竞争神经网络的显著特点是它的输出神经元相互竞争以确定胜者，胜者指出哪一种原型模式能代表输入模式，Hamming 网络是一种最简单的竞争神经网络。

神经网络的学习也称训练，指的是通过神经网络所在环境的刺激作用调整神经网络的自由参数，使神经网络以一种新的方式对外部环境做出反应的过程。神经网络经过反复学习可以使其对所处的环境更为了解，能够从环境中学习和在学习中提高自身性能是神经网络最有意义的性质。

学习算法是指对学习问题的明确规则集合。学习类型是由参数变化发生的形式决定的，不同的学习算法对神经网络的突触权植调整的表达式有所不同。没有一种独特的学习算法用于设计所有的神经网络。选择或设计学习算法时还需要考虑神经网络的结构及神经网络与外界环境相连的形式。此外，神经网络的学习方式可分为有导师学习（Learning with a teacher）和无导师学习（Learning without a teacher）。

①有导师学习。

有导师学习又称为有监督学习（Supervised Learning），在学习时需要给出导师信号或称为期望输出。神经网络对外界环境是未知的，但可以将导师看成是对外界环境的了解。导师信号或期望输出代表了神经网络执行情况的最佳结果，即对于网络输入调整网络参数，使得网络输出逼近导师信号或期望输出。我们所用的 BP 神经网络的学习方式就属于有导师学习。

②无导师学习。

无导师学习包括强化学习（Reinforcement Learning）和无监督学习（Unsupervised Learning）或自组织学习（Self - Organized Learning）。在强化学习中，对输入/输出映射的学习是通过与外界环境的连续作用最小化性能的标量索引而完成的。在无监督学习或自组织学习中没有外部导师或评价来统观学习过程，而是提供一个关于网络学习表示方法质量的测量尺度，根据该尺度使网络的自由参数最优化。只要网络与输入数据的统计规律性达成一致，就能够形成内部表示方法来为输入特征编码，由此自动得出新的类别。

神经网络的学习规则包括 Hebb 学习、纠错学习、基于记忆的学习、随机学习和竞争学习等，受篇幅限制，在这里就不做详细介绍了。

2.1.8 BP 神经网络分类器

在模式识别分类系统构建中，一个重要问题就是分类器的设计，即要考虑选择哪一种的分类界面和分类器构造方法，具体包括确定分类判决函数及其与分类器有关的参数获取学习方法。BP 算法解决了多层感知器的学习问题，促进了神经网络的发展，它的学习过程可以分为信息的正向传播过程和误差的反向传播过程两个阶段。外部输入的信号经输入层、隐含层的神经元逐层处理向前传播到输出层得到输出结果。如果在输出层得不到期望输出，则转入逆向传播过程，将实际值与网络输出之间误差沿原来连接的通路返回，通过修改各层神经元的权值和阈值，使误差减少，然后再转入正向传播过程，反复迭代，直到误差小于给定值为止。

下面以一个三层网络为例来简要说明一下其工作过程。设网络由 N 个输入神经元，K 个隐含层神经元，M 个输出神经元组成，具体结构如图 2 - 11 所示。O_{2pm} 和 O_{1pk} 分别为输出层和隐含层的输出值，w_{2km} 和 w_{1nk} 分别为隐层到输出层和输入层到隐含层的连接权值，设输入学习样本为 x_{pn}，其对应的希望输出值为 t_{pm}。

BP 神经网络的具体算法过程如下：

（1）初始化权值，设定学习率 μ，允许误差 ε，最大迭代次数，置循环步数 $i=0$。

（2）正向计算，将第 p 个样本（$X_p=\{x_{p1}\cdots x_{pN}\}$）顺序输入到网络中，按下式分别计算 O_{1pk} 和 O_{2pm}：

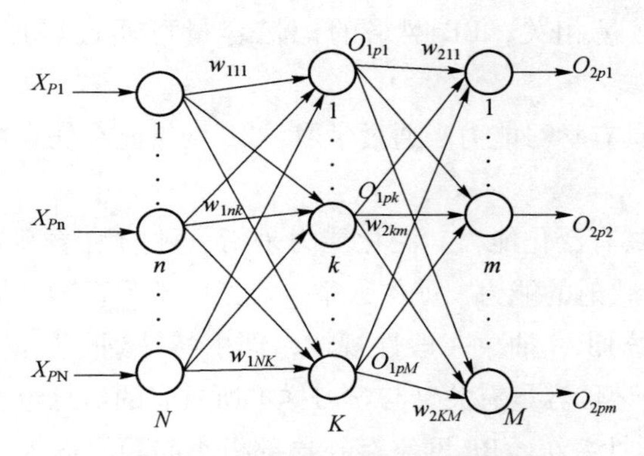

图 2－11　三层 BP 神经网络结构模型

$$O_{1pk}(i) = f\left[\sum_{n=1}^{N} w_{1nk}(i) \times x_{pn}\right] \tag{2-22}$$

$$O_{2pm}(i) = f\left[\sum_{k=1}^{K} w_{2km}(i) \times O_{1pk}(i)\right] \tag{2-23}$$

（3）计算均方误差 E，若 $E \leqslant \varepsilon$，则停止迭代，否则执行下一步。

$$E = \sum_{m=1}^{M} (t_{pm} - O_{2pm})^2 / M \tag{2-24}$$

（4）反向计算：计算权值的改变量，公式如下：

$$\Delta w_{1nk}(i+1) = \mu \sum_{p=1}^{P} [\delta_{pk}(i) \times x_{pn}] \tag{2-25}$$

$$\Delta w_{2km}(i+1) = \mu \sum_{m=1}^{M} \delta_{pm}^{*}(i) \times O_{1pk}(i) \tag{2-26}$$

其中，

$$\delta_{pm}^{*}(i) = [t_{pn} - O_{2pn}(i)] \times O_{2pn}(i) \times [1 - O_{2pn}(i)] \tag{2-27}$$

$$\delta_{pk}(i) = O_{1pk}(i) \times [1 - O_{1pk}(i)] \times \sum_{m=1}^{M} \delta_{pm}^{*}(i) \times w_{2km}(i) \tag{2-28}$$

更改权值：

$$w_{1nk}(i+1) = w_{1nk}(i) + \Delta w_{1nk}(i+1) \tag{2-29}$$

$$w_{2nk}(i+1) = w_{2nk}(i) + \Delta w_{2nk}(i+1) \tag{2-30}$$

（5）置 $i = i + 1$，返回步骤（2）。

从结构和运行机制上看，BP 网络是感知器的发展；从学习行为上看，BP 网络是 ADALINE 网络的发展。理论分析和实验研究的结果表明 BP 网络具有以下特点：

（1）BP 网络具有记忆能力。当隐含神经元可任意配置时，BP 网络能记忆任意给定的学习样本，再现样本输入到样本输出的关系。BP 网络的记忆容量与隐含神经元的数量相关，BP 网络的记忆容量可通过增加隐含神经元得到扩充。

（2）BP 网络具有学习能力。通过学习，BP 网络能在任意精度范围内表达复杂的非线性映射。

（3）BP 网络具有泛化能力。泛化能力是指一种归纳学习能力，即由特殊的样本形式形成一般映射的能力，就像人举一反三的学习行为。简单地说，就是能从样本数据中学习知识，抽象一般性规律，即由特殊到一般的过程。BP 网络的泛化能力既与自身记忆容量有关又与学习样本所具有的信息量相关。

（4）作为非线性系统，BP 网络存在局部极小问题。输入空间众多极小点的存在和分布，既是 BP 网络学习能力存在局限性的因素，又是 BP 网络具有大的记忆容量的必要条件。

BP 网络简单且容易实现，是众多人工神经网络中应用最为广泛的神经计算模型。BP 网络可以称作是神经计算科学发展史上的第六座里程碑。传统 BP 网络是根据 Widrow - Hoff 规则，采用梯度下降算法，在非线性多层网络中，反向传播计算梯度。但 BP 网络存在自身的限制与不足，如需要较长的训练时间、会收敛于局部极小值等，使 BP 算法在实际应用中不是处处都能胜任。因此近些年来，许多研究人员对其做了深入的研究，提出了许多改进的算法。BP 网络的改进算法大体上分为两类，一类是采用启发式技术，如附加动量法、自适应学习速率法、弹性 BP 算法等；另一类是采用数字优化技术，如共轭梯度法、拟牛顿法、Levenberg - Marquardt 优化方法等。我们结合 MATLAB 神经网络工具箱对其中 5 种常见的方法做以下介绍。

1. 附加动量法

附加动量法就是在网络修正其权重和阈值时不仅考虑误差在梯度上的作用，而且考虑在误差曲面上的变化趋势的影响。该方法是在反向传播的基础上，在每个权重的变化上加上一项正比于前次权重变化量的值，并根据反向传播法来产生新的权重和阈值的变化，调节公式为

$$\Delta w(k+1)=mc\times\Delta w(i)+\mu\times mc\times\frac{\partial E}{\partial w} \tag{2-31}$$

式中，mc 为动量因子。它实质上相当于阻尼项，减小了学习过程的振荡趋势，改善了收敛性，从而可以找到更优的解。但是，这种方法的缺点也是明显的，即参数的选取只能通过实验来确定，且学习速度还不能满足实时工作的需要。

在 MATLAB 神经网络工具箱里包含了许多用于 BP 网络分析与设计的函数，这里涉及的附加动量法在 MATLAB 中的训练函数为 traingdm，其参数包括：net. trainParam. mc （动量因子），其余参数见表 2 - 3。

表2-3　traingdm的训练参数

参数	属性	参数	属性
net. trainParam. epochs	训练步长	net. trainParam. goal	训练目标
net. trainParam. max_fail	最大确认失败次数	net. trainParam. min_grad	最小性能梯度
net. trainParam. show	两次显示之间的训练数	net. trainParam. time	训练时间
net. trainParam. lr	学习速率	net. trainParam. searchFcn	所用的线性搜索路径

只要网络的训练达到了最大的训练次数，或者低于最小梯度，或者网络函数指标降低到期望误差之下，都会使网络停止学习。

2. 自适应学习速率法

标准BP算法收敛速度慢的重要原因是学习速率选择不当。学习速率选得太小，收敛太慢；学习速率选取得太大，则有可能修正过头，导致发散。一般来说，BP算法的学习率是凭经验给出的一个固定常数μ，其值一般介于0~1。由于μ是固定的，在靠近极小点时，容易产生来回摆动的现象，造成算法难以收敛到极小值。通常，我们所使用的调整学习率的准则是：检查权重的修正值是否真正降低了误差函数，如果确实如此，则说明所取的学习速率值小了，可以对其增加一个量；若相反，则产生了过调，应减小学习速率的值。具体调整公式为

$$\mu(i+1)\begin{cases}1.05\mu(i), & E(i+1)<E(i)\\ 0.7\mu(i), & E(i+1)>1.04E(i)\\ \mu, & \text{其他}\end{cases} \tag{2-32}$$

自适应学习速率法在MATLAB中通过调用训练函数traingda和traingdx实现，其参数参见表2-4。

表2-4　traingda和traingdx的训练参数

参数	属性	参数	属性
net. trainParam. lr_inc	学习速率增加系数	net. trainParam. lr_dec	学习速率减少系数
net. trainParam. max_perf_inc	误差比率	其余参数见表2-3	

3. 弹性BP（Resilient Backpropagation，RPROP）算法

BP网络的隐含层激活函数通常采用Sigmoid函数（简称S型函数）。S型函数将神经元的输入范围（$-\infty$，$+\infty$）映射到（0，1）。当输入变量很大时，S型函数的斜率将接近于0，这可能会导致在利用S型函数训练BP网络中梯度下降的问题，由于即使梯度有很小的变化，也会引起权重和阈值的变化，使权重和阈值远离最优值。因此，只有导数的符号被认为表示权值和阈值更新的方向，而导数大小对权值和阈值更新没有影响，权值和阈值改变量的大小仅由专门的“更新值”$\Delta(i)$来确定，具体见式（2-33）。

$$\Delta w(i+1)=\begin{cases}-\Delta(i+1), & (\partial E/\partial w)>0\\ +\Delta(i+1), & (\partial E/\partial w)<0\\ 0, & \text{其他}\end{cases} \tag{2-33}$$

在 MATLAB 工具箱中，RPROP 算法通过训练函数 trainrp 来实现，它的训练参数见表 2-5。

表 2-5 trainrp 的训练参数

参数	属性	参数	属性
net. trainParam. delt_inc	“更新值”增量	net. trainParam. delt_dec	“更新值”减量
net. trainParam. delta0	初始“更新值”	net. trainParam. deltamax	最大“更新值”
其余参数见表 2-3			

4. Levenberg - Marquardt 优化方法

在牛顿算法中，如果海森矩阵不是正定的，牛顿方向可能指向局部极大点或是某个鞍点，这样可以通过在海森矩阵上加一个正定矩阵，使海森矩阵改变为正定。Levenberg 和 Marquardt 在最小二乘问题中引入了这一概念，随后 Goldfel 等首次将这一概念应用于 BP 算法中，因此有了 BP 网络的 Levenberg - Marquardt 优化方法，其权重和阈值更新公式为

$$\Delta w=(J^{\mathrm{T}}J+mI)^{-1}J^{\mathrm{T}}E \tag{2-34}$$

式中，J 为误差对权值微分的 Jacobian 矩阵；m 为一个标量；E 为误差向量。该方法光滑地在两种极端情况之间变化，即牛顿法（当 $m\to 0$ 时）和最陡下降法（当 $m\to\infty$ 时）。采用 Levenberg - Marquardt 优化方法，可以使学习时间更短，在实际应用中效果较好。但对于复杂的问题，这种方法需要很大的内存。

在 MATLAB 工具箱中，Levenberg - Marquardt 优化方法通过训练函数 trainlm 来实现，它的训练参数见表 2-6。

表 2-6 trainlm 的训练参数

参数	属性	参数	属性
net. trainParam. mem_reduc	内存减少系数	net. trainParam. mu	m 的初始值
net. trainParam. mu_dec	m 的减小系数	net. trainParam. mu_inc	m 的增加系数
net. trainParam. mu_max	m 的最大值	其余参数见表 2-3（除学习速率）	

5. 正则化方法

网络的推广能力（也称为泛化能力）是衡量神经网络性能好坏的重要标志。为了提高 BP 神经网络的推广性能，可采用正则化方法。网络的推广能力与网络的规模直接相关，如果神经网络的规模远远小于训练样本集的大小，则发生过度训练的机会就很小。但是，对于特定的问题，确定适合的网络是一件十分困难的

事情。正则化方法是通过修正神经网络的训练性能函数来提高推广能力的。此时，神经网络的训练性能函数采用均方误差函 mse，具体如下：

$$\mathrm{mse} = \frac{1}{M}\sum_{m=1}^{M}(t_{pm} - o_{pm})^2 \tag{2-35}$$

在正则化方法中，网络性能函数经改进变为如下形式：

$$\mathrm{msereg} = \gamma \times \mathrm{mse} + (1-\gamma)\,\mathrm{msw} \tag{2-36}$$

式中，γ 为比例系数；msw 为所有网络权值平方和的平均值，具体如下：

$$\mathrm{msw} = \frac{1}{N}\sum_{j=1}^{N} w_j^2 \tag{2-37}$$

通过采用新的性能指标函数 msereg，可以在保证网络训练误差尽可能小的情况下使网络具有较小的权值，即使得网络的有效权值尽可能的少，这实际上相当于自动缩小了网络的规模。常规的正则化方法通常很难确定比例系数 γ 的大小，而贝叶斯正则化方法则可以在网络训练过程中自适应地调整 γ 的大小，并使其达到最优。在 MATLAB 工具箱中，正则化方法通过训练函数 trainbr 来实现。

在前馈反向传播网络应用中，对某一特定的问题，很难确定哪种训练算法最快。因为这取决于问题的复杂性、训练样本数、网络权重和阈值个数以及期望误差等许多因素。一般来说，为了具有较好的泛化能力，应选用正则化算法，同 Levenberg – Marquardt 算法一样，此方法消耗内存也很大。综上所述，在多数情况下，一般首先使用 Levenberg – Marquardt 算法或正则化方法。如果无法承受该算法所消耗大量内存，可以尝试使用其他方法。因此，我们选用了 Levenberg – Marquardt 算法和正则化方法作为神经网络的学习算法。

在分析完5种改进的 BP 算法后，我们讨论一下 BP 神经网络分类器结构的设计方法，具体如下。

在进行 BP 网络设计前，一般应从以下几个方面进行考虑。

1）网络的输入

当用多层前向网络做分类时需要对原始数据（指特征向量）进行预处理，这样既可以消除参数量纲的影响，使参数化为同一范围内的数值，又可以加快网络的训练速度。因此，数据送入神经网络之前必须经过预处理，下面介绍一种常用的归一化方法。

设有 P 个样本，x_i^p 表示第 p 个样本的第 i 个分量，y_i^p 是变换后的新变量，具体变换如下：

$$\overline{x_i} = \frac{1}{P}\sum_{p=1}^{P} x_i^p, \sigma_i = \frac{1}{P-1}\sum_{p=1}^{P}(x_i^p - \overline{x_i})^2 \tag{2-38}$$

新的变量如下

$$y_i^p = \frac{x_i^p - \overline{x_i}}{\sigma_i} \tag{2-39}$$

MATLAB 所提供的预处理方法包括：①归一化处理，将每组数据都变为

[-1, 1]，所涉及的函数有 premnmx、postmnmx 以及 tramnmx；②标准化处理，将数据都变为均值为 0、方差为 1 的一组数据，所涉及的函数有 prestd、poststd 以及 trastd。

2）网络层数

1988 年 Cybenko 指出，当各神经元均采用 S 型函数时，一个隐含层就足以解决任意判决分类问题，两个隐含层就足以实现任意的输入函数。在线性可分的情况下，隐含层是不需要的，增加隐含层数主要是为了进一步降低误差，提高精度。但是，同时也使网络复杂化，从而增加了网络的训练时间和降低了网络的泛化能力，而误差精度的提高也可以通过增加隐含层的节点（即神经元）数目来获得，其训练效果也比增加层数更容易观察和调整。所以一般情况下，应优先考虑增加隐含层的节点数目。因此，为了提高网络的泛化能力以及降低网络的复杂程度，我们选用了 3 层的网络结构，即只包含一个隐含层，且激励函数选用 S 型函数。

3）输入和输出节点数

如果用 BP 神经网络来对样本进行分类，那么输入节点数等于样本的特征向量维数，输出节点数等于样本的模式类别数，因此，只要样本的模式类别数与特征向量维数确定后，网络的输入与输出节点数也就确定了，那么结构上能够调节的就只剩下了网络的隐含层的节点数。例如，我们用灰度共生矩阵获取了木材表面的 7 个纹理特征参数组成特征向量，而木材样本的模式类别数为 10，因此得到输入节点数为 7，输出节点数为 10。

4）初始权值与阈值的选取

初始权植与阈值对于网络的学习是否到达局部最小，是否能够收敛以及训练时间的长短有很大影响。如果初始值太大，使得加权后的输入落在激活函数的饱和区，从而导致其导函数非常小，使得权修改量趋近于 0，从而使得调节过程几乎停顿下来。所以，一般总是希望经过初始加权后的每个神经元的输出值都接近于 0，这样可以保证每个神经元的权值都能够在它们的 S 型激活函数变化最大之处进行调节。因此，一般取初始权值与阈值是（ -1, 1）内的随机数。

5）误差精度的选取

误差精度一般要根据具体应用问题的要求进行选择。由于我们的原始数据已经过预处理，因此，误差精度初步选为 10^{-3}。如果网络易收敛可以提高误差精度到 10^{-4}、10^{-5}等，相反可以减小到 10^{-2}（我们认为其是最低的误差精度）。

6）隐含层节点数

BP 网络隐含层节点数目对网络性能影响很大，可以通过采用增加隐含层节点数的方法来提高网络性能，这要比增加更多的隐含层数目要简单有效，因此被广泛采用。

对于取 S 型函数的神经元（即节点），由于它们能够进行非线性映射，所以对于同样的问题需要的隐含层节点数目就少。隐含层节点数目取决于问题的复杂程度，而问题复杂性主要包括分类类数、类域形状等。当类域的形状较复杂时，需要较多的样本才能反映出类域的形状和分布状态。然而，隐含层取多少节点仍是一个复杂的问题，至今还没有得到一个精确的解析表达式。下面介绍一些常用的确定隐含层节点数目的方法。

设 n，m，h 分别表示输入的节点数目、输出的节点数目和隐含层节点数目，N 为训练样本数。

（1）单隐含层。

①对于大型系统，通常 n 较大，$h_{max}=m(n+1)$ 或 $h_{max}=3m$。

②对于小型网络（$n>m$），最佳隐含节点数 $h=(n\times m)^{\frac{1}{2}}$。

③$h=(n+m)^{\frac{1}{2}}+a$，$a\in[1,10]$。

④当用于统计过程控制时，$h_{max}=4n$。

⑤根据 Kolmogorov 定理，可得 $h=2n+1$。

⑥在图形识别中，当输入维数较多时，$h_{min}=0.2\times n$。

⑦当用于数据压缩时，$h=\log_2(2n)$。

（2）多隐含层。

①用于图形识别时，第二层神经元数 $h=2m$。

②当高维输入时，第一隐含层对第二隐含层节点数目的最佳比例为3:1。

（3）隐含层节点数与训练样本数的关系。

①$h=\log_2 N$。

②训练周期数最小的隐含单元的最优数近似 $N-1$。

③用 AP（代数映射）方法研究可得，如果训练模式是完全不规则的，那么，隐含层节点数的最优数对于有效学习来讲近似等于 $N-1$。

④在 n 维输入空间中，使用 h 个隐含神经元产生线性可分区域的最大数目是

$$M(h,n)=\sum_{k=0}^{n}\binom{h}{k} \tag{2-40}$$

式中，当 $h<k$ 时，$\binom{h}{k}=0$。一般地，类数 $c\leqslant M$，利用式（2-40）可以对 h 进行估计。当 $h<n$ 时，$M=2^h$，从而 $h=\log_2 M$。

总结以上确定隐含层节点数的方法，我们所采用的方法为：先根据 $h=2n+1$（Kolmogorov 定理）大致确定隐含层节点数的上界，而下界大致由 $(n+m)^{\frac{1}{2}}+1$ 确定。然后，根据网络的泛化能力与收敛程度增减节点数，最终确定隐含层节点数。当然，以上原则并不是固定不变的，要根据具体的问题来确定隐含层节点数。在实验中我们发现，一般要对隐含层节点数的上界做一定的扩充，而其下界应进一步收缩，例如原取值范围［5，13］，而通过实验后确定有价值的取值范围是［9，18］。如在表2-7中，隐含层节点数5、6、7、8被视为是没有价值的，因为在这个取值

范围内网络几乎不收敛，而有价值的取值范围是 [9，15]。但很遗憾的是，我们没有总结出确定的结论，只给出了大致的确定准则，即以上面的准则为指导，具体还得依靠实验结果决定。

例如，用灰度共生矩阵获取了木材表面的 7 个纹理特征参数组成特征向量（包括：角二阶矩、方差、方差和、逆差矩、差的方差、和熵与集群突出），木材表面纹理样本的模式类别数为 10。其中，训练样本采用标准样本集，测试样本采用测试样本集。因此，根据实际需要，我们建立一个输入节点个数为 7，输出节点个数为 10 的三层网络，学习函数初步选为 trainlm 和 trainbr，误差精度 goal 为 10^{-3}，训练步长 epochs 为 300。下面确定隐含层节点的取值，依据上述条件，可大致确定 h 的上界为 $h=2\times7+1=15$，下界为 $(7+10)^{\frac{1}{2}}+1\approx5$，具体确定隐含层节点数目的数据见表 2－7。其中，对应表 2－7 中每个节点数均建立了 30 个相同结构的网络，并对其进行训练。然后，再根据网络的识别能力和收敛性最终确定隐含层节点数。

表 2－7　BP 神经网络分类器对测试样本集合分类识别情况随隐含层节点数的变化（trainlm）

隐含层节点数	5	6	7	8	9	10	11	12	13	14	15
收敛步长	—	—	—	—	55	24	30	36	42	28	29
网络性能/（$\times10^{-4}$）	—	—	—	—	8.621	7.416	8.703	4.911	9.963	8.892	4.492
收敛网络个数	0	0	0	0	4	8	6	9	13	15	14
最高识别率/%	—	—	—	—	85.33	86.67	88.67	85.33	87.00	88.33	88.33

由表 2－7 易见，当隐含层节点数为 11、14、15 时，网络的识别率都很高（大于 88%）。但隐含层节点数为 14 时，较容易收敛且网络的识别率也比较高。因此，综合考虑网络的复杂程度以及泛化能力，最终选择隐含层节点数为 14。

其中，表 2－7 中的“最高识别率”是指在对应的隐含层节点数下所建立的 30 个网络中，识别能力最强且收敛的那个网络所对应的识别率。

按照前面确定隐含层节点数的准则，最后隐含层节点数为 14。观察表 2－7 和表 2－8 发现，当训练函数为 trainbr 时，网络的最高识别率要高于训练函数为 trainlm 时的网络，但没有训练函数为 trainlm 时容易收敛。因此，在后文中两种训练函数我们均采用，当网络容易收敛时，选用 trainbr，相反则选用 trainlm。

表 2－8　BP 神经网络分类器对测试样本集合分类识别情况随隐含层节点数的变化（trainbr）

隐含层节点数	5	6	7	8	9	10	11	12	13	14	15
收敛步长	—	—	—	—	39	86	116	47	51	203	51
网络性能/（$\times10^{-4}$）	—	—	—	—	5.953	4.322	5.938	2.389	1.428	4.461	3.551
收敛网络个数	0	0	0	0	1	5	7	8	15	11	10
最高识别率/%	—	—	—	—	85.33	88.00	88.67	88.67	86.67	89.00	87.67

7）学习算法

学习算法要根据实际问题对误差精度和网络复杂度的情况进行选择，学习算法的收敛性能越好，网络训练后误差精度越小，从而可以不需要通过增加隐含层或隐含层节点数的方法来提高网络的误差精度，使网络的泛化能力增强。我们选择了能使网络较容易收敛的 Levenberg – Marquardt 算法与能提高网络泛化能力的正则化算法。如图 2 – 12 所示，分别选用这两种学习函数时的训练曲线，所用的数据以及网络的结构参数同上。其中，一些主要的数据见表 2 – 9。

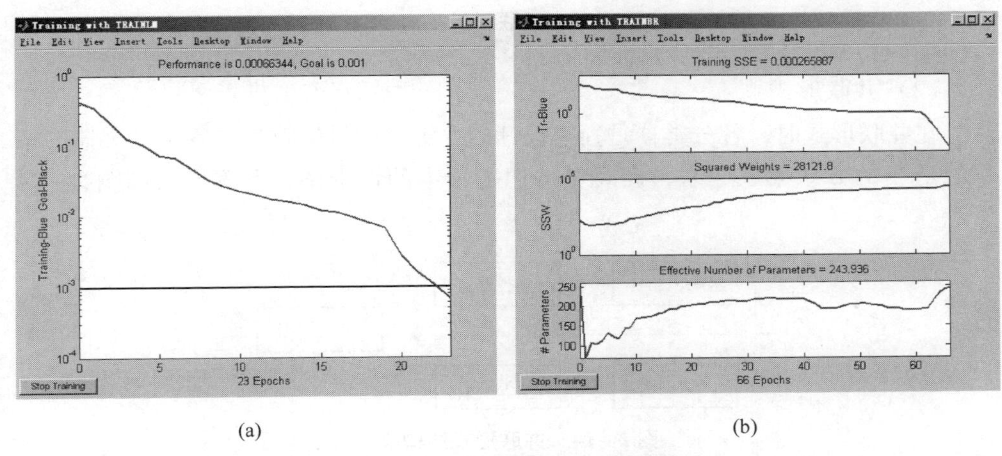

(a)　　　　(b)

图 2 – 12　BP 神经网络训练曲线

（a）trainlm 训练曲线；（b）trainbr 训练曲线

表 2 – 9　两种训练函数性能的比较

训练函数	收敛步长	网络性能/（$\times 10^{-4}$）	识别率/%	耗时/s
trainlm	23	6.634	85.33	9.781 3
trainbr	66	2.659	86.67	26.625

由表 2 – 9 可以看出，当训练函数为 trainbr 时，BP 神经网络分类器泛化能力强于训练函数为 trainlm 时的网络。但是，其收敛难易程度却不如后者。

对于模式识别问题，其最终的目标是得到对待识别样本尽可能好的识别性能。为了实现这一目标，传统的做法是：对于已知的目标问题分别采用了不同的分类器实现，然后，从中选择一个最好的分类器作为问题的解决方法。但是，人们在研究中发现，不同的分类器产生的误分类集合是不重叠的，这表明不同的分类器对于分类的模式包含着互补信息，可以利用这种互补信息来提高识别性能，即分类器集成。下面我们来讨论一下 BP 神经网络分类器的集成相关问题。

就组合结构而言，分类器集成有级联和并联两种形式。

（1）级联形式。

采用级联形式时，前一级分类器为后一级分类器提供分类信息，指导下一级分类器的进程，如图 2－13 所示。对于这种组合形式，主要是基于两种方式：类集合减少方法和重新判定方法，由于我们主要采用的是并联形式，以上两种方式就不做介绍了。

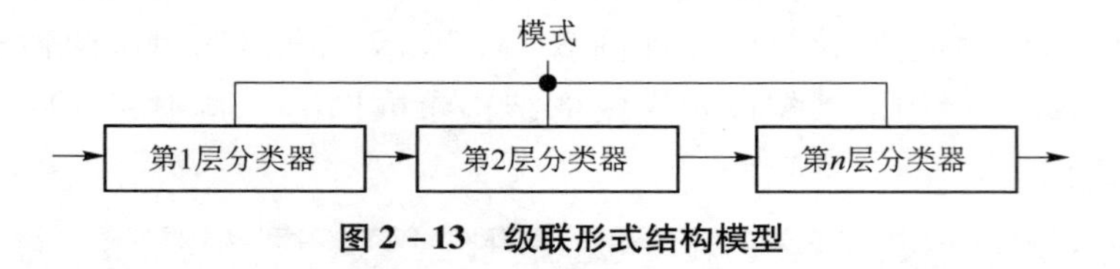

图 2－13　级联形式结构模型

（2）并联形式。

在并联形式时，各分类器是独立设计的，组合的目的就是将各个分类器的结果以适当的方式集成起来，提高对待识别样本的识别率，具体形式如图 2－14 所示。

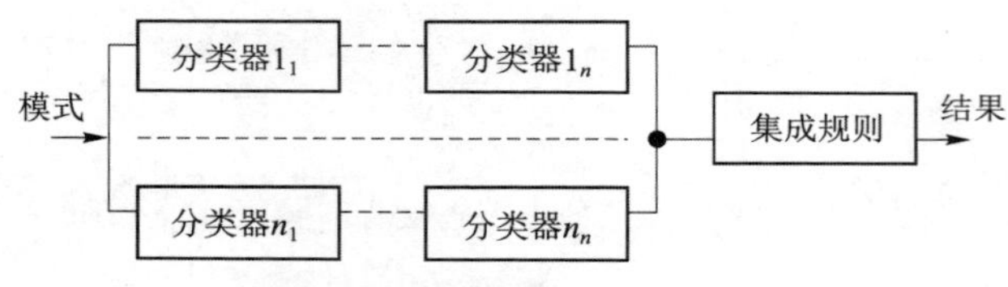

图 2－14　并联形式结构模型

对于这种形式，并联的分类器可以并行工作，所以从分类速度上可以有很大的提高，可以真正实现分类器互补。但是这种方法对于联合规则的设计有较高的要求，如果使用不当，多个分类器集成的结果反而降低分类结果。因此，近些年来对于多分类器集成的研究主要集中在并联的研究，尤其是集成规则的研究。

对于并联分类器，由于其利用的信息层次不一致，又可以把分类器集成分为三种类型：基于抽象级信息的集成、基于排序信息的集成和基于度量级信息的集成。对于这三类集成，利用的信息是一个逐步具体的过程。对于第一类集成，其利用的信息最为简单；而对于第三种类型，由于信息具体化使其集成的难度也增加，但是如果有相对好的规则或是算法，这种集成应该可以更为有效，并且对于大部分分类器来说，提供的信息大都是基于度量级的。因此，我们针对 BP 神经网络分类器输出的特点提出一种基于 BP 神经网络分类器对样本的总体识别率的度量级集成规则。

设：集成的 K 个分类器分别是 $e_1,e_2,\cdots,e_K$，类别空间为$\{\omega_i|(\omega_1,\omega_2,\cdots,\omega_M)\}$，分类器 e_i 对样本的总体识别率为 μ_i。其中，这 K 个分类器输出向量维

数均为 M，第 i 个分类器 e_i 的输出 $U_i=[u_{i1},u_{i2},\cdots,u_{iM}],i=1,2,\cdots,K$,即神经网络的输出向量。$\mu_i$ 表示分类器 e_i 判断待识别样本 x 隶属于类别 ω_i 的程度。因此，可以形成两个信息集合：$\{U_i|(U_1,\cdots,U_K)\}$ 和 $\{\mu_i|(\mu_1,\cdots,\mu_K)\},i=1,2,\cdots,K$。

我们提出的集成规则定义为

$$W=\mu_1\times U_1+\mu_2\times U_2+\cdots+\mu_K\times U_K=\sum_{i=1}^{K}\mu_i\times U_i \tag{2-41}$$

判别规则为

$$\omega=\max_{\text{site}}(W)=\max_{\text{site}}(\mu_1\times U_1+\mu_2\times U_2+\cdots+\mu_K\times U_K) \tag{2-42}$$

2.1.9 概率神经网络分类器

概率神经网络（Probabilistic Neural Networks，PNN）是由 D. F. Specht 提出的一种神经网络模型，在模式分类中应用非常广泛，所以，被本课题所采用。由于 PNN 是由径向基函数网络发展起来的一种前馈型神经网络，因此，在介绍 PNN 之前，先对介绍径向基函数网络做一下简单介绍。

1. 径向基神经网络

1985 年，Powell 提出了多变量插值的径向基函数（Radial - Basis Function，RBF）方法。1988 年，Broomhead 和 Lowe 首先将 RBF 应用于神经网络设计，构成了径向基函数神经网络，即 RBF 神经网络（也称为径向基神经网络），主要用于解决模式分类和函数逼近等问题。

从结构上看，RBF 神经网络属于多层前向神经网络。它是一种三层前向网络，依次由输入层、隐含层和输出层组成，如图 2 - 15 所示。第一层为输入层，它是由信号源节点组成。第二层为隐含层，隐含层采用径向基函数作为激励函数，该径向基函数一般为高斯函数。该函数能对输入向量产生局部响应，输出节点对隐含层节点的输出进行线性加权，从而实现输入空间到输出空间的映射，使整个网络达到分类和函数逼近的目的。第三层为输出层，它对输入模式做出响应。

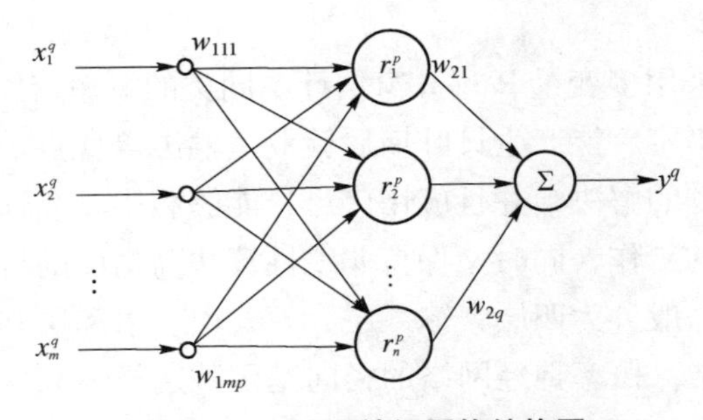

图 2 - 15 RBF 神经网络结构图

隐含层每个节点与输入层相连的权值向量 $\boldsymbol{W}_{1i}$ 和输入向量 $\boldsymbol{X}_q$（第 q 个输入向量）之间的距离与阈值 b_{1i} 的乘积作为本身的输入。由此可得，隐含层的第 i 个节点的输入为

$$k_i^q = \sqrt{\sum_j (w_{1ji} - x_j^q)^2} \times b_{1i} \tag{2-43}$$

输出为

$$\begin{aligned} r_i^q &= \exp[-(k_i^q)^2] = \exp\left\{-\left[\sqrt{\sum_j (w_{1ji} - x_j^q)^2} \times b_{1i}\right]^2\right\} \\ &= \exp[-(\| w_{1i} - X^q \| \times b_{1i})^2] \end{aligned} \tag{2-44}$$

径向基函数的阈值 b_1 可以调节函数的灵敏度，但在实际应用中，使用扩展常数 C 代替 b_1。在 MATLAB 中，b_1 和 C 的关系为 $b_{1i}=0.8326/C_i$，此时隐含层节点的输出可写为

$$g_i^q = \exp\left[-0.8326^2 \times \left(\frac{\| w_{1i} - X^q \|}{C_i}\right)^2\right] \tag{2-45}$$

由式（2-45）可知，C 值的大小实际上反映了输出对输入的响应宽度。C 值越大，隐含层节点对输入向量的响应范围将扩大，且节点间的平滑度也较好。

输出层的输入为各隐含层神经元的输出加权求和，由于激励函数为纯线性函数。因此，输出为

$$y^q = \sum_{i=1}^{n} r_i \times w_{2i} \tag{2-46}$$

一般来说，RRF 网络的训练可分为两步，第一步为非监督式学习，训练输入层与隐含层间的权值 w_1；第二步为监督式学习，训练隐含层与输出层间的权值 w_2。网络的训练只需要提供输入特征向量（$\boldsymbol{P}$）、对应的目标向量（$\boldsymbol{T}$）以及径向基函数的扩展常数（C）。当采用的隐含层节点数等输入特征向量维数时，C 值可以取得较小，如 $C=0.1\sim0.99$；当采用较少的隐含层节点去逼近输入特征向量时，应当取较大的 C 值，如 $C=1\sim3$。

2. 概率神经网络

概率神经网络采用多变量 Parzen 窗估计不同类的概率密度函数的方法，具有训练时间短、结构固定、能产生贝叶斯后验概率输出等优点。在实际应用中，特别适合模式分类问题的解决，并且应用广泛，能够利用非线性学习算法来完成以往非线性算法所做的工作，同时又保持非线性算法高精度的特点。

概率神经网络一般分为四层：输入层、模式层、求和层和输出层，其结构如图 2-16 所示。通常，概率神经网络的径向基函数选择为高斯函数。输入层接收来自输入样本相应的特征向量，其神经元数目和样本特征向量的维数相等；模式层首先计算输入样本与权值向量的距离，然后通过径向基非线性映射后获得该层

的输出向量 $\boldsymbol{M}$，$\boldsymbol{M}$ 表示输入样本属于各类的概率；求和层计算向量 $\boldsymbol{M}$ 的加权和 $\boldsymbol{S}$；输出层根据 $\boldsymbol{S}$ 中的最大值响应获得网络的最终输出向量 $\boldsymbol{O}$。

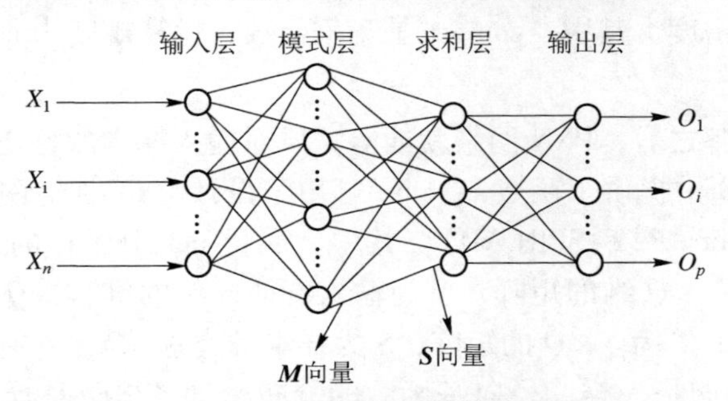

图 2－16　概率神经网络结构图

MATLAB 的神经网络工具箱中提供了概率神经网络函数，图 2－17 所示为概率神经网络用 MATLAB 实现的网络结构图。

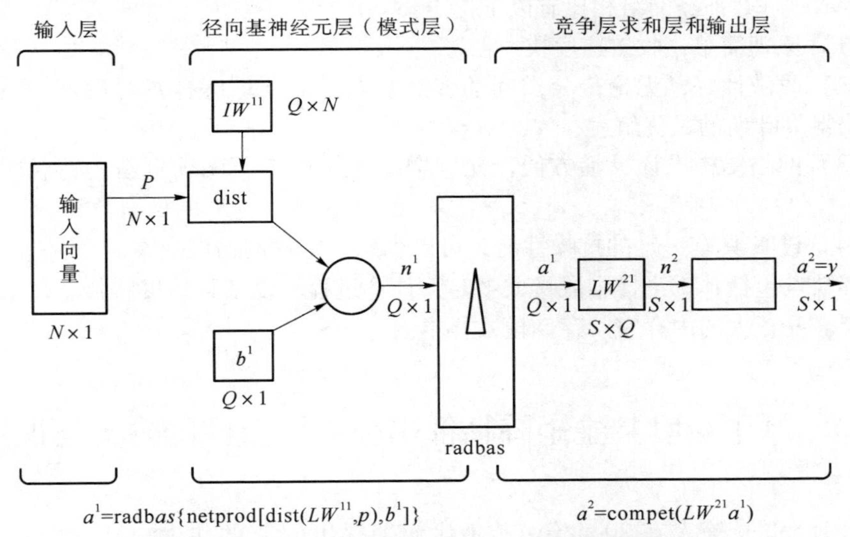

图 2－17　PNN 神经网络用 MATLAB 实现的网络结构

其中，N 为输入向量的维数；Q 为中心向量的数目（等于训练样本数），IW^{11} 为径向基神经元层的权值（即中心向量），b^1 为径向基神经元层的阈值。dist 是距离函数，其计算式为

$$\mathrm{dist}(x,y) = \sqrt{\sum_i (x_i - y_i)^2} \tag{2-47}$$

假设 x 和 u 都已经被归一化为 p 和 IW^{11}，用 b^1 存储 $1/\sigma$，则概率神经网络的激活函数 $g_i(x)$ 可以用 MATLAB 的函数表示如下：

$$g_i(x) = \{a^1\}_i = \{\mathrm{radbas}[\mathrm{netprod}[\mathrm{dist}(IW^{11},P),b^1]]\}_i \tag{2-48}$$

式中，$\mathrm{radbas}(n) = \mathrm{e}^{-n^2}$ 是高斯函数。

径向基神经元层的输出为 a^1，a^1 在竞争层先与该层连接权值 IW^{21} 相乘并按类相加，并得到各个类的概率密度函数，最后通过 compet 函数进行判决进而挑选最大的类概率密度。其中，compet 是竞争函数，运算规则为 $\text{compet}(n_{M\times1})=J$，当 $n_J=\max\limits_i\{n_j\}$。

经过以上准备之后，PNN 网络就能够完成对输入样本的特征向量的分类与识别。MATLAB 7.0 中提供了函数 newpnn 可用于设计 PNN 神经网络，语句调用格式为：net = newpnn($\boldsymbol{P},\boldsymbol{T}$,SPREAD)。其中，变量 net 中保存的即为所求的 PNN 神经网络；$\boldsymbol{P}$ 为 $N\times Q$ 维的矩阵，N 为输入特征向量的维数，Q 为输入样本数目（特征向量数目）；$\boldsymbol{T}$ 为 $S\times Q$ 的矩阵，S 为样本的类别总数。

同 RBF 神经网络一样，径向基函数的分布密度 SPREAD 能够对网络的分类性能产生较大影响，默认值为 0.1。当 SPREAD→0 时，相应的 PNN 神经网络就成为一个最近邻分类器；当 SPREAD 增大后，相应的 PNN 神经网络就需要考虑附近的设计向量。

PNN 与 BP 神经网络相比有以下优点：

（1）原理简单，收敛速度快。

（2）收敛性好，无论待分类问题多么复杂，只要训练样本足够多，就可以保证获得贝叶斯的最优解。

（3）网络结构设计灵活方便，允许增减训练样本而无须重新进行长时间的训练。

（4）PNN 具有一定的抗噪性能，可以容忍一定量的错误样本。

其缺点包括：①当样本数目太多时，计算过程较复杂且速度缓慢；②其参数的确定需要较大的内存空间存储模式样本。

2.2 基于灰度共生矩阵特征木材表面纹理的分类与识别

由 Haralick 等人在 20 世纪 70 年代初期提出的灰度共生矩阵（Gray Level Co－occurrence Matrix，GLCM）是一种用来分析图像纹理特征的经典二阶统计法。由于其描述纹理的有效性，使其在纹理分析中有着广泛的应用。我们通过分析灰度共生矩阵的 14 个纹理特征参数随其 3 个构造因子的变化规律，并结合木材表面纹理自身的特点，确立了适合于描述木材表面纹理灰度共生矩阵的构造方法，获取了木材表面纹理样本的 14 个 GLCM 特征参数，并对这些特征参数在 10 类木材表面纹理间的分布做了分析。

2.2.1 灰度共生矩阵

纹理一般是由灰度分布在空间位置上反复出现而形成的，因而在图像空间有某种位置关系的两个像素之间会存在一定的灰度关系，这样的灰度关系称为图像中灰度的空间相关特性。灰度共生矩阵则是通过研究灰度的空间相关特性来描述纹理的一种纹理分析方法。下面我们先来介绍一下灰度共生矩阵的定义。

假定待分析的纹理图像是一个水平方向 x 有 N_x 个像素与垂直方向 y 上有 N_y 个像素的矩形图像，图像的灰度级为 G。设 $X=\{1,2,\cdots,N_x\}$ 为水平空间域，$Y=\{1,2,\cdots,N_y\}$ 为垂直空间域，$N=\{0,1,\cdots,G\}$ 为量化灰度集，则图像可以表示成一个函数 f: $X\times Y\to N$。在图像中，在某个方向上相隔一定距离的一对像元灰度出现的统计规律，从一定程度上可以反映这个图像的纹理特性。这个统计规律可以用一个矩阵描述，即灰度共生矩阵（记为 $\boldsymbol{W}$ 阵）。

在图像中，任意取一点 (x,y) 以及偏离它的另一点 $(x+a,y+b)$ 形成一个点对。设该点对的灰度值为 (i,j)，即点 (x,y) 的灰度值为 i，点 $(x+a,y+b)$ 的灰度值为 j。固定 a 和 b，令点 (x,y) 在整幅图像上移动，则会得到各种 (i,j) 值。假如图像的灰度级数为 G（后文中也用 g 表示），则 i 与 j 的组合共有 G^2 种。在整幅图像中，统计每一种出现的频度为 $\boldsymbol{P}(i,j,d,\theta)$，则称方阵 $[\boldsymbol{P}(i,j,d,\theta)]_{G\times G}$ 为灰度共生矩阵，即 $\boldsymbol{W}=[\boldsymbol{P}(i,j,d,\theta)]_{G\times G}$。灰度共生矩阵本质上就是两个像素点的联合直方图，距离差分值 (a,b) 取不同的数值组合，都可以得到图像沿一定方向 θ、相隔一定距离 $d=\sqrt{a^2+b^2}$ 的灰度共生矩阵。

数学定义：灰度共生矩阵是从图像灰度值为 i 的像元 (x,y) 出发，统计与其距离为 d，灰度值为 j 的像元 $(x+a,y+b)$，同时出现的频度 $P(i,j,d,\theta)$，数学表达为

$$P(i,j,d,\theta)=\{[(x,y),(x+a,y+b)\mid f(x,y)=i;f(x+a,y+b)=j]\} \tag{2-49}$$

式中，θ 为灰度共生矩阵的生成方向，通常取0°、45°、90°和135°四个方向。依据以上原则，获取了白桦径切样本 $\theta=0°$ 且 $d=1$ 时的灰度共生矩阵，如图2－18所示。其中，在图2－18（b）中，亮的部分表示灰度共生矩阵中大数值元素集中的地方。

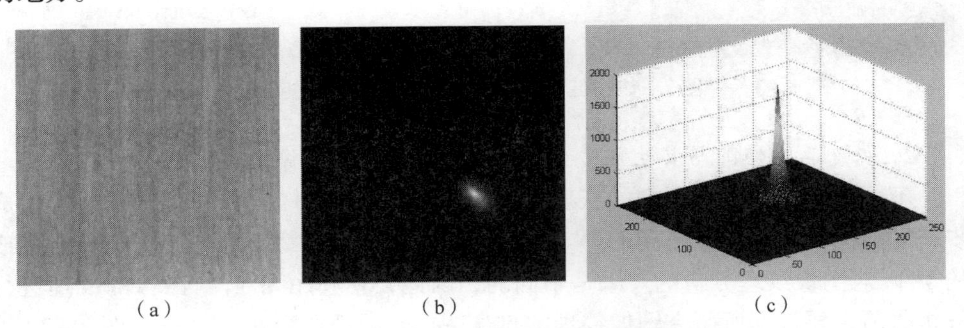

（a）　（b）　（c）

图2－18　白桦径切样本及其灰度共生矩阵

（a）白桦径切样本；（b）灰度共生矩阵二维表达；（c）灰度共生矩阵三维表达

式（2－49）中，a 和 b 的取值要根据纹理自身的特点来选择。当 a 和 b 取

值较小时，对应于变化缓慢的纹理，其 **W** 阵对角线上的数值较大，倾向于作对角线分布；纹理的变化越快，则对角线的数值越小，而对角线两侧的元素值增大，倾向于均匀分布。木材表面纹理灰度共生矩阵的特点如下：

灰度共生矩阵是建立在估计图像的二阶组合条件概率密度函数的基础上，通过计算图像中有某种位置关系的两点灰度之间的相关性，来反映图像在方向、间隔、变化幅度及快慢上的综合信息。下面介绍一下灰度共生矩阵的三个主要特点。

1. 灰度共生矩阵是一个对称方阵

灰度共生矩阵 **W** 是一个对称方阵，当 θ 变化时存在 $\boldsymbol{W}(d,0°)=\boldsymbol{W}^{\mathrm{T}}(d,180°)$、$\boldsymbol{W}(d,45°)=\boldsymbol{W}^{\mathrm{T}}(d,135°)$、$\boldsymbol{W}(d,90°)=\boldsymbol{W}^{\mathrm{T}}(d,270°)$ 和 $\boldsymbol{W}(d,135°)=\boldsymbol{W}^{\mathrm{T}}(d,315°)$，这样只需计算 θ 取 0°、45°、90°和 135°时的 $\boldsymbol{W}(d,\theta)$，即可得知 $\boldsymbol{W}(d,\theta)$ 在整个 θ 坐标空间的值。

W 阵大小与图像的灰度级 g 有关，如果图像的灰度级 $g=256$，那么 **W** 阵的大小为 $256\times256=65\ 536$，此时得到的 **W** 阵维数较大，其计算量必然也较大。因此，在不影响图像纹理分析的前提下以及对实时性要求较高的情况下，通常先对图像的灰度级 g 进行压缩，然后再求取 **W** 阵。

由图 2-19 可以验证，灰度共生矩阵 **W** 是一个对称方阵。此时求取的是 $\theta=0°$ 且 $d=1$，灰度级 g 被压缩到 8 级时的灰度共生矩阵。

	1	2	3	4	5	6	7	8
1	6	5	2	1	2	0	0	0
2	5	14	17	19	4	3	0	2
3	2	17	54	182	94	19	1	0
4	1	19	182	2 044	2 847	612	38	2
5	2	4	94	2 847	33 066	26 356	1 862	5
6	0	3	19	612	26 356	144 772	52 105	205
7	0	0	1	38	1 862	52 105	144 992	9 748
8	0	2	0	2	5	205	9 748	6 982

图 2-19　红松径切样本及其灰度共生矩阵

2. 灰度共生矩阵与其生成方向 θ、生成步长 d 和图像灰度级 g 有关

不同的生成方向 θ 得到的灰度共生矩阵 **W** 是不一样的，同理，不同的生成步长 d 或图像灰度级 g 得到的 **W** 阵也是不同的。正是因为不同的 θ、d 和 g 生成的 **W** 阵对图像纹理分析的效果是不同的，因此，在利用 **W** 阵对图像的纹理进行分析之前，要根据所研究图像纹理的自身特点来合理选择 θ、d 和 g。图 2-20 以落叶松径切样本为例说明了 **W** 阵随 θ、d 和 g 的变化规律，在图 2-20(b)~图 2-20(i) 中，图像灰度级 $g=256$，在图 2-20(j)~图 2-20(n) 中，生成方向 $\theta=0°$。其中，在图 2-20(b)~图 2-20(n) 中，以亮度代表了 **W** 阵中元素值的

大小，越亮的地方代表其元素值也就越大。

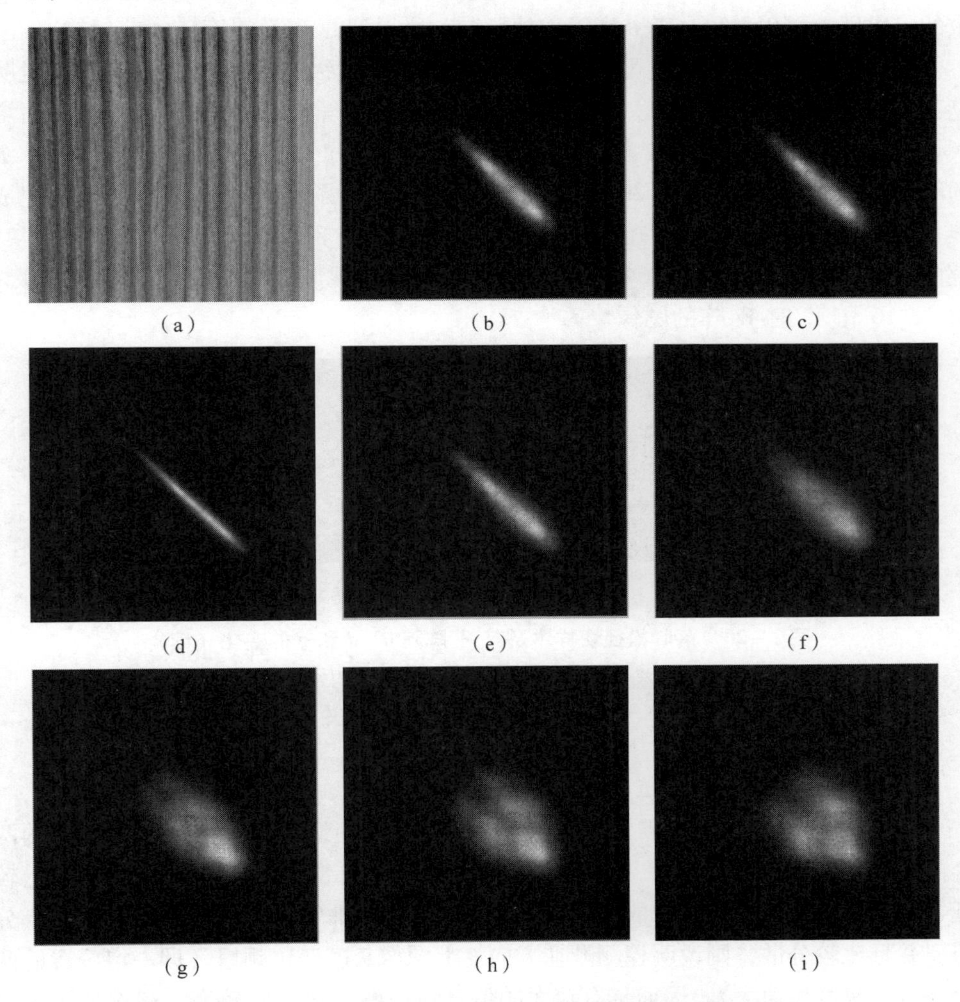

图2-20　落叶松径切样本及其 W 阵随 θ、d 和 g 的变化

(a) 落叶松径切样本；(b) W 阵（$\theta=0°$ 且 $d=1$）；(c) W 阵（$\theta=45°$ 且 $d=1$）；(d) W 阵（$\theta=90°$ 且 $d=1$）；(e) W 阵（$\theta=135°$ 且 $d=1$）；(f) W 阵（$\theta=0°$ 且 $d=3$）；(g) W 阵（$\theta=0°$ 且 $d=5$）；(h) W 阵（$\theta=0°$ 且 $d=7$）；(i) W 阵（$\theta=0°$ 且 $d=9$）

图2-20(b)~(e)列出了当 $d=1$ 且 θ 取0°、45°、90°和135°时落叶松径切样本的 W 阵的二维表示图像。其中，沿着纹理主方向（$\theta=90°$）的 W 阵中大数值元素集中于对角线附近，如图2-20（d）所示。这主要是因为沿着纹理主方向上，图像中相邻像素间灰度值相等或相近的概率很大，而从图2-20（b）、图2-20（c）与图2-20（e）可以看出在其他三个方向上的 W 阵基本相同。

图2-20（b）与图2-20(f)~图2-20(i)列出了当 $\theta=0°$ 且 d 取1、3、5、7、9时落叶松径切样本的 W 阵的二维表示图像。观察它们可以得出，随着生成步长 d

的增加，**W** 阵中元素值的分布趋向于分散，这说明原始图像在 $\theta=0°$ 方向上是较细致的。由以上可以看出，随 θ 和 d 取值不同，所得到的 **W** 阵是有较大差异的。

观察图 2－20(j)～(l) 可以看出，随着图像灰度级 g 的减小，**W** 阵图像里明亮部分所占的比例越来越大，这说明 **W** 阵中非零元素的比例随着 g 的减小而增大。通过实验证明，在每个灰度级 g 下，**W** 阵随 θ 和 d 的变化规律与 $g=256$ 级的结论相同。其中，图 2－20(l)～图 2－20(n) 列出了在 $g=32$ 时，**W** 阵随生成步长 d 变化的部分图像。一般情况下，图像灰度级 g 的取值应是 2 的幂次方，其范围通常是［8，16，32，64，128，256］，受篇幅限制，我们只列出了灰度级 g 取 8、16 和 32 时 **W** 阵的图像。

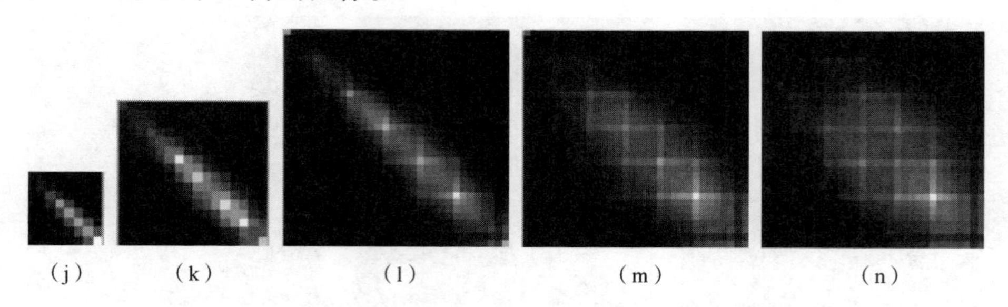

(j)　(k)　(l)　(m)　(n)

图 2－20　落叶松径切样本及其 W 阵随 θ、d 和 g 的变化（续）

(j)（$g=8$，$d=1$）；(k)（$g=16$，$d=1$）；(l)（$g=32$，$d=1$）；
(m)（$g=32$，$d=3$）；(n)（$g=32$，$d=5$）

3. *灰度共生矩阵元素值的分布与图像的信息量及粗糙程度有关*

灰度共生矩阵 **W** 的非零元素值如果集中在主对角线上（即一定位置关系的两个像素的灰度值相差不大），则说明检测域的图像信息量在统计 **W** 阵的方向 θ 上较低、图像对比度较低、图像的纹理也比较粗糙。如果非零元素值在非主对角线上分布，并且比较分散，则说明检测域在方向 θ 上图像灰度变化频繁（即一定位置的两个像素的灰度差值大），因而具有较大的信息量、图像对比度较高、图像的纹理也比较细。如图 2－20（b）和图 2－20（d），图 2－20（b）中的非零元素值在主对角线上分布比图 2－20（d）分散，说明落叶松径切纹理图像在 $\theta=0°$ 反映的信息量强于 $\theta=90°$ 的，并且在 $\theta=0°$ 方向上纹理较 90° 时的细致，这也与实际情况相符。因此，**W** 阵元素相对于主对角线的分布情况可以反映图像的信息量及粗糙程度。

图像的灰度矩阵反映的是图像视觉信息，而灰度共生矩阵反映的则是图像灰度关于方向、相邻间隔、变化幅度的综合信息。通过灰度共生矩阵可以分析图像的局部模式和排列规则等，但一般并不直接应用得到共生矩阵，而是在其基础上获取二次统计量。在获取灰度共生矩阵的特征参数之前，要做正规化处理。令

$$p(i,j,d,\theta)=P(i,j,d,\theta)/R \tag{2-50}$$

式中，R 为正规化常数，是灰度共生矩阵中全部元素之和。Haralick 等人定义了

14个用于纹理分析的灰度共生矩阵特征参数。

（1）角二阶矩（Angular Second Moment）：

$$W_1 = \sum_{i=1}^{g}\sum_{j=1}^{g} p^2(i,j,d,\theta) \tag{2-51}$$

角二阶矩也称为能量，是灰度共生矩阵各元素的平方和。它是图像纹理灰度变化均匀性的度量，反映了图像灰度分布均匀程度和纹理粗细程度。如果 **W** 阵的元素值相近，W_1 就小，纹理就细致；反之亦然。

（2）对比度（Contrast）：

$$W_2 = \sum_{i=1}^{g}\sum_{j=1}^{g}\left[(i-j)^2 \times p^2(i,j,d,\theta)\right] \tag{2-52}$$

对比度是 **W** 阵中关于主对角线的惯性矩。它度量了矩阵值的分布情况和图像的局部变化。从数学角度看，**W** 阵的元素远离对角线将导致 $(i-j)^2$ 变大，由式（2-52）可知 W_2 也随之变大。W_2 值越大表示纹理基元对比越强烈，沟纹越深，图像越清晰，纹理效果越明显；反之亦然。

（3）相关（Correlation）：

$$W_3 = \sum_{i=1}^{g}\sum_{j=1}^{g}\left[i \times j \times p(i,j,d,\theta) - u_1 \times u_2\right]/(d_1 \times d_2) \tag{2-53}$$

$$u_1 = \sum_{i=1}^{g} i\sum_{j=1}^{g} p(i,j,d,\theta),\ u_2 = \sum_{j=1}^{g} j\sum_{i=1}^{g} p(i,j,d,\theta)$$

$$d_1^2 = \sum_{i=1}^{g}(i-u_1)^2\sum_{j=1}^{g} p(i,j,d,\theta),\ d_2^2 = \sum_{j=1}^{g}(j-u_1)^2\sum_{i=1}^{g} p(i,j,d,\theta)$$

相关是度量空间灰度共生矩阵元素在行或列方向上的相似程度，是灰度线性关系的度量。当矩阵元素值均匀相等时，W_3 就大；反之亦然。如果图像的 θ 方向上方向性较强，而其他方向较弱，则 θ 方向的 W_3 将明显大于其他方向的。因此，W_3 可用来判断纹理的主方向。

（4）熵（Entropy）：

$$W_4 = -\sum_{i=1}^{g}\sum_{j=1}^{g} p(i,j,d,\theta) \times \lg p(i,j,d,\theta) \tag{2-54}$$

熵代表了图像的信息量，是图像内容随机性的度量，能表征纹理的复杂程度。当图像无纹理时熵为0，满纹理时熵最大。从数学角度看，当 **W** 阵中的元素近似相等时熵最大。在实际应用中会出现 $p(i,j,d,\theta)=0$ 的情况，我们采用求极限 $\sum_{\lim p(i,j,d,\theta)\to 0} p(i,j,d,\theta) \times \lg p(i,j,d,\theta) = 0$ 的方法来处理。

（5）方差（Variance）：

$$W_5 = \sum_{i=1}^{g}\sum_{j=1}^{g}(i-m)^2 p(i,j,d,\theta) \tag{2-55}$$

式中，m 为 $p(i,j,d,\theta)$ 的均值。

（6）均值和（Sum of Average）：

$$W_6 = \sum_{k=2}^{2g} k \times P_X(k) \tag{2-56}$$

均值和是图像区域内像素点平均灰度值的度量，反映了图像的明暗深浅，适用于灰度图像。

式中，$P_X(k) = \sum_{i=1}^{g}\sum_{j=1}^{g} p(i,j,d,\theta)_{|i+j|=k}, k = 2,3,\cdots,2g$。

（7）方差和（Sum of Variance）：

$$W_7 = \sum_{k=2}^{2g} (k - W_6)^2 P_X(k) \tag{2-57}$$

式中，$P_X(k) = \sum_{i=1}^{g}\sum_{j=1}^{g} p(i,j,d,\theta)_{|i+j|=k}, k = 2,3,\cdots,2g$。

方差、方差和反映了纹理的周期大小，它们的值越大，表明纹理的周期越大。

（8）逆差矩（Inverse Difference Moment）：

$$\boldsymbol{W}_8 = \sum_{i=1}^{g}\sum_{j=1}^{g} p(i,j,d,\theta)/[1 + (i-j)^2] \tag{2-58}$$

逆差矩又称为局部平稳，它是图像纹理局部变化的度量，反映了纹理的规则程度。纹理越规则，$\boldsymbol{W}_8$ 就越大；反之亦然。

（9）差的方差（Variance of Difference）：

$$W_9 = \sum_{k=0}^{g-1}\left[k - \sum_{k=0}^{g-1} k \times P_Y(k)\right]^2 \times P_Y(k) \tag{2-59}$$

式中，$P_Y(k) = \sum_{i=1}^{g}\sum_{j=1}^{g} p(i,j,d,\theta)_{|i-j|=k}, k = 0,1,\cdots,g-1$。

差的方差是邻近像素对灰度值差异的方差，对比越强烈，W_9 越大；反之亦然。

（10）和熵（Sum of Entropy）：

$$W_{10} = -\sum_{k=2}^{2g} P_X(k) \times \log[P_X(k)] \tag{2-60}$$

式中，$P_X(k) = \sum_{i=1}^{g}\sum_{j=1}^{g} p(i,j,d,\theta)_{|i+j|=k}, k = 2,3,\cdots,2g$。

（11）差熵（Difference of Entropy）：

$$W_{11} = -\sum_{k=0}^{g-1} P_Y(k) \times \log[P_Y(k)] \tag{2-61}$$

式中，$P_Y(k) = \sum_{i=1}^{g}\sum_{j=1}^{g} p(i,j,d,\theta)_{|i-j|=k}, k = 0,1,\cdots,g-1$。

和熵、差熵与熵所代表的意义相近，具体见上。

（12）聚类阴影（Shadow of Clustering）：

$$W_{12} = -\sum_{i=1}^{g}\sum_{j=1}^{g} [(i-u_1) + (j-u_2)]^3 \times p(i,j,d,\theta) \tag{2-62}$$

（13）显著聚类（Prominence of Clustering）：

$$W_{13} = -\sum_{i=1}^{g}\sum_{j=1}^{g}[(i-u_1)+(j-u_2)]^4 \times p(i,j,d,\theta) \quad (2-63)$$

式（2-61）与式（2-62）中的 u_1、u_2 见式（2-53）。

（14）最大概率（Maximal Probability）：

$$W_{14} = \underset{i,j}{\mathrm{MAX}}[p(i,j,d,\theta)] \quad (2-64)$$

灰度共生矩阵具有丰富的特征参数，能从不同的角度对纹理进行细致的刻画。之前研究使用木材表面纹理相似的人造纹理验证了灰度共生矩阵对人造纹理描述的有效性，并且证明有一些特征参数能与人的心理感观相对应，例如特征参数“角二阶矩”能够反映图像的均匀程度、“对比度”能够反映图像清晰程度、“相关”能够纹理的主方向、“方差”和“方差和”能够反映纹理的周期等。

综上所述，不同的生成方向 θ、生成步长 d 以及图像灰度级 g 的组合会生成不同的灰度共生矩阵，同理也会得到不同的特征参数，并且所得到的特征参数对纹理的描述能力也不尽相同。分析纹理的主要工具就是纹理特征参数，因此，我们从特征参数的角度出发来确定适于描述木材表面纹理的灰度共生矩阵构造方法。

2.2.2　适于描述木材表面纹理构造因子生成步长 *d* 的确定

目前，在利用灰度共生矩阵 **W** 获取纹理特征时，很少涉及构造因子对特征参数影响的研究。然而，用不同构造因子所得到的 **W** 阵存在较大差异，进而导致从中获取的二次统计量（14 个纹理特征参数）也存在较大的差异。因此，我们针对木材表面纹理这种研究对象，对各构造因子对其纹理特征参数的影响做了以下分析。

生成步长 d 决定了 **W** 阵的两个采样像素点间的距离，d 的不同取值会对 **W** 阵有很大影响。对纹理基元较大的粗纹理来说，如果 d 与纹理基元的幅度相比较小，那么生成步长 d 两端灰度相近的可能性就大，此时 **W** 阵中的大数值元素集中在矩阵对角线附近。而对细纹理来说，如果 d 与纹理基元的幅度大小差不多，此时 **W** 阵中大数值元素的分布将较为均匀。因此，需要针对不同的研究对象选择合适的生成步长 d，使得到 **W** 阵能更好地描述所研究的对象。

在讨论生成步长 d 取值时，应排除其余两个参数的影响。我们采用对特征参数取 $\theta=0°$、45°、90°和 135°四个方向平均值的方法来消除生成方向的影响。由于 256 级灰度能保持图像最大的信息量，所以这里没有对图像的灰度级进行压缩，即仍采用 256 级灰度，以提高特征参数的保真度。

采用 MATLAB 编制了 **W** 阵及其特征参数的计算程序，获取了 10 种类别木材表面纹理样本集合中的每类前 20 个样本的 14 个 GLCM 纹理特征参数，并绘制了以上这 20 个样本的 14 个 GLCM 纹理特征参数的平均值随生成步长 d 的变化趋势曲线图，如图 2-21 所示。由于生成步长 d 较大时，会有大量像素点不参与 **W**

阵的生成，造成大量信息丢失。因此，我们规定 d 最大取 8。

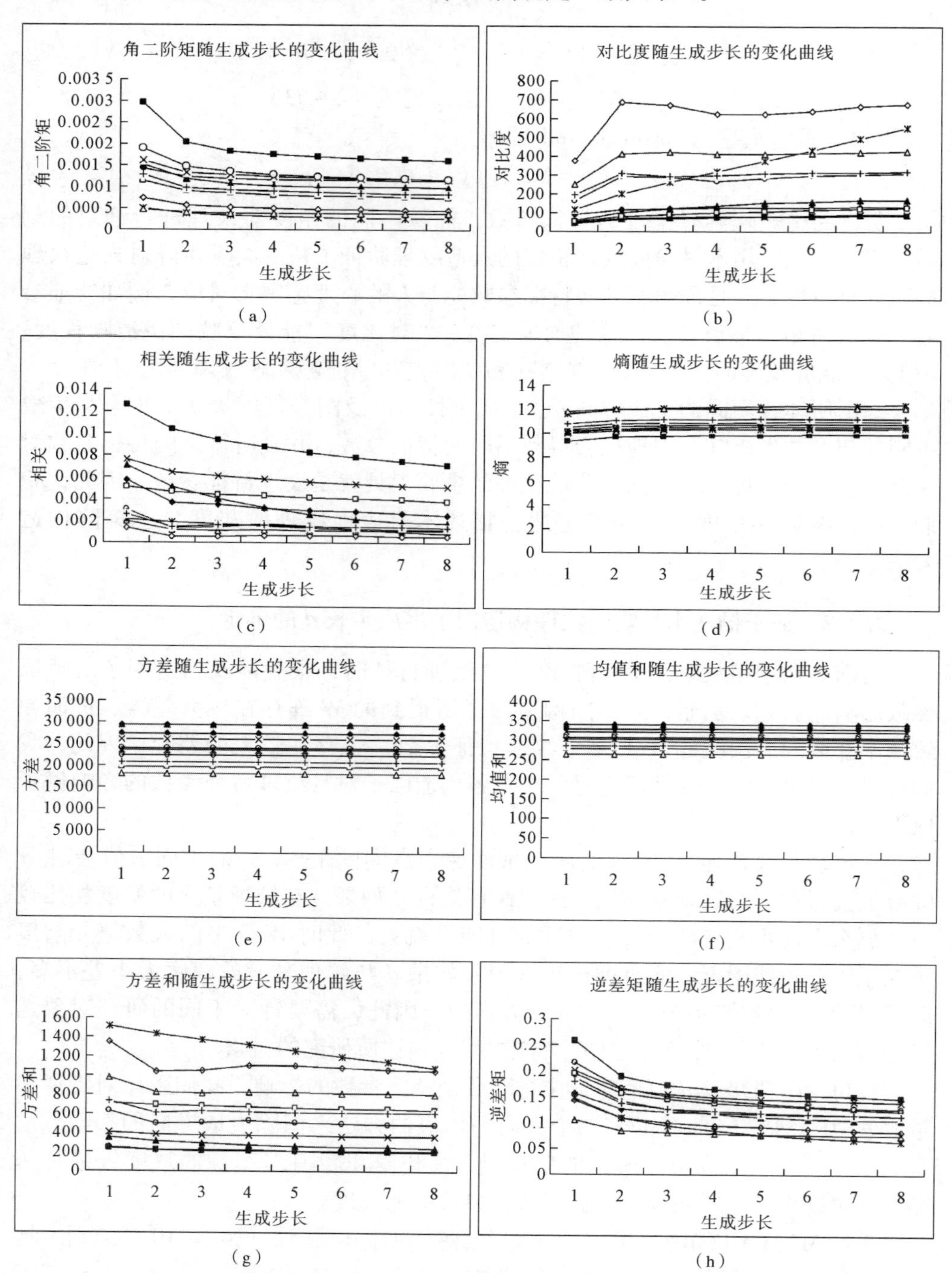

图 2－21　10 类木材表面纹理样本的 GLCM 特征参数随生成步长 d 的变化曲线

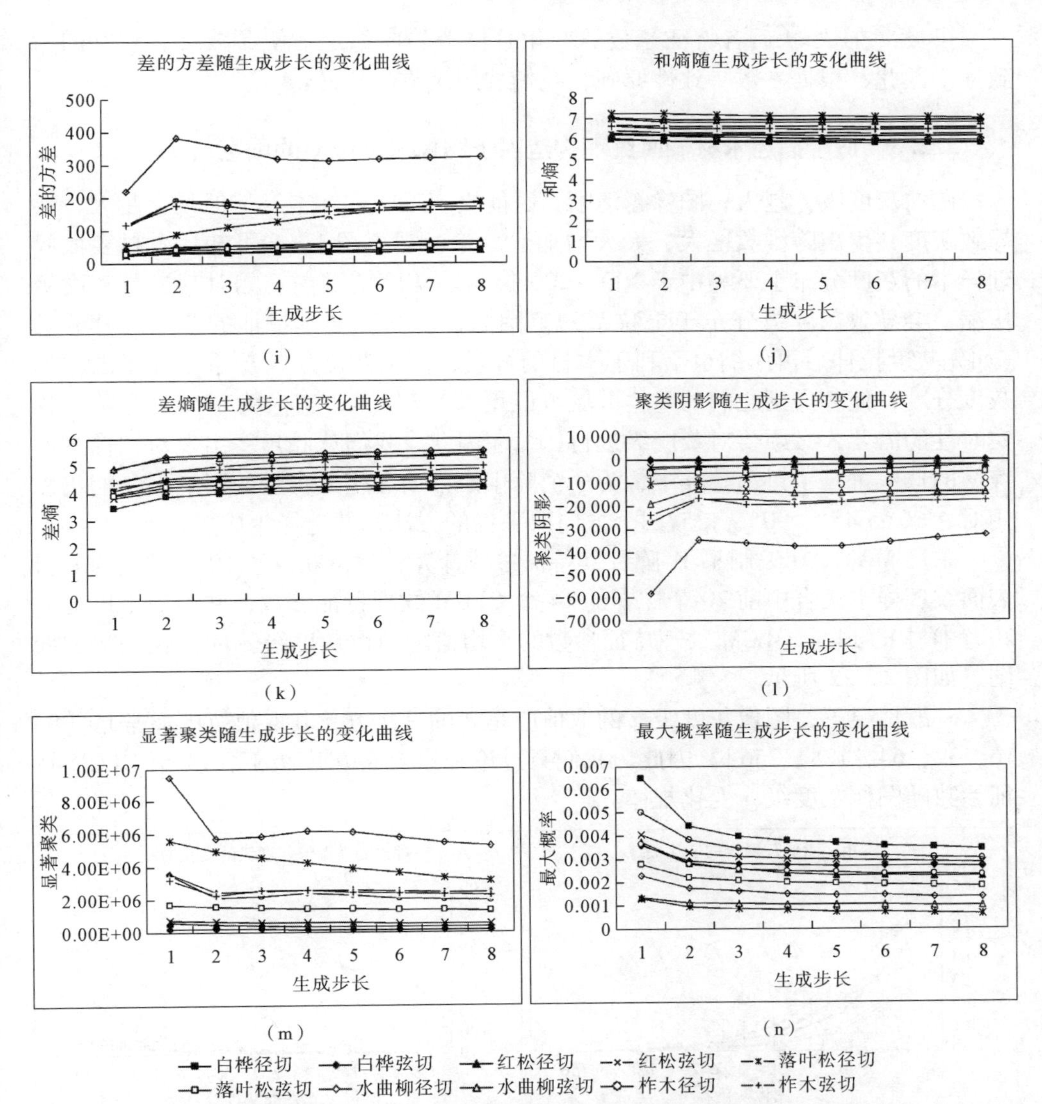

图2-21　10类木材表面纹理样本的GLCM特征参数随生成步长 d 的变化曲线（续）

图2-21中的各特征参数值为每类木材表面纹理样本集合中的前20个样本的平均值，这样才能有效反映出该类型纹理的特征参数随生成步长 d 的变化趋势。由图2-21可归纳出以下规律：

（1）随生成步长 d 的增大，特征参数“角二阶矩”“相关”“方差和”“逆差矩”“显著聚类”“最大概率”有减少的趋势，在 $d>4$ 后参数总体上趋于稳定。

（2）随生成步长 d 的增大，特征参数“对比度”“差的方差”“差熵”“聚类阴影”有增加趋势，在 $d>4$ 后参数总体上趋于稳定。

（3）随生成步长 d 的增大，特征参数“熵”“方差”“均值和”“和熵”变化缓慢，其中“方差”“均值和”几乎不受生成步长影响。

可见，在 $d \geqslant 4$ 后各特征参数的变化总体上趋向稳定，使参数具有较好的一致性。因此，根据参数一致性原则，我们选用生成步长 $d=4$。

2.2.3 适于描述木材表面纹理构造因子图像灰度级 g 的确定

图像灰度级 g 越大，图像越清晰，越能真实反映样本本身。但是 g 越大，会导致灰度共生矩阵维数增大，大大增加运算量。观察图 1-5 可知，木材表面纹理样本的灰度分布主要集中于 100～200 狭窄的灰度范围内。如对其进行灰度级压缩，会导致灰度级分布于更狭窄的范围内，不利于样本特征的获取及其分类（如先灰度拉伸后再压缩也不利于木材的分类，因为灰度拉伸严重破坏了图像的灰度分度，使各类别之间的重叠区域可能增加）。但是，有时为了满足实际工程实时性的需要，必须要对灰度级进行压缩。因此，我们从此角度出发对图像灰度级 g 的选取进行了讨论。其中，为了消除生成方向和生成步长的影响，我们仍采用对 $\theta=0°$、45°、90°、135°四个方向取平均的方法，并选择生成步长 $d=4$。

采用 MATLAB 编制了 **W** 阵及其特征参数计算程序，获取了 10 种类别的木材表面纹理样本集合中前 20 个样本的 14 个 GLCM 纹理特征参数，并绘制了以上这 20 个样本的 14 个 GLCM 纹理特征参数的平均值随图像灰度级 g 的变化趋势曲线图，如图 2-22 所示。

一般情况下，图像灰度级 g 的取值应是 2 的幂次方，其取值范围通常是［8，16，32，64，128，256］。因此，我们只讨论在这 6 个灰度级下，14 个 GLCM 特征参数随图像灰度级 g 变化规律。

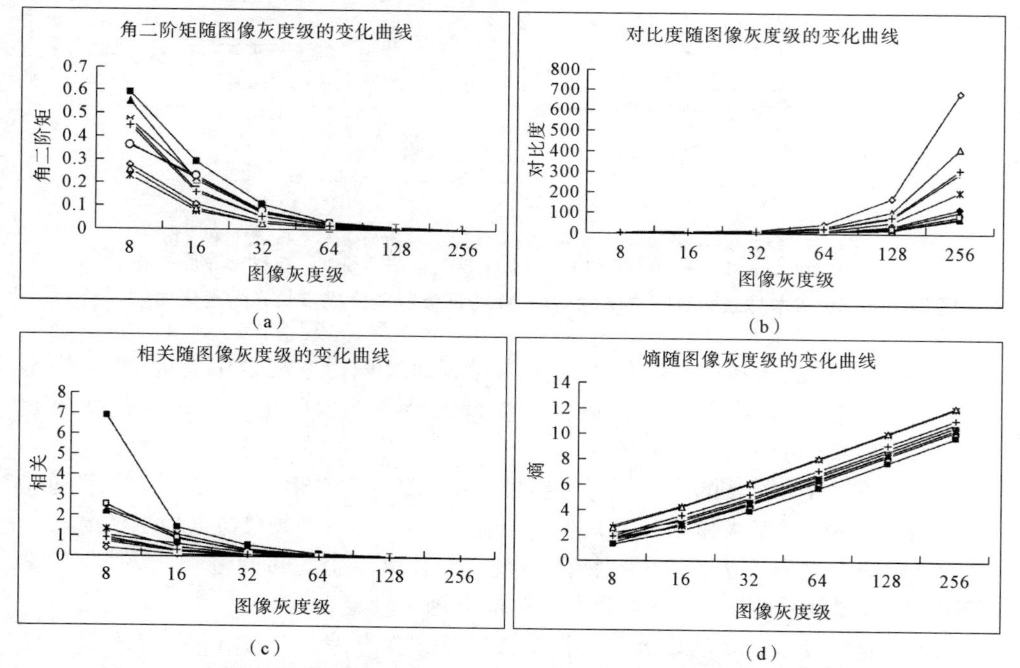

图 2-22 10 类木材表面纹理样本的 GLCM 特征参数随图像灰度级 g 的变化曲线

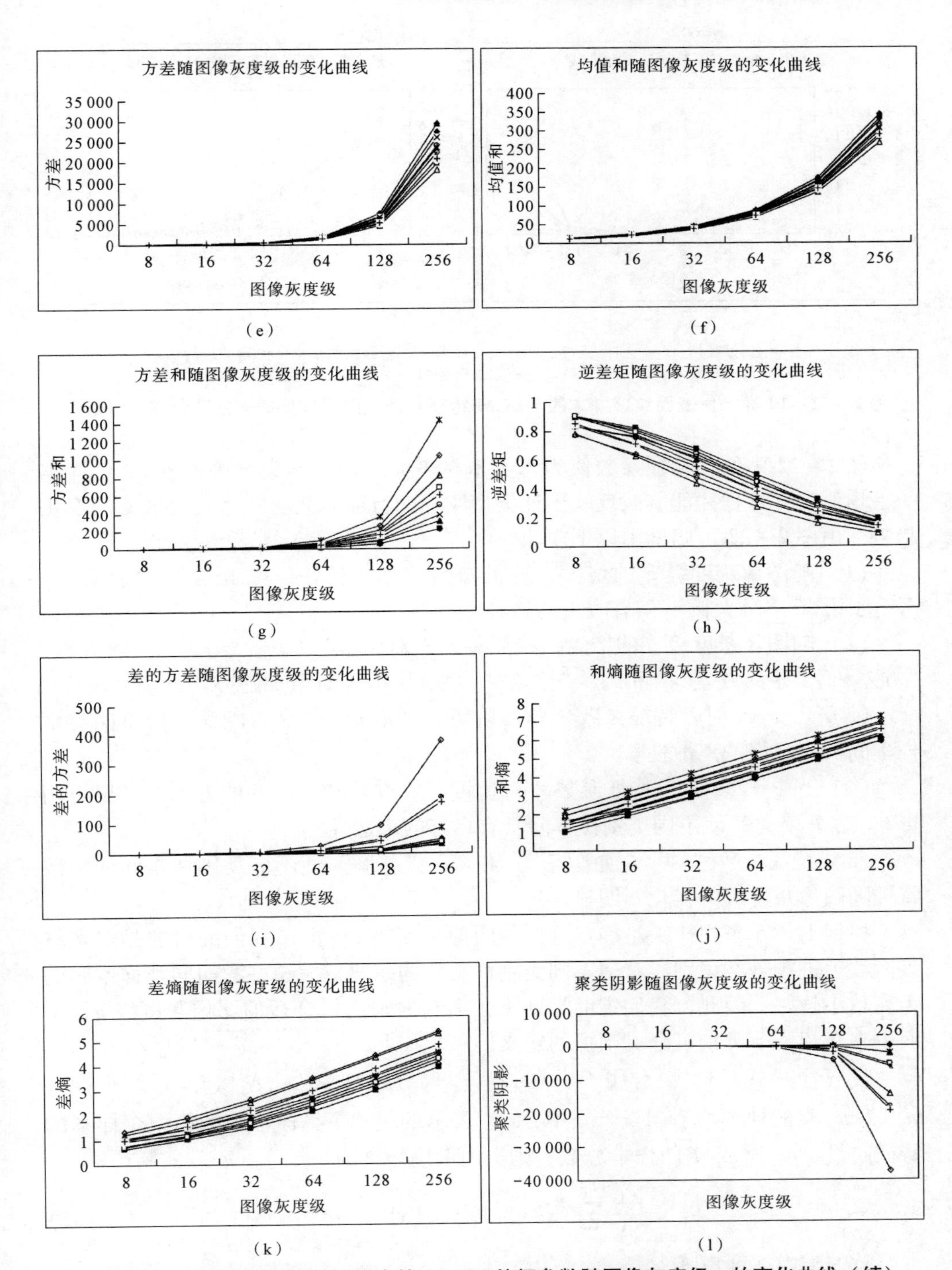

图2-22　10类木材表面纹理样本的GLCM特征参数随图像灰度级 g 的变化曲线（续）

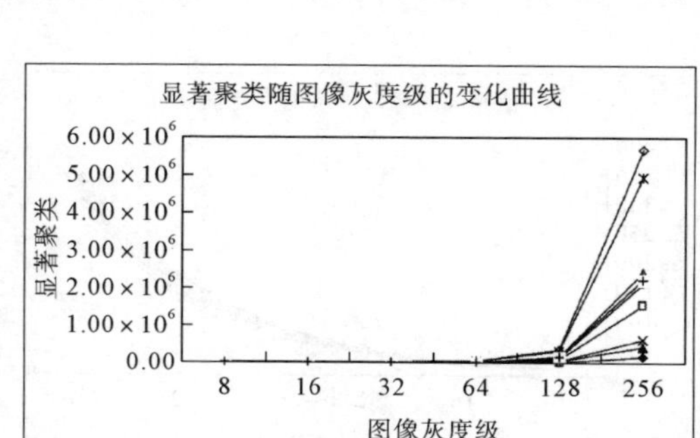

（m）

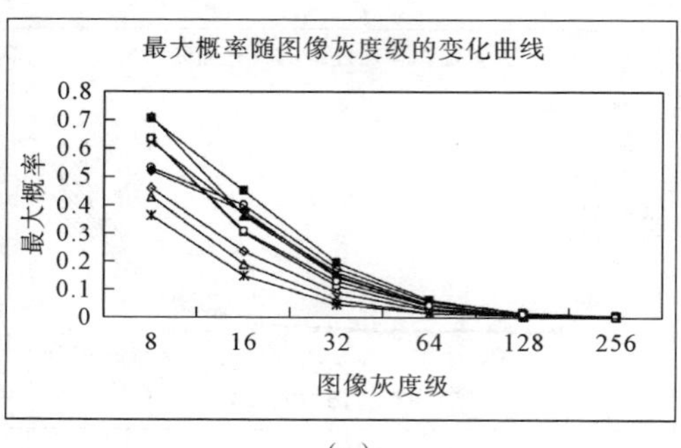

（n）

—■— 白桦径切 —◆— 白桦弦切 —▲— 红松径切 —×— 红松弦切 —*— 落叶松径切
—□— 落叶松弦切 —◇— 水曲柳径切 —△— 水曲柳弦切 —○— 柞木径切 —+— 柞木弦切

图 2－22　10 类木材表面纹理样本的 GLCM 特征参数随图像灰度级 g 的变化曲线（续）

图 2－22 中的各特征参数值为每类木材表面纹理样本集合中的前 20 个样本的平均取值，这样才能有效反映出该类型纹理的特征参数随图像灰度级 g 的变化趋势。由图 2－22 可归纳出以下规律：

（1）随图像灰度级 g 的增大，特征参数“角二阶矩”“相关”“逆差矩”“聚类阴影”“最大概率”有减少的趋势。

（2）随图像灰度级 g 的增大，特征参数“对比度”“熵”“方差”“均值和”“方差和”“差的方差”“和熵”“差熵”“显著聚类”有增加趋势。

（3）当 $g=8$ 时，特征参数“角二阶矩”“相关”“最大概率”使不同类别样本间具有良好的离散性。

（4）当 $g=256$ 时，特征参数“对比度”“方差和”“差的方差”“聚类阴影”“显著聚类”使不同类别样本间具有良好的离散性。

（5）特征参数“熵”“逆差矩”“和熵”“差熵”使不同类别样本间的离散特性随图像灰度级的变化不明显。

根据上述 5 条规律很难确定合适的图像灰度级 g。由于我们的目的是对木材表面纹理进行分类识别，希望不同类别样本间的距离越大越好，而同类样本间的距离越小越好。因此，我们借助类别可分离判据来选择合适的图像灰度级 g，下面先来介绍一下类别可分离判据的定义。

设 N 个模式 $\{x^{(i)}\}$ 分属于 c 类，$\omega_i=\{x_k^{(i)},k=1,2,\cdots,N_i\}\ (i=1,2,\cdots,c)$，$\boldsymbol{m}^{(i)}$ 为 ω_i 类的样本均值向量。其中，$\boldsymbol{x}_k^{(i)}$ 表示的是第 i 类样本中的第 k 个样本的特征向量，N_i 为 ω_i 类的样本总数，则类内散度矩阵为

$$\boldsymbol{S}_{W_i}=\frac{1}{N_i}\sum_{k=1}^{N_i}(\boldsymbol{x}_k^{(i)}-\boldsymbol{m}^{(i)})(\boldsymbol{x}_k^{(i)}-\boldsymbol{m}^{(i)})^{\mathrm{T}} \tag{2-65}$$

总的类内散度矩阵为

$$\boldsymbol{S}_W=\sum_{i=1}^{c}P_i\boldsymbol{S}_{W_i}=\sum_{i=1}^{c}P_i\frac{1}{N_i}\sum_{k=1}^{N_i}(\boldsymbol{x}_k^{(i)}-\boldsymbol{m}^{(i)})(\boldsymbol{x}_k^{(i)}-\boldsymbol{m}^{(i)})^{\mathrm{T}} \tag{2-66}$$

总的类间散度矩阵为

$$S_B = \sum_{i=1}^{c} P_i (\boldsymbol{m}^{(i)} - \boldsymbol{m})(\boldsymbol{m}^{(i)} - \boldsymbol{m})^{\mathrm{T}} \tag{2-67}$$

式中，$P_i = \dfrac{N_i}{N}$；$\boldsymbol{m}^{(i)} = \dfrac{1}{N_i}\sum_{k=1}^{N_i}\boldsymbol{x}_k^{(i)}$；$\boldsymbol{m} = \sum_{i=1}^{c} P_i \times \boldsymbol{m}^{(i)}$。

由式（2-66）与式（2-67）可以推导出以下5个判据：$J_1 = \mathrm{tr}(\boldsymbol{S}_W + \boldsymbol{S}_B)$，$J_2 = \mathrm{tr}(\boldsymbol{S}_W^{-1}\boldsymbol{S}_B)$，$J_3 = \ln(|\boldsymbol{S}_B|/|\boldsymbol{S}_W|)$，$J_4 = \mathrm{tr}(\boldsymbol{S}_B)/tr(\boldsymbol{S}_W)$ 和 $J_5 = |\boldsymbol{S}_W + \boldsymbol{S}_B|/|\boldsymbol{S}_W|$。在这5个判据中，$J_2$、$J_3$ 和 J_5 在任何非奇异线性变换下均可以保持不变，而 J_4 却受坐标的影响。从以上数学表达式可以看出，在 J_2、J_3 和 J_5 中，J_2 似乎更能体现出类别间的差异性。因此，我们选用 J_2 来确定图像灰度级 g 的取值。

表2-10所示为类别可分性判据 J_2 随图像灰度级 g 的变化。此时，所用的数据是绘制图2-22曲线所用的原始数据，但并不是用它们的平均值，而是使用它们的总体。

表2-10　类别可分性判据 J_2 随图像灰度级 g 的变化

图像灰度级 g	类别可分性判据 J_2	图像灰度级 g	类别可分性判据 J_2
8	50.181 0	64	67.786 3
16	61.628 6	128	116.287 2
32	69.767 0	256	140.667 0

观察表2-10可得，当图像灰度级 $g=256$ 级时，J_2 的值达到最大，此时能使10个类别纹理样本在特征空间中总体上具有较好的离散性，适合于区分不同类别的纹理样本。因此，为保持样本总体间良好离散性以及样本图像的最大信息量，我们没有对图像灰度级 g 进行压缩，最终选用灰度级 $g=256$ 级。但在实时性要求较高的情况下，灰度级可考虑使用128级；在使用灰度级为8、16、32或64级时，由于木材表面纹理的灰度分布在较小范围内，必须对其进行灰度拉伸后再进行压缩（研究证实，对木材表面纹理图像进行灰度拉伸不利于对其进行分类识别），否则可能导致图像灰度分布过于狭窄，不利于木材表面纹理特征的获取及其分类识别。因此，对于木材表面纹理分类识别的研究，我们不建议使用8、16、32或64级灰度。

2.2.4　适于描述木材表面纹理构造因子生成方向 θ 的确定

灰度共生矩阵 $\boldsymbol{W}$ 的生成方向 θ 是构造 $\boldsymbol{W}$ 阵的重要参数之一，不同生成方向的 $\boldsymbol{W}$ 阵的特征参数之间存在较大差异（图2-20），换句话说，不同 θ 生成的 $\boldsymbol{W}$ 阵中包含不同的纹理信息，舍弃任意一个方向都会丢失大量信息。因此，生成方向 θ 我们仍取0°、45°、90°和135°四个方向，对于每个样本都会生成其四个方向的 $\boldsymbol{W}$ 阵，相应的会有 $4\times14=56$ 个GLCM纹理特征参数。

我们采用 MATLAB 编制了 $\boldsymbol{W}$ 阵及其特征参数计算程序，获取了 10 种不同类别的木材表面纹理样本集合中前 20 个样本 4 个方向 $\boldsymbol{W}$ 阵的 56 个 GLCM 纹理特征参数，并绘制了每一个样本的 56 个 GLCM 纹理特征参数随生成方向 θ 的变化二维条形图。受篇幅限制，每类只列出第一个样本的二维条形图，具体如图 2 – 23 所示。

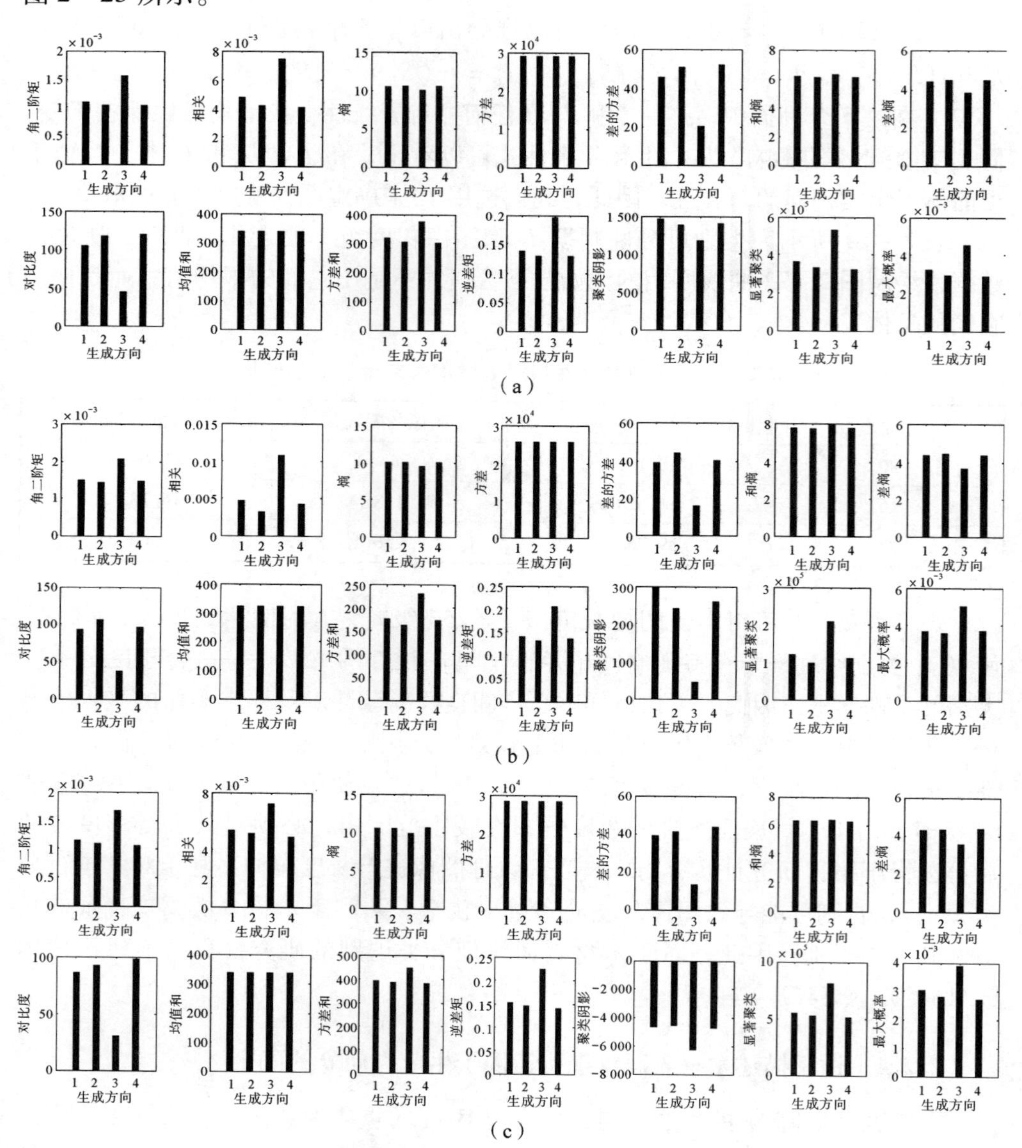

图 2 – 23　10 类木材表面纹理样本的 GLCM 特征参数随生成方向 θ 的变化

(a) GLCM 特征参数随生成方向 θ 的变化（白桦径切样本）；(b) GLCM 特征参数随生成方向 θ 的变化（白桦弦切样本）；(c) GLCM 特征参数随生成方向 θ 的变化（红松径切样本）

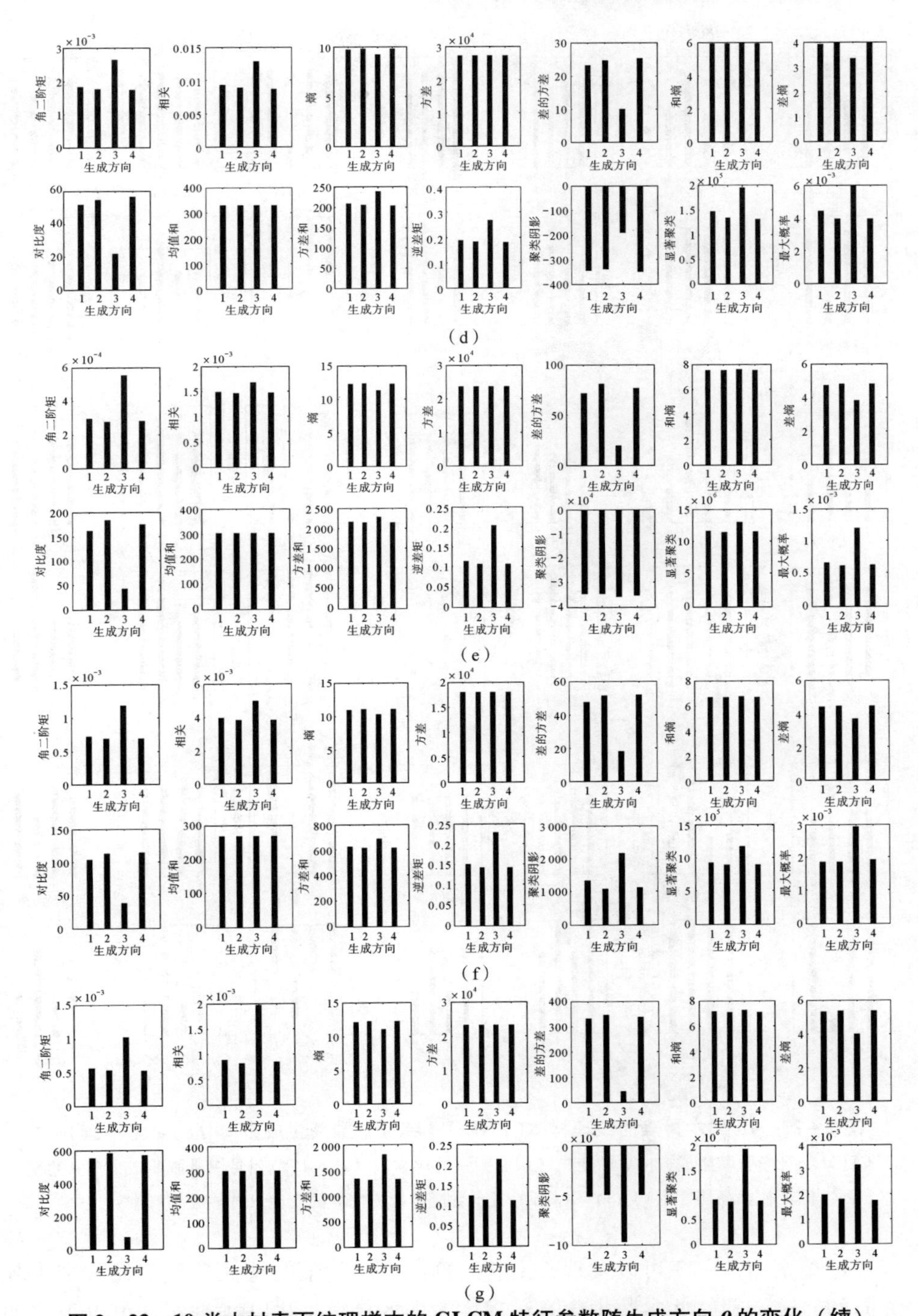

图2－23　10类木材表面纹理样本的GLCM特征参数随生成方向θ的变化（续）

(d) GLCM特征参数随生成方向θ的变化（红松弦切样本）；(e) GLCM特征参数随生成方向θ的变化（落叶松径切样本）；(f) GLCM特征参数随生成方向θ的变化（落叶松弦切样本）；(g) GLCM特征参数随生成方向θ的变化（水曲柳径切样本）

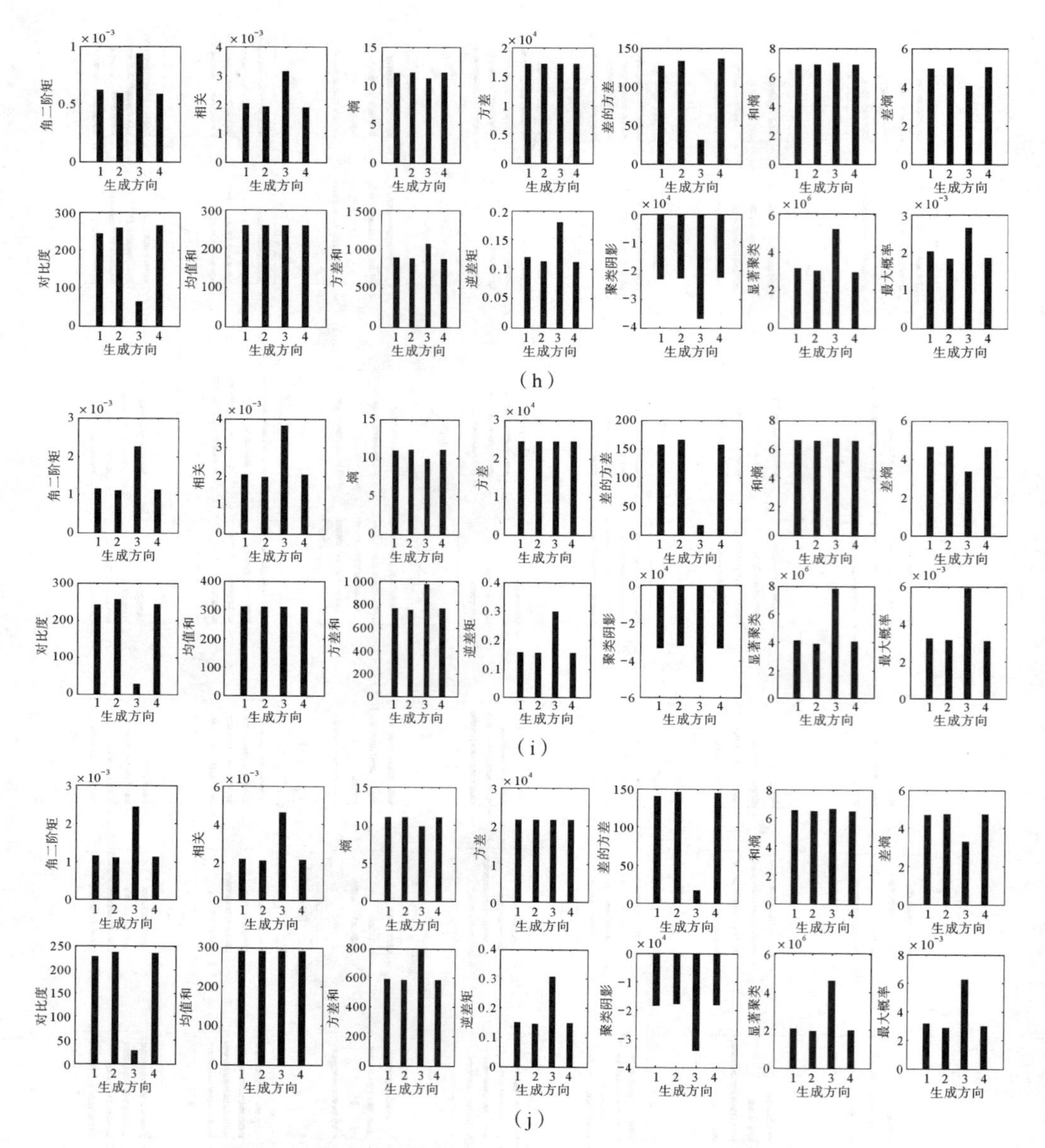

图 2－23　10 类木材表面纹理样本的 GLCM 特征参数随生成方向 θ 的变化（续）

(h) GLCM 特征参数随生成方向 θ 的变化（水曲柳弦切样本）；(i) GLCM 特征参数随生成方向 θ 的变化（柞木径切样本）；(j) GLCM 特征参数随生成方向 θ 的变化（柞木弦切样本）

通过观察图 2－23 可以发现，沿着纹理主方向的某些特征参数明显区别于其他方向的，暗示着这些参数中含有纹理主方向的信息。进一步分析，可以得出如下结论：

（1）特征参数“角二阶矩”“对比度”“相关”“熵”“方差和”“逆差矩”

"差的方差""差熵""聚类阴影""显著聚类""最大概率"随生成方向 θ 的不同均有波动，并在木材表面纹理主方向上以上特征参数的值区别于其他方向。其中，"角二阶矩""对比度""相关""方差和""逆差矩""差的方差""聚类阴影""显著聚类""最大概率"表现得较为明显，说明这些参数中包含一定的纹理主方向的信息。

（2）结合特征参数的自身意义并通过实验验证（之前研究曾用与木材表面纹理相似的人造纹理图像验证了参数"相关"可以很好地描述纹理的主方向），证明借助特征参数"相关"在四个生成方向上的差异能够判断出木材表面纹理的主方向。

（3）特征参数"方差""均值和"与"和熵"几乎不受生成方向 θ 的影响，具有特征参数的旋转不变性。

（4）归纳这14个特征参数随生成方向 θ 的变化，发现这些参数之间存在较强的耦合关系，各特征参数间的相关性关系分析将在后文中进行讨论。

综合以上的分析，确定适于描述木材表面纹理灰度共生矩阵的构造方法如下：

①生成步长 $d=4$。

②图像灰度级 $g=256$ 级。

③生成方向 θ 取0°、45°、90°和135°四个方向，纹理参数取四个方向的平均值，以形成旋转不变量。

2.2.5　木材表面纹理灰度共生矩阵特征参数的提取

在确定适于描述木材表面纹理灰度共生矩阵的构造方法后，我们用 MATLAB 按照上述原则编制了木材表面纹理 GLCM 特征参数的计算程序，并获取了10种纹理类别共1 000个样本的14个 GLCM 特征参数，具体见表2－11（受篇幅限制，每类只列出前5个样本的数据）。

表2－11　10类木材表面纹理样本的 GLCM 特征参数（每类前5个）

纹理类型	W_1	W_2	W_3	W_4	W_5	W_6	W_7
白桦径切	0.001 190 9	96.257	0.005 156	10.419 1	28 907.78	339.426 3	324.683 3
	0.001 427 9	77.149 7	0.006 380 7	10.129 8	24 433.171	312.061 5	273.165 4
	0.0014 548	76.248 4	0.006 549 8	10.052	24 674.369	313.657 9	239.985 1
	0.001 34	81.957	0.006 085	10.168	24 883.214	314.94	263.53
	0.001 25	90.369	0.005 53	10.279	24 299.53	311.17	280.97
均值	0.003 267	40.256	0.014 49	9.137 6	30 166	346.17	217.97
标准差	0.001 947 9	34.828	0.008 361 6	0.967 65	4178	24.111	73.056

续表

纹理类型	W_1	W_2	W_3	W_4	W_5	W_6	W_7
白桦弦切	0.001 508 4	80.102 9	0.006 234 6	10.041	26 623.699	325.859 4	230.373 3
	0.001 686 1	76.667 8	0.006 423	9.889 6	26 640.804	326.021 3	196.675
	0.001 304 5	88.114 2	0.005 672 2	10.243 9	26 783.049	326.761 7	270.875 3
	0.001 395	97.448	0.005 012	10.208	27 624.89	331.91	240.76
	0.001 183	103.5	0.004 827	10.424	27 142.115	328.88	300
均值	0.003 065 8	53.083	0.013 27	9.260 8	26 098	322.59	187.74
标准差	0.002 085 9	36.866	0.009 704 9	0.965 73	1 553.5	9.555 8	58.766
红松径切	0.001 32	60.882 9	0.006 132	10.256 4	30 226.813	347.011 5	429.444 4
	0.001 863 6	39.985 5	0.008 935 6	9.712 1	29 270.027	341.667 6	303.370 9
	0.002 041 7	39.845 8	0.009 207 6	9.638 1	30 895.581	351.074 1	289.453 3
	0.001 812	39.676	0.008 173	9.796 9	30 383.291	348.06	350.14
	0.001 751	48.283	0.007 88	9.854	30 838.333	350.68	329.44
均值	0.001 693 9	54.352	0.007 994 7	9.925 1	30 958	351.14	337.87
标准差	0.000 466 5	17.157	0.002 463 5	0.407 93	2 109.2	11.959	97.181
红松弦切	0.000 920 9	68.958 9	0.004 079 9	10.692 9	23 508.885	305.321 8	745.176 8
	0.000 961 3	66.172 5	0.004 069 1	10.650 1	23 506.224	305.286 2	759.060 8
	0.000 970 8	60.933 2	0.003 925 8	10.642 3	23 272.798	303.667 4	816.360 4
	0.000 965	57.419	0.003 934	10.637	23 087.332	302.43	827.35
	0.001 514	44.3	0.007 227	9.998 6	23 497.581	305.86	398.4
均值	0.001 896 5	47.24	0.008 879 6	9.766 4	26 695	325.44	316.14
标准差	0.000 591 86	11.622	0.002 849 7	0.408 03	3 701	22.616	162.78
落叶松径切	0.000 551 7	103.835 9	0.002 335 9	11.455 3	22 816.075	299.656 1	1 366.732 4
	0.000 501 6	132.424 2	0.002 058 7	11.650 3	22 313.364	296.018 6	1 494.021 4
	0.000 470 7	118.379 9	0.002 021 6	11.596 5	23 279.399	302.347 1	1 585.444 5
	0.000 468	109.72	0.001 933	11.588	23 745.381	305.22	1 710.429 9
	0.000 473	102.16	0.001 949	11.562	23 541.582	303.88	1 720.6
均值	0.000 595	94.936	0.002 67	11.28	22 236	295.5	1 257.3
标准差	0.000 127	20.495	0.000 623	0.291 58	2 511.2	16.627	317.75
落叶松弦切	0.001 268 2	46.415 7	0.005 241 7	10.279 8	20 788.765	287.228 4	608.511 4
	0.001 203 9	45.443 6	0.005 016 6	10.315 5	20 754.349	286.922 8	647.291 5
	0.001 336 1	38.445 8	0.005 279 4	10.174 5	22 767.48	300.664 5	632.379
	0.001 472	35.338	0.006 281	10.028	22 134.541	296.62	520.52
	0.000 93	74.927	0.004 751	10.676	19 559.214	278.55	571.91
均值	0.001 105	62.921	0.004 936	10.473	20 101	281.71	668.15

续表

纹理类型	W_1	W_2	W_3	W_4	W_5	W_6	W_7
标准差	0. 000 365	25. 757	0. 001 57	0. 451 16	2 515. 8	17. 704	244. 08
水曲柳径切	0. 000 530 3	415. 389 1	0. 001 183 9	12. 006 2	23 481. 928	303. 351 4	1 490. 274
	0. 000 518 5	453. 341	0. 001 090 7	12. 063 9	23 476. 764	303. 121 3	1 571. 215
	0. 000 495 2	480. 327 9	0. 001 029	12. 134 1	23 501. 52	303. 078 9	1 668. 944 3
	0. 000 494	465. 77	0. 001 055	12. 132	23 461. 313	302. 82	1 677. 7
	0. 000 744	338. 45	0. 001 453	11. 608	22 329. 532	296. 25	1 215. 7
均值	0. 000 721	390. 68	0. 001 288	11. 699	22 497	296. 86	1 397. 2
标准差	0. 000 115	71. 575	0. 000 219	0. 215 32	1 284. 4	8. 548 8	183. 11
水曲柳弦切	0. 000 437 4	280. 958	0. 001 752 8	11. 903 8	21 252. 423	289. 358 4	1 000. 453 4
	0. 000 398 2	314. 362 1	0. 001 568 9	12. 035 1	21 001. 078	287. 368 7	1 109. 180 6
	0. 000 393 4	319. 613 9	0. 001 546	12. 052 9	20 606. 742	284. 593 4	1 113. 981
	0. 000 418 9	299. 37	0. 001 653	11. 964	19 955. 965	280. 16	1 032. 2
	0. 000 446 7	284. 86	0. 001 742	11. 883	19 686. 579	278. 38	964. 35
均值	0. 000 597 2	220. 37	0. 002 183	11. 567	16 885	257. 04	977. 97
标准差	0. 000 158 9	56. 095	0. 000 576	0. 327 29	2 147. 6	16. 504	223. 29
柞木径切	0. 001 739	202. 281	0. 002 455 2	10. 421 5	24 294. 132	310. 313 2	679. 993 4
	0. 002 059 2	182. 743 1	0. 002 736 9	10. 179 9	22 991. 018	302. 029 1	559. 776 3
	0. 001 941 7	188. 982 2	0. 002 630 1	10. 253 9	23 052. 953	302. 309 3	631. 917 1
	0. 001 978 9	198. 6	0. 002 501	10. 271	23 481. 529	305. 06	668. 03
	0. 001 769 7	118. 69	0. 003 849	10. 256	22 420. 498	298. 34	553. 92
均值	0. 001 691 2	164. 07	0. 003 021	10. 38	23 438	304. 77	636. 53
标准差	0. 000 267 2	32. 81	0. 000 525	0. 203 39	1 229. 4	8. 016 7	83. 872
柞木弦切	0. 001 258 4	138. 855	0. 003 204 6	10. 672	18 465. 336	270. 241	692. 290 9
	0. 001 344 2	141. 022 9	0. 003 418	10. 595 8	19 269. 189	276. 369 6	555. 594 3
	0. 001 117 9	168. 694 6	0. 002 827 2	10. 878 4	19 792. 643	279. 840 2	691. 380 3
	0. 001 030 1	183. 93	0. 002 582	10. 986	20 012. 713	281. 25	764. 94
	0. 001 795 6	179. 33	0. 002 724	10. 441	20 213. 004	282. 85	666. 13
均值	0. 001 292 3	197. 85	0. 002 57	10. 821	21 080	288. 17	809. 28
标准差	0. 000 359	57. 194	0. 000 702	0. 414 15	2 508. 1	16. 467	304. 06

纹理类型	W_8	W_9	W_{10}	W_{11}	W_{12}	W_{13}	W_{14}
白桦径切	0. 148 27	42. 143 8	6. 201 1	4. 309 2	1 365. 984 4	386 898. 46	0. 003 377 9
	0. 162 71	33. 673 5	6. 056 5	4. 156 2	1 619. 245 5	317 498. 72	0. 003 504 1
	0. 163 71	33. 287 4	5. 992 5	4. 142 5	−354. 573 4	197 262. 36	0. 003 535 6
	0. 159 08	35. 652	6. 057 9	4. 189 9	−815. 57	236 658. 88	0. 003 136
	0. 153 71	39. 453	6. 101 5	4. 255 8	−1 164	270 094. 76	0. 003 064

续表

纹理类型	W_8	W_9	W_{10}	W_{11}	W_{12}	W_{13}	W_{14}
均值	0.266 14	17.404	5.870 8	3.392 8	36.26	$2.016\ 8\times10^5$	0.007 265 5
标准差	0.099 425	15.257	0.256 77	0.710 52	804.45	$1.442\ 6\times10^5$	0.004 031 8
白桦弦切	0.161 41	34.722 9	5.962 2	4.165 6	-301.440 8	178 864.87	0.003 613
	0.164 62	33.301 8	5.846 2	4.134 9	-157.836 5	137 022.9	0.003 935 3
	0.154 05	38.454 1	6.081 6	4.246 9	-20.387 5	244 597.05	0.003 214 3
	0.148 55	43.004	5.990 3	4.318 5	321.23	208 916.17	0.003 796
	0.144 24	45.657	6.148 5	4.364 4	-643.6	337 303.06	0.003 052
均值	0.237 49	22.822	5.775 9	3.602 5	-92.086	1.43×10^5	0.006 79
标准差	0.102 75	16.015	0.226 98	0.747 52	493.63	93 708	0.004 109 6
红松径切	0.181 37	26.46	6.381 4	3.974 9	-5 002.296	670 780.18	0.003 403 6
	0.215 43	17.473 9	6.140 1	3.685 1	-2 642.168	330 136.19	0.004 420 2
	0.2173	17.488 9	6.086 5	3.678 1	-2 892.62	288 312.52	0.005 333 4
	0.216 17	17.406	6.229	3.681 9	-3 770	428 127.66	0.004 708
	0.203 5	21.439	6.174 7	3.806 3	-3 794.9	397 339.75	0.004 49
均值	0.197 62	24.071	6.175	3.854 7	-3 478.2	4.49×10^5	0.004 19
标准差	0.026 332	7.709 4	0.199 35	0.222 7	2 343	$3.494\ 2\times10^5$	0.001 062 2
红松弦切	0.180 75	32.701 1	6.756 3	4.042 2	-7 046.747	1 649 070.8	0.002 388 1
	0.185 53	32.094 3	6.761 6	3.999 6	-7 295.497	1 776 995.9	0.002 559 7
	0.190 3	29.230 7	6.805 3	3.948 3	-8 963.527	2 081 024.8	0.002 517 1
	0.193 13	27.087	6.829 6	3.915 8	-9 733.6	2 160 323.75	0.002 372
	0.207 46	19.931	6.329 7	3.767 5	1 890.1	509 534.93	0.003 893
均值	0.206 21	21.239	6.085 2	3.788 4	-2 857.9	5.35×10^5	0.004 71
标准差	0.021 721	5.370 5	0.293 95	0.172 46	7 591	9.92×10^5	0.001 473
落叶松径切	0.158 54	48.758 3	7.241 6	4.307 1	9 454.622 8	5 115 187.8	0.001 489
	0.150 14	63.846 1	7.296 3	4.447 7	10 357.967	6 000 429.7	0.001 611 8
	0.150 02	55.612 4	7.303 5	4.381 5	-8 298.945	5 595 854	0.001 231 2
	0.154 48	51.781	7.351 3	4.328 5	-10 351	6 349 321.24	0.001 095
	0.156 56	47.777	7.365 7	4.289 1	-10 896	6 585 492.79	0.001 071
均值	0.157 15	42.462	7.114	4.252 6	-7 188.9	3.99×10^6	0.001 496
标准差	0.016 812	9.072 7	0.179 27	0.155 06	12 037	2.05×10^6	0.000 395
落叶松弦切	0.204 44	21.306 6	6.582 7	3.797 4	-9 513.625	1 218 881.5	0.003 350 3
	0.205 11	20.612 1	6.627 1	3.787 4	-10 815.22	1 330 901.5	0.003 205 8
	0.218 34	17.559	6.591 8	3.682 5	-11 485.25	1 274 981	0.003 511 9
	0.224 01	15.97	6.503 8	3.626 6	-7 670.6	1 015 572.71	0.003 531
	0.168 68	33.694	6.618 8	4.140 1	-2 631.7	968 345.46	0.002 142

续表

纹理类型	W_8	W_9	W_{10}	W_{11}	W_{12}	W_{13}	W_{14}
均值	0. 194 55	28. 812	6. 643 2	3. 939 1	−2 723	1.32×10^6	0. 002 7
标准差	0. 034 08	11. 842	0. 229 35	0. 307 39	6 942. 9	9.26×10^5	0. 000 843
水曲柳径切	0. 118 72	224. 122 1	7. 141 9	5. 067 9	−62 852. 23	10 425 827	0. 001 659 2
	0. 115 73	246. 604 3	7. 155 6	5. 125 4	−71 318. 16	11 750 086	0. 001 660 2
	0. 112 9	260. 331 1	7. 189 9	5. 166 1	−78 264. 28	12 998 211	0. 001 551 2
	0. 114 09	251. 47	7. 203 1	5. 145 9	−77 211	13 053 173	0. 001 533
	0. 142 24	191. 17	6. 969 3	4. 872 4	−50 459	7 315 179. 9	0. 002 31
均值	0. 146 59	231. 12	7. 072 3	4. 885 3	−61 801	1.02×10^7	0. 002 25
标准差	0. 012 385	42. 981	0. 100 87	0. 130 33	12 234	2.34×10^6	0. 000 366
水曲柳弦切	0. 097 832	131. 118 4	6. 968 6	5. 031 3	−21 802. 71	3 822 419. 5	0. 001 258 6
	0. 093 675	145. 291	7. 034 8	5. 101 7	−25 943. 1	4 467 771. 6	0. 001 151 5
	0. 093 406	147. 306 1	7. 041 2	5. 112 7	−25 108. 29	4 420 671. 9	0. 001 135 2
	0. 096 583	137. 65	6. 995 2	5. 066 4	−20 994	3 819 378. 82	0. 001 228
	0. 098 773	131. 58	6. 949	5. 029 7	−18 588	3 427 064. 21	0. 001 288
均值	0. 121 31	106. 96	6. 914 2	4. 789 7	−22 066	3.72×10^6	0. 001 747
标准差	0. 016 799	26. 212	0. 183 21	0. 198 5	8 688	1.38×10^6	0. 000 427
柞木径切	0. 213 42	137. 209 7	6. 484 2	4. 208 9	−29 781. 8	4 076 457. 1	0. 004 844 5
	0. 217 54	123. 688 6	6. 294 6	4. 157	−24 673. 81	3 100 816. 8	0. 005 536
	0. 211 72	128. 266 8	6. 335 9	4. 186 5	−32 103. 36	3 960 827. 7	0. 005 099 9
	0. 211 21	135. 29	6. 343 1	4. 210 9	−35 181	4 451 181. 46	0. 005 306
	0. 220 59	75. 00 8	6. 444 8	4. 016	−15 563	2 052 113. 68	0. 004 536
均值	0. 204 51	106. 43	6. 443 9	4. 166 4	−25 461	3.39×10^6	0. 004 459
标准差	0. 011 523	23. 226	0. 111 56	0. 108 15	6 067. 1	9.52×10^5	0. 000 682
柞木弦切	0. 188 25	78. 866 1	6. 626 2	4. 253 7	−21 374. 9	2638 596. 1	0. 003 545 7
	0. 185 17	80. 212 7	6. 513 3	4. 255	−10 670. 16	1 946 549. 2	0. 003 559 1
	0. 178 35	97. 273 3	6. 684 1	4. 356 4	−11 480. 64	2 701 202. 2	0. 003 272 3
	0. 176 69	106. 97	6. 750 6	4. 406 1	−15 075	3 212 927. 46	0. 003 297
	0. 192 83	109. 81	6. 397 5	4. 331 9	−28 418	3 099 137. 6	0. 005 209
均值	0. 183 27	118. 7	6. 654 6	4. 395 5	−24 427	3.77×10^6	0. 003 721
标准差	0. 015 499	33. 114	0. 271 5	0. 183 41	11 485	2.17×10^6	0. 000 944

表2－11中的均值和标准差指的是每类100个样本整体的均值和标准差。观察表2－11容易看出，GLCM的14个特征参数的数量级存在较大的差异。因此，在后续的分类识别研究中必须对其进行规范化处理。

为了更直观地观察 14 个 GLCM 特征参数的分布情况，我们绘制了 10 类木材表面纹理样本间 GLCM 特征参数的分布情况，具体如图 2－24 所示。其中，纹理类型 1～10 依次为：白桦径切、白桦弦切、红松径切、红松弦切、落叶松径切、落叶松弦切、水曲柳径切、水曲柳弦切、柞木径切和柞木弦切。W_1～W_{14}的具体含义见前文，代表灰度共生矩阵 14 个纹理特征参数。

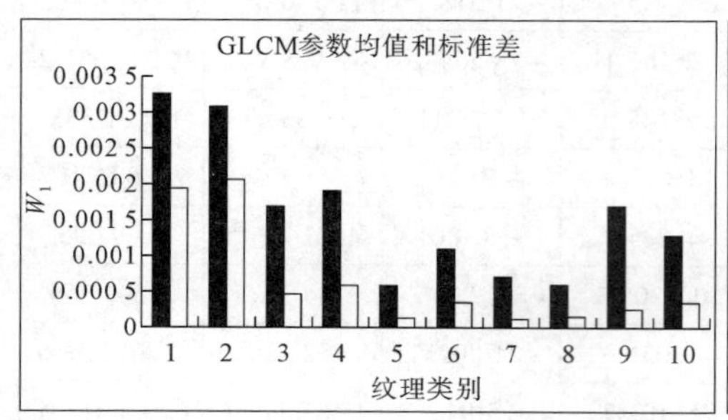

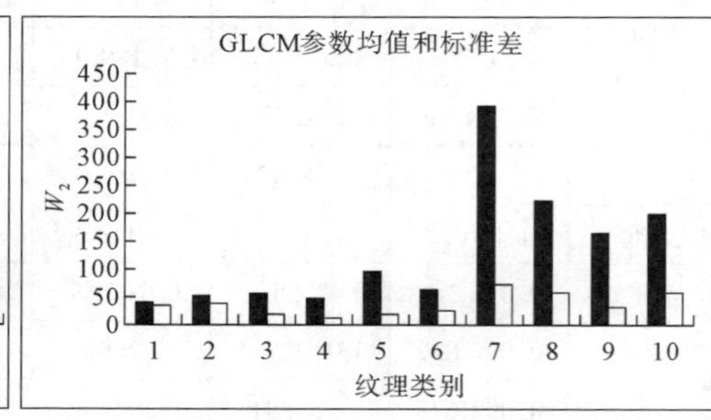

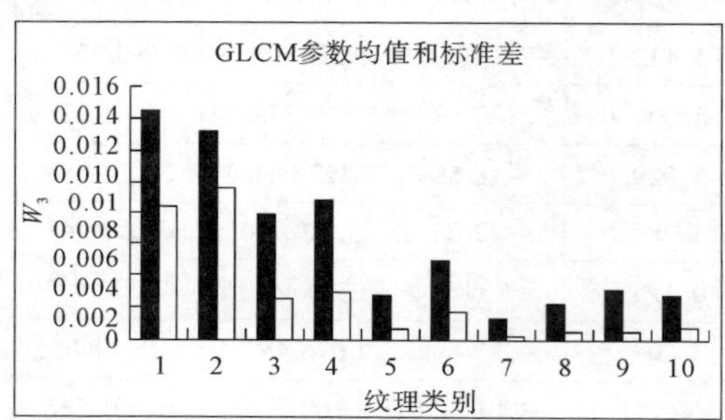

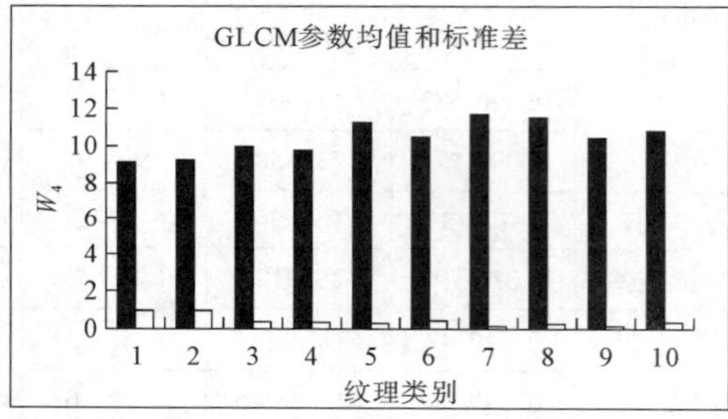

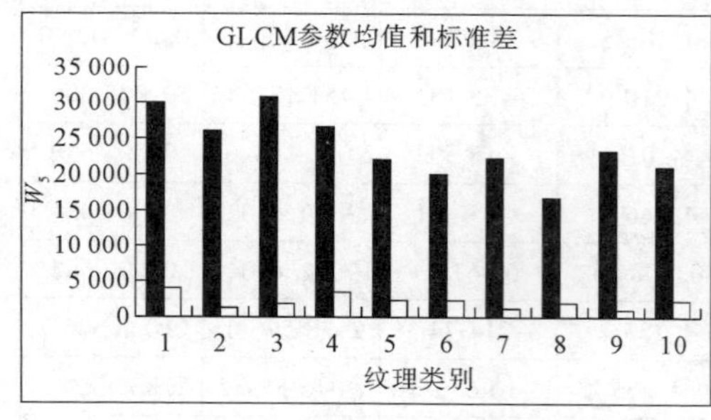

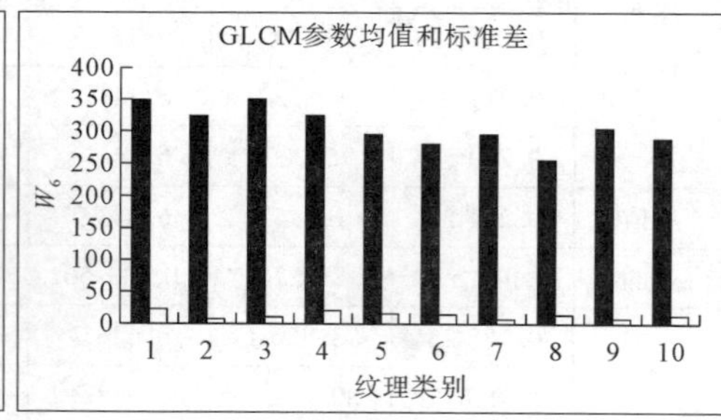

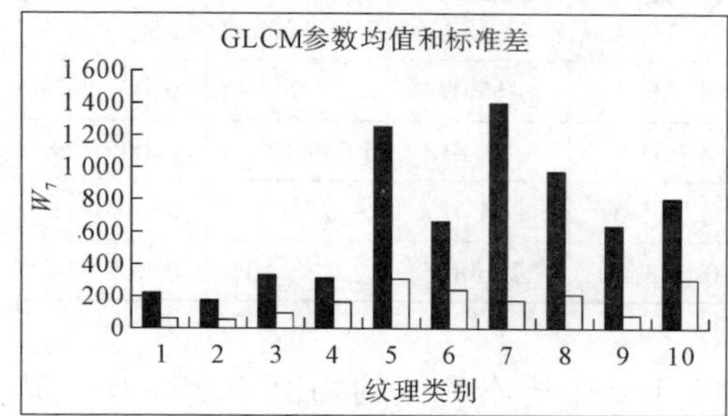

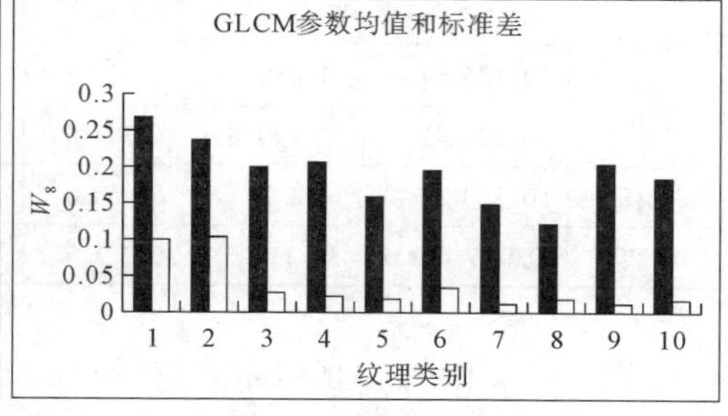

图 2－24　10 类 1 000 个木材表面纹理样本 GLCM 特征参数的均值和标准差

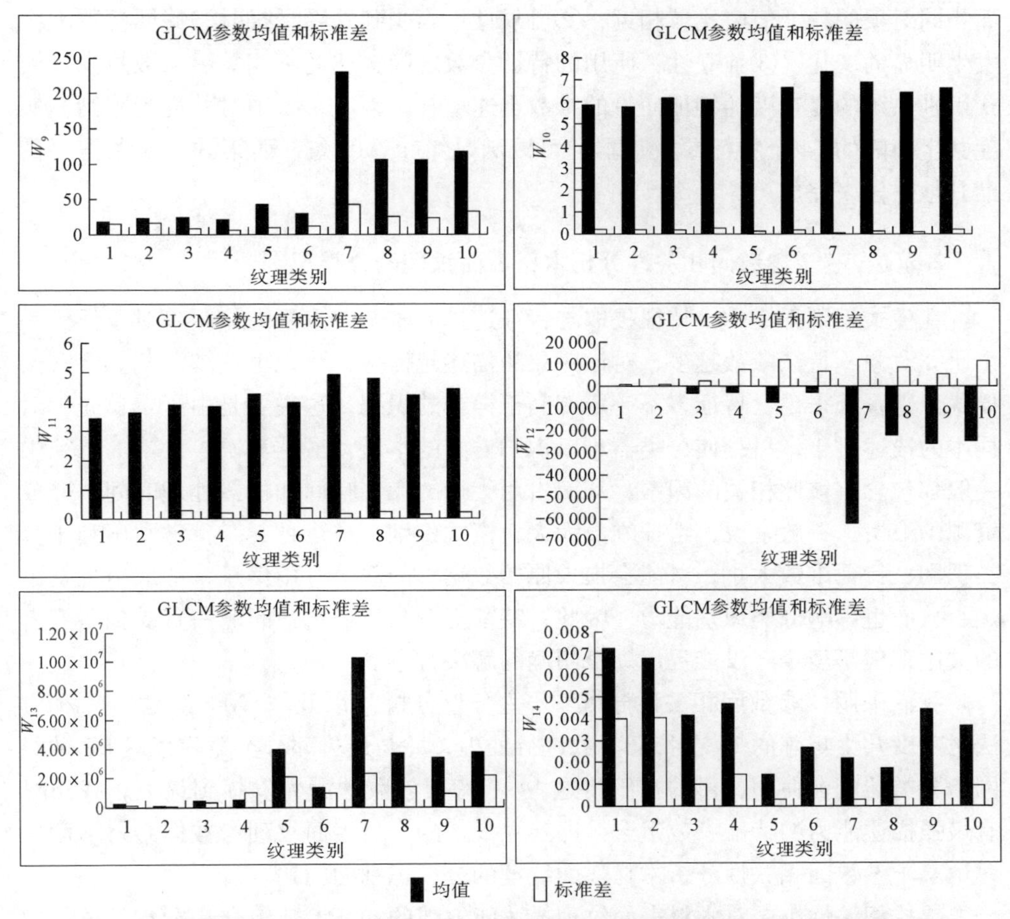

图2-24　10类1 000个木材表面纹理样本GLCM特征参数的均值和标准差（续）

观察图2-24，发现不同类型的木材表面纹理特征参数具有明显的差异，将其作为分类器的输入特征向量对木材表面纹理进行分类识别应当是可行的。但是，应该注意以下几个问题：

（1）对特征参数进行归一化，消除参数量纲的影响。

（2）为了便于分类器的设计，应该消除参数之间的耦合关系。

（3）对原始特征参数进行适当的特征选择，以便于找出更能表达木材表面纹理的特征参数组合或其变换形式。

（4）构造适于对木材表面纹理分类识别的模式分类器。

（5）如果使用上述四种方法后，效果仍不满意，此时应从最初的特征获取过程出发，借助其他手段来完成最后的对木材表面纹理的分类识别任务。

针对以上问题，我们最终用于分类识别的特征参数应具备以下四个特点：①可区分性：对于属于不同类别的对象来说，它们的特征值应具有明显的差异，而相同对象的特征值应比较相近；②可靠性：当受到外界干扰时，特征参数不会发生明显的变化。③独立性：所用的特征参数之间应彼此不相关。④数量少：模式识别系统的复杂度随特征向量的维数迅速增长，因此，必须对其进行限制。灰度共生矩阵的14个特征参数基本上可以满足第①、②条，而第③、④条需要借助其他手段来完成。

2.2.6 基于参数间相关性分析木材表面纹理的分类识别

在模式识别系统中，特征提取与特征选择起着至关重要的作用。对于任何一个研究对象，特征参数越多，对该对象的描述越详尽，认识也就越深刻。但对于模式识别系统来说，特征多不一定有利于样本的识别，这主要是由于：首先，对样本的描述过于详尽，使分类器难以识别样本的本质特征；其次，大量的特征中一般都包含有彼此相关的因素，从而占用大量的存储空间和机器处理时间，造成资源的浪费。一般来说，特征维数太大，模式识别系统也越复杂，常常不利于分类识别；特征维数太小，可能会损失原始数据中的部分有用信息，造成信息量不足，从而也影响分类识别能力。因此，特征提取与特征选择问题一直受到研究者的关注，但是至今还没能提出一个明确的解决方案。

我们采用“参数间相关性分析”“主分量分析”以及“SNFS算法”三种方法对灰度共生矩阵的14个特征参数进行处理，并与最近邻分类器和集成BP神经网络分类器配合使用，目的在于将这14个特征参数的潜力发挥到最大，找出具有最强描述能力的特征参数组合，即建立最优的木材表面纹理参数体系。下面先讨论基于参数间相关性分析木材表面纹理的分类识别的问题。

寻找相关性小，对木材表面纹理描述能力强的特征参数组合是本章的核心内容。因此，本节借助14个特征参数间的相关性矩阵，分析了参数间的相关性，并按相关性大小对参数进行初步归类。此外，前面研究总结了木材表面纹理的几个主要组成成分，并针对每个组成成分选择出了相应的特征参数。我们结合以上两个方面，对灰度共生矩阵的14个特征参数进行选择，建立了一套木材表面纹理参数体系。在众多统计学基本理论书籍中，“相关关系”定义为变量间具有密切关系而又不能用函数关系精确表达的关系。概言其要，“相关关系”的大致含义是两个事物的相随共现或相随共变的情况，这种表面上的联系会表现出不同的强度。因此，就需对该强度进行度量，参数间的相关性分析就是度量的常用方法之一。

相关性有多种度量方法，最常用的是线性相关系数。这主要是由于线性相关系数计算简单，对于许多二元分布，能够较容易计算出二阶矩，因此得到相关系数也就不难了。我们就是采用常用的度量变量间相关程度的线性相关系数来排除在表达木材表面纹理中冗余的特征参数，以减少运算量，提高识别率。线性相关系数的数学定义如下。

若(ε,η)为一个二维随机变量，若$\mathrm{Conv}(\varepsilon,\eta)$存在，且$D\varepsilon>0$，$D\eta>0$，则称$\frac{\mathrm{Conv}(\varepsilon,\eta)}{\sqrt{D\varepsilon \times D\eta}}$为$\varepsilon$与$\eta$的相关系数，记为$\rho$，即

$$\rho=\frac{\mathrm{Conv}(\varepsilon,\eta)}{\sqrt{D\varepsilon \times D\eta}} \tag{2-68}$$

式中，$\mathrm{Conv}(\varepsilon,\eta)$是两个变量的协方差；$D\varepsilon$与$D\eta$分别是变量$\varepsilon$，$\eta$的方差。

当$|\rho|=1$时，ε与η之间存在线性关系，这个事件的概率为1。ρ的绝对值越接近1，ε与η越近似的有线性关系，即ε与η之间相关性越强。

当$\rho>0$时，两变量正相关，即一个量增大时，另一个量的取值平均也增大。当$\rho<0$时，两变量负相关，即一个量增大时，另一个量的取值平均也减小。当$\rho=0$时，两变量无线性关系。

在机器学习中，特征集中常常含有相关性较强的冗余特征，使得机器学习的过程复杂，时间增长，甚至使机器学习失败。为了排除木材表面纹理14个GLCM特征参数间存在相关较强的冗余特征，必须对特征参数间的相关性进行分析。表2－12所示为14个GLCM特征参数间的相关性矩阵。其中，在表2－12中加重部分是相关性大于±0.85的元素，本节实验所用的样本全部来自标准样本集。

表2－12　14个GLCM特征参数间的相关性矩阵

样本	W_1	W_2	W_3	W_4	W_5	W_6	W_7	W_8	W_9	W_{10}	W_{11}	W_{12}	W_{13}	W_{14}
W_1	1.00	−0.49	**0.95**	**−0.90**	0.51	0.51	−0.63	**0.94**	−0.43	−0.79	**−0.87**	0.34	−0.45	**0.99**
W_2	—	1.00	−0.59	0.74	−0.41	−0.41	0.73	−0.55	**0.99**	0.65	0.79	**−0.9**	**0.89**	−0.45
W_3	—	—	1.00	**−0.90**	0.54	0.53	−0.65	**0.89**	−0.56	−0.79	**−0.89**	0.47	−0.53	**0.92**
W_4	—	—	—	1.00	−0.59	−0.6	**0.86**	**−0.89**	0.68	**0.93**	**0.95**	−0.59	0.71	**−0.89**
W_5	—	—	—	—	1.00	**1.00**	−0.47	0.5	−0.37	−0.56	−0.56	0.25	−0.31	0.51
W_6	—	—	—	—	—	1.00	−0.48	0.5	−0.37	−0.57	−0.56	0.26	−0.32	0.51
W_7	—	—	—	—	—	—	1.00	−0.57	0.7	**0.94**	0.71	−0.69	**0.88**	−0.63
W_8	—	—	—	—	—	—	—	1.00	−0.47	−0.69	**−0.93**	0.36	−0.43	**0.92**
W_9	—	—	—	—	—	—	—	—	1.00	0.60	0.74	**−0.92**	**0.89**	−0.39
W_{10}	—	—	—	—	—	—	—	—	—	1.00	0.77	−0.56	0.74	−0.79
W_{11}	—	—	—	—	—	—	—	—	—	—	1.00	−0.62	0.66	−0.84
W_{12}	—	—	—	—	—	—	—	—	—	—	—	1.00	**−0.91**	0.3
W_{13}	—	—	—	—	—	—	—	—	—	—	—	—	1.00	−0.43
W_{14}	—	—	—	—	—	—	—	—	—	—	—	—	—	1.00

观察表2－12，选取±0.85为参数相关性阈值，可以将相关性较强的特征参

数分为四组，并保持每组参数间的相关性绝对值均大于0.85，其分组情况如表2－13所示。

表2－13　按照参数间相关性14个GLCM特征参数的分组情况

分组编号	特征参数
第Ⅰ组	角二阶矩（W_1）、相关（W_3）、熵（W_4）、逆差矩（W_8）、差熵（W_{11}）、最大概率（W_{14}）
第Ⅱ组	对比度（W_2）、差的方差（W_9）、聚类阴影（W_{12}）、显著聚类（W_{13}）
第Ⅲ组	方差（W_5）、均值和（W_6）
第Ⅳ组	方差和（W_7）、和熵（W_{10}）

由前文可知，木材表面纹理主要组成成分大致包括以下6项：①纹理粗细均匀性（粗糙度）；②纹理清晰程度；③纹理主方向；④纹理明暗程度；⑤纹理周期；⑥纹理复杂程度。

综合考虑木材表面纹理主要组成成分、以及各特征参数间的相关性，最终选择参数如下：

（1）第Ⅰ组选择特征参数“角二阶矩”（W_1），它反映了图像灰度分布均匀程度和纹理粗细程度，可作为木材表面纹理主成分①的度量。

（2）第Ⅱ组选择特征参数“对比度”（W_2），它能度量矩阵中元素的值是如何分布和图像中局部变化的多少，反映了图像的清晰程度和纹理的沟纹深浅。它的数值越大表示纹理基元对比越强烈，纹理沟纹越深，图像越清晰，纹理效果越明显，可作为木材表面纹理主成分②的度量。

（3）第Ⅲ组选择特征参数“均值和”（W_6），它是图像区域内像素点平均灰度值的度量，反映了图像的明暗深浅，可作为木材表面纹理主成分④的度量。

（4）第Ⅳ组选择特征参数“方差和”（W_7），它反映了纹理的周期大小，其值越大，表明纹理的周期越大，可作为木材表面纹理主成分⑤的度量。

（5）特征参数“相关”（W_3）是度量空间灰度共生矩阵元素在行或列方向上的相似程度，是灰度线性关系的度量。如果图像的m方向上方向性较强，而其他方向较弱，则m方向的值将明显大于其他方向的。因此，一般可用来判断木材表面纹理主成分③，这里由于“角二阶矩”与“相关”的相关系数很大(0.95)，可用“角二阶矩”代替其表示木材表面纹理主成分③。同理，也可用“角二阶矩”代替“熵”（W_4）表示木材表面纹理主成分⑥。

通过以上分析可知，由参数间相关性分析得出的木材表面纹理参数体系包括角二阶矩（W_1）、对比度（W_2）、均值和（W_6）和方差和（W_7）四个特征参数，并将该体系命名为木材表面纹理参数体系I。这四个参数不仅保持了彼此之间良好的独立性，还直接与人的感观相对应，便于进行分类识别和木材表面纹理定量化分析的研究。在参数体系I下木材表面纹理的分类与识别情况如下。

1. BP 神经网络分类器的设计

首先，确定输入节点数为 4，输出节点数为 10。根据前文指出的确定隐含层节点数的原则，初步确定隐含层神经元个数的取值范围［5，9］。为了获得更好的网络结构，我们将其取值范围扩大到［4，13］。其次，训练函数选用了 trainlm 和 trainbr，训练误差初步选为 10^{-3}，训练步长为 300。但在实验中发现，当训练函数选用 trainbr 时，隐含层节点数为 5～30，将训练误差降到 10^{-2} 并调节了训练步长，每个节点数下均建立了 30 个网络，结果这 30 个网络全都无法收敛。因此，最后选用训练函数为 trainlm，训练误差调节为 10^{-2}，具体结果如表 2－14 所示。

表 2－14　BP 神经网络分类器对测试样本集合分类识别情况随隐含层节点数的变化

神经元个数	4	5	6	7	8	9	10	11	12	13
收敛步长	—	—	—	—	198	89	35	66	27	26
网络性能/$\times 10^{-3}$	—	—	—	—	9.983	9.977	9.966	9.987	9.860	9.866
收敛网络个数	0	0	0	0	6	12	6	7	9	15
最高识别率/%	—	—	—	—	80.67	82.333	83.333	83.333	83.333	85.67

观察表 2－14 发现，当隐含层节点数为 13 时，网络最容易收敛，并且具有很高的分类识别率，因此，确定隐含层节点数为 13。

2. BP 神经网络分类器的集成

我们采用了 BP 神经网络集成方法，具体实现步骤如下：

首先，将样本集均分成 3 部分，分别为测试样本集合、标准样本集合以及未知样本集合，其具体划分与使用方法如图 2－25 所示。

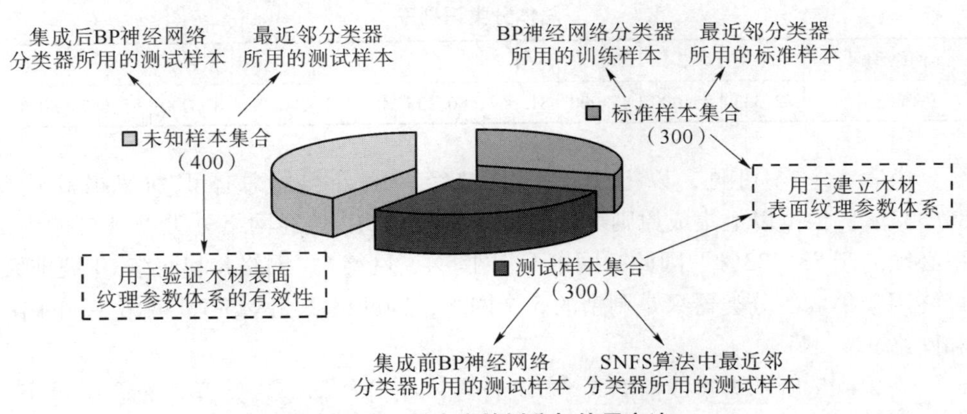

图 2－25　样本库的划分与使用方法

其次，将具有以上结构的 BP 神经网络训练 100 遍后，得到 100 个 BP 神经网络分类器，用这些分类器对测试样本集合进行分类识别，从中选出 10 个总体分类识别率最高的分类器，作为集成所用的 BP 神经网络分类器。在实验中我们发现，不一定用于集成的分类器越多所对应的分类识别率越高，只有当用于集成的各个分类器的分类能力相近时才成立。因此，我们选用与总体分类识别率最高的分类器相差 $D\%$（可根据自己要求设定，这里选定 $D=3$）的分类器用于集成。表 2－15 所示为集成前的 10 个总体识别最高的 BP 神经网络分类器对测试样本集合每个类别的分类识别率，表 2－16 所示为对测试样本集合的总体分类识别率。

表 2－15　集成前 10 个总体识别率最高的 BP 神经网络分类器对每个类别测试样本的分类识别率

（%）

纹理类型	1	2	3	4	5	6	7	8	9	10
网络 1	66.667	93.333	86.667	63.333	86.667	53.333	96.667	100.00	96.667	80.000
网络 2	80.000	86.667	83.333	66.667	93.333	80.000	96.667	100.00	90.000	73.333
网络 3	76.667	90.000	96.667	66.667	83.333	66.667	93.333	93.333	96.667	86.667
网络 4	63.333	90.000	90.000	60.000	80.000	70.000	93.333	100.00	96.667	73.333
网络 5	80.000	93.333	96.667	70.000	86.667	63.333	93.333	100.00	93.333	86.667
网络 6	73.333	93.333	83.333	73.333	73.333	70.000	83.333	93.333	96.667	83.333
网络 7	63.333	86.667	90.000	60.000	90.000	73.333	100.000	100.00	100.000	80.000
网络 8	80.000	83.333	76.667	66.667	96.667	73.333	90.000	100.00	93.333	70.000
网络 9	76.667	93.333	90.000	70.000	86.667	73.333	93.333	100.00	93.333	80.000
网络 10	70.000	83.333	70.000	70.000	83.333	66.667	83.333	93.333	93.333	90.000

表 2－16　集成前 10 个总体识别率最高的 BP 神经网络分类器对测试样本集合的总体分类识别率

（%）

网络编号	1	2	3	4	5	6	7	8	9	10
总体识别率	82.333	85.000	85.000	81.667	86.333	82.333	84.333	83.000	85.667	80.333

由表 2－16 可见，以上 10 个 BP 神经网络分类器总体识别率最高达到 86.333%。根据以上集成原则可知，用于集成的 BP 神经网络分类器其总体识别率必须高于 83.333%，因此，网络 1、网络 4、网络 6、网络 8 和网络 10 被排除，最终用于集成的分类器只是剩余的 5 个网络，即网络 2、网络 3、网络 5、网络 7 和网络 9。

表 2－17 所示为集成前的 5 个 BP 神经网络分类器对未知样本集合中每个类别的分类识别率，表 2－18 所示为以上 5 个 BP 神经网络和集成 BP 网络分类器对未知样本集合总体的分类识别率。其中，纹理类型 1～10 依次为：白桦径切、白桦弦切、红松径切、红松弦切、落叶松径切、落叶松弦切、水曲柳径切、水曲柳弦切、柞木径切和柞木弦切。

表2-17　以上5个BP神经网络分类器对每个类别未知样本的分类识别率　（%）

纹理类型	1	2	3	4	5	6	7	8	9	10
网络2	77.5	82.5	85.0	60.0	85.0	80.0	100.0	100.0	82.5	82.5
网络3	72.5	92.5	90.0	55.0	90.0	80.0	92.5	97.5	90.0	80.0
网络5	75.0	90.0	85.0	50.0	87.5	80.0	90.0	100.0	90.0	82.5
网络7	65.0	85.0	85.0	50.0	87.5	80.0	100.0	100.0	92.5	72.5
网络9	62.5	92.5	82.5	60.0	95.0	80.0	92.5	100.0	92.5	92.5

表2-18　以上5个BP神经网络分类器对未知样本集合的总体分类识别率　（%）

网络编号	1	2	3	4	5	6	7	8	9	10	集成
总体识别率	—	83.50	84.00	—	83.00	—	81.75	—	85.00	—	86.50

由表2-18易见，集成BP神经网络分类器的分类识别率高于集成所用的每个BP神经网络分类器。

3. 分类与识别

如表2-19所示，在参数体系Ⅰ下，最近邻分类器和集成BP神经网络分类器对未知样本集合的分类识别情况。从表2-19中容易看出，集成BP神经网络分类器的分类识别率最高为86.50%，高出最近邻分类器1.25个百分点，表明前者分类识别能力强于后者。进一步分析发现，集成BP神经网络与最近邻分类器对每一类的分类识别能力不同，如果能将其优点融合到一起，会大大提高分类器的识别能力。但我们没有对此问题进行深入分析，有待于读者进行下一步研究。

表2-19　在参数体系Ⅰ下两种分类器对未知样本集合的分类识别率　（%）

纹理类型	1	2	3	4	5	6	7	8	9	10	总体
最近邻分类器	82.5	85.0	82.5	65.0	85.0	90.0	92.5	100.0	92.5	77.5	85.25
集成BP分类器	77.5	92.5	90.0	62.5	90.0	80.0	92.5	100.0	95.0	85.0	86.50

表2-20所示为在木材表面纹理参数体系Ⅰ下最近邻分类器错误分类的样本列表，为使行文简明，集成BP神经网络的分类错误样本列表将在后文列出。其中，$a(b)$解释如下：a表示样本编号（将未知样本集中400个样本均给予一个唯一的编号，数值介于1~400，并按纹理类型依次排序），b表示样本被错分的纹理类型。表2-20的第5行元素“182(6)”，表示182号样本被错分到第6类，而实际应属于纹理类型5（第5类）。

表 2－20　在参数体系 I 下最近邻分类器错误分类的样本列表

纹理类型	各类样本分类识别的情况
1	1（3），6（4），10（3），18（2），22（4），23（3），28（6）
2	45（1），62（1），63（1），66（1），67（4），77（3）
3	81（4），87（4），95（4），98（2），110（4），118（1），120（4）
4	124（3），125（3），131（3），136（3），137（2），138（2），139（3），141（2），142（3），143（3），148（2），150（2），151（1），155（6）
5	182（6），185（6），188（6），189（6），192（6），198（6）
6	207（5），226（5），231（4），232（5）
7	241（10），243（10），275（10）
8	
9	346（10），349（10），354（10）
10	368（9），370（9），374（9），378（8），381（7），383（9），384（9），385（9），389（8）

观察表 2－20 可知，最近邻分类器共错分了 59 个样本。其中，有 35 个样本（约占错误样本总数的 60%）是由于同类树种的径切和弦切纹理的错误分类造成的。如果引入能很好区分同类树种的径切和弦切纹理的参数，那么将会大大提高现有的分类识别率。受篇幅限制，列出了 4 对同类树种的径切和弦切纹理被错分的样本，如图 2－26 所示。

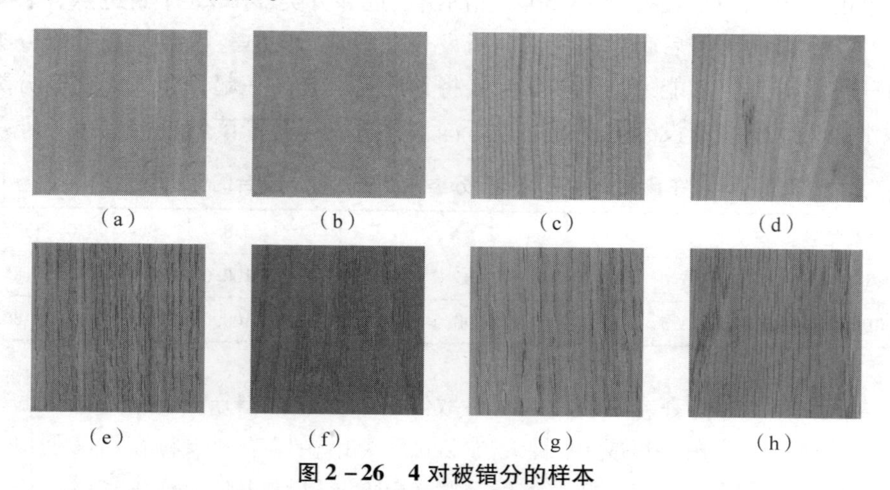

图 2－26　4 对被错分的样本

（a）白桦径切样本；（b）白桦弦切样本；（c）红松径切样本；（d）红松弦切样本；（e）水曲柳径切样本；（f）水曲柳弦切样本；（g）柞木径切样本；（h）柞木弦切样本

进一步分析发现，出现上述情况的主要原因可能是由于：①同类树种的弦切与径切纹理过于接近；②上文提出的参数体系识别能力有限，不能良好地区分同类树种的不同纹理类型。因此，下文尝试用主分量分析来建立木材表面纹理参数体系。

2.2.7　基于主分量分析（PCA）木材表面纹理的分类与识别

在上文中提到，我们采用参数间相关性分析并结合木材表面纹理自身特点，从14个GLCM的特征参数中选择出4个参数，建立了参数体系Ⅰ。此法虽然可以保证参数间具有较小的相关性，但这种方法舍去大部分参数，丢失了大量的纹理信息，并且存在一定的主观性，分类识别率也没有达到理想目标。因此，引入主分量分析理论来分析木材表面纹理参数体系，该方法能将原来相关的变量重新组合成一组新的相互独立的几个新变量来代替原变量，并可以根据实际需要从中选取几个主要的、最能反映原变量信息的新变量来进行研究，从而大大降低了计算的复杂程度，保持了原始数据的主要信息，并能在一定程度上提高特征参数对研究对象的描述能力。

主分量分析（Principal Component Analysis，PCA）又称为有限离散K-L变换或霍特林（Hotelling）变换，是统计学中分析数据的一种有效的方法，也是一种基于目标统计特性的最佳正交变换。其目的是在数据空间中找一组向量以尽可能地解释数据的方差，通过一个特殊的向量矩阵，将数据从原来的高维空间投影到一个低维的向量空间，降维后保存了数据的主要信息，从而使数据更易于处理。

1. 主分量的数学模型

设有 n 个样本，每个样本有 p 个变量（特征参数），那么以每个变量为单位就形成了 p 个特征向量，它们分别设为 $\boldsymbol{X}_1,\boldsymbol{X}_2,\boldsymbol{X}_3,\cdots,\boldsymbol{X}_p$。其中，$x_{ij}(i=1,\cdots,n;j=1,\cdots,p)$ 为第 i 样本的第 j 个特征参数。这样得到原始数据矩阵为

$$\boldsymbol{X}=\begin{pmatrix} x_{11} & \cdots & x_{1p} \\ \vdots & \ddots & \vdots \\ x_{n1} & \cdots & x_{np} \end{pmatrix}=(\boldsymbol{X}_1,\boldsymbol{X}_2,\boldsymbol{X}_3,\cdots,\boldsymbol{X}_p) \tag{2-69}$$

式中，

$$\boldsymbol{X}_i=[x_{1i}\quad x_{2i}\quad \cdots \quad x_{ni}]^{\mathrm{T}},i=1,2,\cdots,p \tag{2-70}$$

用原始数据矩阵 $\boldsymbol{X}$ 的 p 个向量：$\boldsymbol{X}_1,\boldsymbol{X}_2,\boldsymbol{X}_3,\cdots,\boldsymbol{X}_p$ 做线性组合得到新变量 $\boldsymbol{Y}$ 为

$$\begin{cases} \boldsymbol{Y}_1=a_{11}\boldsymbol{X}_1+a_{21}\boldsymbol{X}_2+\cdots+a_{p1}\boldsymbol{X}_p \\ \boldsymbol{Y}_2=a_{12}\boldsymbol{X}_1+a_{22}\boldsymbol{X}_2+\cdots+a_{p2}\boldsymbol{X}_p \\ \qquad\vdots \\ \boldsymbol{Y}_p=a_{1p}\boldsymbol{X}_1+a_{2p}\boldsymbol{X}_2+\cdots+a_{pp}\boldsymbol{X}_p \end{cases} \tag{2-71}$$

记为 $\boldsymbol{Y}=\boldsymbol{A}\times\boldsymbol{X}$，其中，

$$A=\begin{pmatrix} a_{11} & a_{21} & \cdots & a_{p1} \\ a_{12} & a_{22} & \cdots & a_{p2} \\ \cdots & \cdots & \cdots & \cdots \\ a_{1p} & a_{2p} & \cdots & a_{pp} \end{pmatrix}=\begin{pmatrix} a_1 \\ a_2 \\ \cdots \\ a_p \end{pmatrix} \tag{2-72}$$

我们可以将式（2－70）简写为

$$\boldsymbol{Y}_i=a_{1i}\boldsymbol{X}_1+a_{2i}\boldsymbol{X}_2+\cdots+a_{pi}\boldsymbol{X}_p, i=1,2,\cdots,p \tag{2-73}$$

式中，

$$a_{1i}^2+a_{2i}^2+\cdots+a_{pi}^2=1, i=1,2,\cdots,p \tag{2-74}$$

在主分量分析中，变换矩阵 $\boldsymbol{A}$ 的元素选择原则为：

（1）$\boldsymbol{Y}_i$和 $\boldsymbol{Y}_j(i\neq j,i,j=1,2,\cdots)$互不相关。

（2）$\boldsymbol{Y}_1$是 $\boldsymbol{X}_1,\boldsymbol{X}_2,\cdots,\boldsymbol{X}_p$的一切线性组合中方差最大的。

$\boldsymbol{Y}_2$是与 $\boldsymbol{Y}_1$不相关且在 $\boldsymbol{X}_1,\boldsymbol{X}_2,\cdots,\boldsymbol{X}_p$的一切线性组合中方差最大的。

……

$\boldsymbol{Y}_p$是与 $\boldsymbol{Y}_1,\boldsymbol{Y}_2,\cdots,\boldsymbol{Y}_{p-1}$不相关且在 $\boldsymbol{X}_1,\boldsymbol{X}_2,\cdots,\boldsymbol{X}_p$的一切线性组合中方差最大的。

其中，$\boldsymbol{Y}_1,\boldsymbol{Y}_2,\cdots,\boldsymbol{Y}_p$称为原始随机变量 $\boldsymbol{X}_1,\boldsymbol{X}_2,\cdots,\boldsymbol{X}_p$的第 1 个，第 2 个，…，第 p 个主分量。

2. 主分量的几何意义

从代数角度来看，主分量就是 p 个向量 $\boldsymbol{X}_1,\boldsymbol{X}_2,\boldsymbol{X}_3,\cdots,\boldsymbol{X}_p$的一些特殊的线性组合，而在几何角度上，这些线性组合恰恰是把 $\boldsymbol{X}_1,\boldsymbol{X}_2,\boldsymbol{X}_3,\cdots,\boldsymbol{X}_p$构成的坐标系进行旋转产生的新坐标系，新坐标轴通过样本方差最大的方向。下面我们以最简单的二元正态分布变量来解释主分量的几何意义。

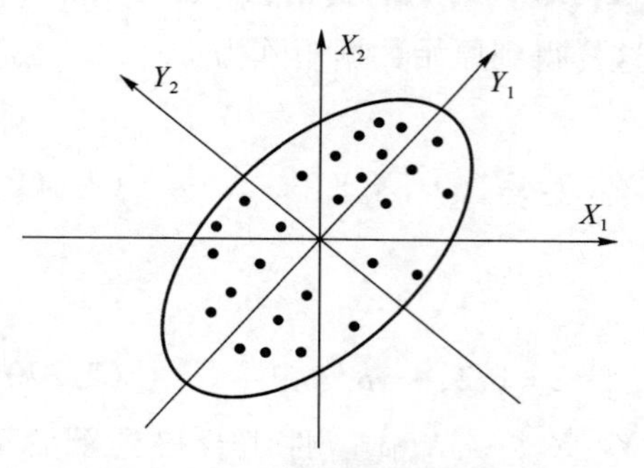

图 2－27　主分量的几何意义

问题的假设同上，当 $p=2$ 时，原变量是 $\boldsymbol{X}_1$和 $\boldsymbol{X}_2$。对于二元正态分布变量，n 个点的散布大致为一个椭圆，在椭圆长轴方向取坐标轴 $\boldsymbol{Y}_1$，在短轴方向取 $\boldsymbol{Y}_2$，这相当于在平面上做一个坐标变换，即按逆时针方向旋转 θ 角度，新老坐标轴之间有如下关系，示意图如图 2－27 所示。

$$\begin{cases} \boldsymbol{Y}_1=\boldsymbol{X}_1\cos\theta+\boldsymbol{X}_2\sin\theta \\ \boldsymbol{Y}_2=-\boldsymbol{X}_1\sin\theta+\boldsymbol{X}_2\cos\theta \end{cases} \tag{2-75}$$

观察图 2－27 发现，二维平面上 n 个点的波动（可用方差表示）大部分可以归结为在 $\boldsymbol{Y}_1$轴上的波动，而在 $\boldsymbol{Y}_2$轴上的波动是较小的。如果图 2－27 的椭圆是相当扁平的，那么可以只考虑 $\boldsymbol{Y}_1$方向上的波动，忽略 $\boldsymbol{Y}_2$方向的波动。这样数据就从二维降为一维了，分析问题时只取第一个综合变量 Y_1 即可。

通常，p 个变量构成 p 维空间，n 个样本就是此 p 维空间的 n 个点。从而，对 p 元正态分布变量来说，寻找主分量的问题就转化为在 p 维空间中寻找椭球体主轴的问题。

主分量分析的目的就是对数据进行压缩和降维，使处理后的数据能够最大限度地表达原始的输入信息，注重对原始信息的表达能力。简单地说，就是设法将原来的变量重新组合成一组新的互相无关的几个综合变量来代替原始变量，同时根据实际需要从中取出较少的几个综合变量，并使其尽可能多地反映原始变量信息的一种方法。一般来说，对原始信息进行主分量分析的具体步骤如下。

（1）原始数据的标准化。

为了消除不同变量的量纲的影响，首先需要对变量进行标准化。设原始数据中共有 n 个木材表面纹理样本，每个样本有 p 个特征参数，以每个特征参数为单位就形成了 p 个特征向量，分别设为 $\boldsymbol{X}_1,\boldsymbol{X}_2,\boldsymbol{X}_3,\cdots,\boldsymbol{X}_p$。令 $x_{ij}(i=1,2,\cdots,n;j=1,2,\cdots,p)$ 为第 i 样本的第 j 个特征参数。将原始数据做如下变换：

$$Z_j=\frac{\boldsymbol{X}_j-E(\boldsymbol{X}_j)}{\sqrt{\mathrm{Var}(\boldsymbol{X}_j)}},j=1,2,\cdots,p \tag{2-76}$$

经式（2-76）得到标准化数据矩阵 $z_{ij}=\frac{x_{ij}-\overline{x_j}}{s_j}$。其中，$\overline{x_j}=\frac{1}{n}\sum_{i=1}^{n}x_{ij}$，$s_j^2=\frac{1}{n}\sum_{i=1}^{n}(x_{ij}-\overline{x_j})^2$，$z_{ij}(i=1,2,\cdots,n;\ j=1,2,\cdots,p)$ 为第 i 样本的第 j 个特征参数。

（2）计算相关系数矩阵 $\boldsymbol{R}$。

在标准化数据矩阵 $\boldsymbol{Z}=(z_{ij})_{n\times p}$ 的基础上计算 p 个原始特征参数相关系数矩阵 $\boldsymbol{R}=(r_{ij})_{p\times p}$，其中，

$$r_{ij}=\frac{\sum_{k=1}^{n}(x_{ki}-\overline{x_i})(x_{kj}-\overline{x_j})}{\sqrt{\sum_{k=1}^{n}(x_{ki}-\overline{x_i})^2}\sqrt{\sum_{k=1}^{n}(x_{kj}-\overline{x_j})^2}},i=1,2,\cdots,n;\quad j=1,2,\cdots,p \tag{2-77}$$

（3）构造主分量。

求取相关系数矩阵 $\boldsymbol{R}$ 的特征值并排序 $\lambda_1\geqslant\lambda_2\geqslant\cdots\geqslant\lambda_p$，再求出 $\boldsymbol{R}$ 的特征值所对应的正则化单位特征向量 $\boldsymbol{a}_i=(a_{1i},a_{2i}\cdots a_{pi})$，则第 i 个主分量表示各个特征参数 X_k 的线性组合 $\boldsymbol{Y}_i=\sum_{k=1}^{p}\boldsymbol{a}_iX_k$。

（4）计算累计贡献率并确定保留主分量的数目。

主分量分析的目的是用尽可能少的综合变量来代替原来的多个相关变量，并且能较好地描述原变量的统计特性。其中，最终需要的主分量数目是根据其累计贡献率决定的。假设共有 p 个主分量，那么前 q 个的累计贡献率 C_q 定义式如下：

$$C_q = \sum_{i=1}^{q} \lambda_i / \sum_{i=1}^{p} \lambda_i \tag{2-78}$$

在确定最终所用的主分量数目前，需要先给出一个控制值 δ，令 $C_q \geqslant 1-\delta$，则对应满足条件 q 的最小值即为保留主分量的个数，我们取 $\delta = 5\%$。

基于 PCA 木材表面纹理参数体系的建立如下：

按照上述步骤对木材表面纹理样本的 14 个 GLCM 特征参数进行主分量分析，结果如表 2－21 所示（受篇幅限制，只列出前 8 个主分量）。根据控制参数 δ 可得 $q=4$，其中，$\boldsymbol{X}_1 \sim \boldsymbol{X}_{14}$ 分别代表 14 个 GLCM 特征参数所对应的特征向量，本实验所用样本全部来自标准样本集合。

表 2－21　前 8 个主分量的贡献率

项目	特征值	贡献率/%	累计贡献率/%
第Ⅰ主分量	9.616 4	68.688	68.688
第Ⅱ主分量	2.192 5	15.66	84.349
第Ⅲ主分量	1.224 7	8.747 6	93.096
第Ⅳ主分量	0.614 25	4.387 5	97.484
第Ⅴ主分量	0.159 16	1.136 9	98.621
第Ⅵ主分量	0.086 629	0.618 78	99.24
第Ⅶ主分量	0.050 574	0.361 24	99.601
第Ⅷ主分量	0.039 609	0.282 92	99.884

根据 $\boldsymbol{R}$ 的特征值相应的正则化单位特征向量，前 4 个主分量的线性组合为：

①$\boldsymbol{Y}_1 = 0.277\,78\boldsymbol{X}_1 - 0.266\,42\boldsymbol{X}_2 + 0.287\,71\boldsymbol{X}_3 - 0.315\,92\boldsymbol{X}_4 + 0.204\,82\boldsymbol{X}_5 + 0.206\,28\boldsymbol{X}_6 - 0.277\,76\boldsymbol{X}_7 + 0.272\,97\boldsymbol{X}_8 - 0.252\,66\boldsymbol{X}_9 - 0.291\,74\boldsymbol{X}_{10} - 0.306\,21\boldsymbol{X}_{11} + 0.226\,44\boldsymbol{X}_{12} - 0.255\,35\boldsymbol{X}_{13} + 0.271\,89\boldsymbol{X}_{14}$

②$\boldsymbol{Y}_2 = -0.285\,47\boldsymbol{X}_1 - 0.335\,67\boldsymbol{X}_2 - 0.196\,85\boldsymbol{X}_3 + 0.077\,903\boldsymbol{X}_4 - 0.214\,97\boldsymbol{X}_5 - 0.211\,05\boldsymbol{X}_6 - 0.151\,51\boldsymbol{X}_7 - 0.254\,52\boldsymbol{X}_8 - 0.376\,82\boldsymbol{X}_9 + 0.025\,382\boldsymbol{X}_{10} + 0.057\,242\boldsymbol{X}_{11} + 0.443\,36\boldsymbol{X}_{12} - 0.384\,14\boldsymbol{X}_{13} - 0.304\,11\boldsymbol{X}_{14}$

③$\boldsymbol{Y}_3 = 0.228\,38\boldsymbol{X}_1 + 0.043\,898\boldsymbol{X}_2 + 0.168\,6\boldsymbol{X}_3 - 0.076\,42\boldsymbol{X}_4 - 0.632\,68\boldsymbol{X}_5 - 0.632\,77\boldsymbol{X}_6 + 0.015\,739\boldsymbol{X}_7 + 0.220\,46\boldsymbol{X}_8 + 0.051\,894\boldsymbol{X}_9 - 0.001\,85\boldsymbol{X}_{10} - 0.103\,46\boldsymbol{X}_{11} - 0.008\,38\boldsymbol{X}_{12} - 0.011\,03\boldsymbol{X}_{13} + 0.220\,28\boldsymbol{X}_{14}$

④$\boldsymbol{Y}_4 = -0.021\,51\boldsymbol{X}_1 + 0.281\,02\boldsymbol{X}_2 - 0.112\,72\boldsymbol{X}_3 - 0.098\,19\boldsymbol{X}_4 - 0.063\,76\boldsymbol{X}_5 - 0.048\,67\boldsymbol{X}_6 - 0.056\,321\boldsymbol{X}_7 - 0.265\boldsymbol{X}_8 + 0.293\,61\boldsymbol{X}_9 - 0.516\,11\boldsymbol{X}_{10} + 0.298\,8\boldsymbol{X}_{11} - 0.133\,45\boldsymbol{X}_{12} - 0.204\,79\boldsymbol{X}_{13} + 0.052\,541\boldsymbol{X}_{14}$

从而建立了基于主分量分析的木材表面纹理参数体系，并将该体系命名为木材表面纹理参数体系Ⅱ。根据线性表达式中的系数及符号，可对各主分量的实际意义做如下解释：①第Ⅰ主分量 $\boldsymbol{Y}_1$ 的14个特征参数的线性组合系数相近，表明它们对 $\boldsymbol{Y}_1$ 的影响相近，将 $\boldsymbol{Y}_1$ 定义为纹理总体综合参数。②第Ⅱ主分量 $\boldsymbol{Y}_2$ 主要受特征参数 $\boldsymbol{X}_1$、$\boldsymbol{X}_2$、$\boldsymbol{X}_8$、$\boldsymbol{X}_9$、$\boldsymbol{X}_{12}$、$\boldsymbol{X}_{13}$、$\boldsymbol{X}_{14}$ 的影响，根据原始参数的本身含义将其定义为反映纹理粗细和清晰程度的纹理综合参数。③第Ⅲ主分量 $\boldsymbol{Y}_3$ 主要受特征参数 $\boldsymbol{X}_5$、$\boldsymbol{X}_6$ 的影响，将其定义为反映纹理周期和明暗程度的综合参数。④第Ⅳ主分量 $\boldsymbol{Y}_4$ 主要受特征参数 $\boldsymbol{X}_2$、$\boldsymbol{X}_8$、$\boldsymbol{X}_9$、$\boldsymbol{X}_{10}$、$\boldsymbol{X}_{11}$ 的影响。其中，$\boldsymbol{X}_2$、$\boldsymbol{X}_8$、$\boldsymbol{X}_9$ 能够反映纹理的清晰程度，$\boldsymbol{X}_{10}$、$\boldsymbol{X}_{11}$ 反映纹理复杂程度，其定义为反映纹理清晰程度和复杂程度的综合参数。在参数体系Ⅱ下木材表面纹理的分类与识别情况如下：

BP神经网络分类器的设计方法同上，最终确定输入节点数为4，输出节点数为10，训练函数为trainbr，训练误差 10^{-3}，训练步长为300，根据经验公式选隐含层神经元数的取值范围为［5，9］，但是由于在上述取值范围内神经网络不易收敛，因此将取值范围变为［11，20］，训练结果见表2－22。

表2－22　BP神经网络分类器对测试样本集合分类识别情况随隐含层节点数的变化

神经元个数	11	12	13	14	15	16	17	18	19	20
收敛步长	—	—	—	282	162	89	98	47	48	60
网络性能/$\times10^{-4}$	—	—	—	9.774	8.295	7.136	2.251	9.673	5.881	2.598
收敛网络个数	0	0	0	6	3	4	10	9	9	16
最高识别率/%	—	—	—	81.00	81.00	84.33	81.67	83.00	82.00	84.67

观察表2－22发现，当隐含层节点数为20时，网络最容易收敛，并且具有很高的分类识别率，因此，确定隐含层节点数为20。表2－23～表2－26列出了BP神经网络分类器集成前后的一些数据。

表2－23　集成前10个总体识别率最高的BP神经网络分类器对每个类别测试样本的分类识别率

（%）

纹理类型	1	2	3	4	5	6	7	8	9	10
网络1	83.333	86.667	76.667	70.000	90.000	66.667	86.667	100.00	93.333	86.667
网络2	86.667	96.667	73.333	53.333	93.333	70.000	80.000	100.00	90.000	83.333
网络3	83.333	93.333	76.667	73.333	93.333	63.333	90.000	93.333	80.000	90.000
网络4	80.000	96.667	93.333	66.667	83.333	73.333	83.333	100.00	93.333	70.000
网络5	83.333	96.667	76.667	66.667	93.333	66.667	76.667	90.000	96.667	76.667
网络6	83.333	93.333	86.667	66.667	90.000	73.333	83.333	93.333	86.667	86.667

续表

纹理类型	1	2	3	4	5	6	7	8	9	10
网络7	73.333	100.00	66.667	70.000	86.667	60.000	70.000	96.667	90.000	90.000
网络8	83.333	90.000	70.000	60.000	93.333	63.333	83.333	100.00	93.333	80.000
网络9	73.333	96.667	83.333	63.333	96.667	66.667	90.000	90.000	80.000	86.667
网络10	83.333	93.333	86.667	73.333	86.667	73.333	83.333	100.00	93.333	86.667

表2-24　集成前10个总体识别率最高的BP神经网络分类器对测试样本集合的总体分类识别率　(%)

网络编号	1	2	3	4	5	6	7	8	9	10
总体识别率	84.000	82.667	83.667	84.000	82.333	84.333	80.333	81.667	82.667	86.000

由表2-24易见，以上10个BP神经网络分类器总体识别率最高达到86.000%。根据前面的集成原则可知，用于集成的BP神经网络分类器其总体识别率必须高于83.000%，因此，网络2、网络5、网络7、网络8和网络9被排除，最终用于集成的分类器只是剩余的5个网络，即网络1、网络3、网络4、网络6和网络10。

表2-25所示为集成前列出了的5个BP神经网络分类器对未知样本集合中每个类别的分类识别率，表2-26所示为以上5个BP神经网络分类器对未知样本集合总体的分类识别率，表2-27所示为在参数体系Ⅱ下两种分类器对未知样本集合的分类识别率。

表2-25　以上5个BP神经网络分类器对每个类别未知样本的分类识别率　(%)

纹理类型	1	2	3	4	5	6	7	8	9	10
网络1	75.0	87.5	82.5	62.5	92.5	87.5	92.5	100.0	82.5	92.5
网络3	75.0	90.0	77.5	55.0	87.5	85.0	92.5	100.0	75.0	87.5
网络4	67.5	92.5	82.5	52.5	90.0	77.5	85.0	100.0	97.5	85.0
网络6	72.5	92.5	67.5	60.0	90.0	92.5	92.5	92.5	95.0	85.0
网络10	75.0	95.0	80.0	60.0	82.5	82.5	92.5	97.5	87.5	90.0

表2-26　以上5个BP神经网络分类器对未知样本集合的总体分类识别率　(%)

网络编号	1	2	3	4	5	6	7	8	9	10	集成
总体识别率	85.50	—	82.50	83.00	—	84.00	—	—	—	84.25	87.00

表2-27　在参数体系Ⅱ下两种分类器对未知样本集合的分类识别率　(%)

纹理类型	1	2	3	4	5	6	7	8	9	10	总体
最近邻分类器	85.0	87.5	82.5	70.0	87.5	92.5	95.0	100.0	92.5	75.0	86.75
集成BP分类器	77.5	95.0	82.5	65.0	90.0	90.0	92.5	100.0	90.0	87.5	87.00

观察表2－27发现，集成BP神经网络分类的识别率为87.00%，高于最近邻分类器0.25个百分点。对14个GLCM特征参数进行主分量分析，不仅大大降低了特征向量的维数，而且很大程度上保留了原来大部分信息，并获得了较为满意的分类识别率，比上一节要高0.5个百分点，而特征向量维数却没有增加。表2－28所示为在木材表面纹理参数体系Ⅱ下，最近邻分类器错误分类的样本列表。

表2－28 在参数体系Ⅱ下最近邻分类器错误分类的样本列表

纹理类别	各类样本分类识别的情况
1	10（3），17（2），21（2），22（4），23（3），28（6）
2	45（1），62（1），63（1），67（3），77（1）
3	81（4），84（4），89（4），96（4），98（4），102（1），110（4）
4	124（3），125（3），131（3），132（3），136（3），137（2），139（3），141（2），143（3），150（2），151（1），155（6）
5	175（6），185（6），188（6），189（6），200（6）
6	207（5），226（5），231（4）
7	243（10），275（10）
8	
9	339（10），349（10），352（10）
10	367（7），368（9），370（9），373（9），374（9），382（7），383（9），385（9），386（7），389（7）

观察表2－28易见，最近邻分类器共错分了53个样本。其中，有35个样本（约占错误样本总数的66%）是由于同类树种径切和弦切纹理样本的错误分类造成的。同参数体系Ⅰ相似，分类识别率主要受对同类树种径切和弦切纹理样本识别能力影响。

在以上两种方法错分的样本列表（表2－20和表2－28）中，有38个样本相同，约占前者错分样本总数的64%，约占后者的72%，具体样本如表2－29所示。其中，在这38个样本中，有35个的被错误分类的类别号都一致，表明以上两种方法对这35个样本的识别能力是相同的。进一步分析可知，使用前面两种方法，虽然降低特征空间的维数，但所形成的纹理参数体系对样本的识别能力并没有本质提高，对同类树种的径切和弦切纹理样本识别能力并没有明显增强，而这正是提高对样本分类识别能力所必需的。

表 2－29　在以上两种参数体系下最近邻分类器均错误分类的样本列表

纹理类别	各类样本分类识别的情况
1	10（3），22（4），23（3），28（6）
2	45（1），62（1），63（1），67（－），77（－）
3	81（4），98（4），110（4）
4	124（3），125（3），131（3），136（3），137（2），139（3），141（2），143（3），150（2），151（1），155（6）
5	185（6），188（6），189（6）
6	207（5），226（5），231（4）
7	243（10），275（10）
8	
9	349（10）
10	368（9），370（9），374（9），383（9），385（9），389（－）

由以上分析可知，要提高对样本的识别能力，就必须提高对同类树种的径切和弦切纹理样本识别能力，它们是近似等价的关系。我们的一个核心目标是追求“高”的分类识别率，然而我们在前面分析问题时，并没有以“识别率”作为直接的性能评价函数。因此，针对以上不足，下文采用了前面提出的以分类器识别率为评价函数的 SNFS 算法。

2.2.8　基于 SNFS 算法木材表面纹理的分类与识别

SNFS 算法直接以最近邻分类器的识别率为评价函数，从而可以找出对木材表面纹理样本分类识别能力最强或近似最强的特征参数组合，也就是对同类树种的径切和弦切纹理样本识别能力较强的参数组合。如果能够获得较高的分类识别率，表明通过灰度共生矩阵参数自身的组合或变换能够实现对同类树种径切和弦切纹理样本较准确的识别，进而实现了对木材表面纹理样本整体的准确识别，反之亦然。

在这里我们设定 Scale $\in$［3，13］，Quality＝2。表 2－30 所示为参数个数分别为 3～14 情况下最优参数组合的选择结果。其中，识别率是最近邻分类器对测试样本集合的分类识别率，初始和终止温度是指用改进的模拟退火算法进行参数选择时的初始和终止温度值。

表 2－30　基于 SNFS 算法的 GLCM 特征参数选择结果

参数个数	最优参数组合	识别率/%	初始温度	终止温度
3	2　6　10	83.000	1.703 1	0.004 117 8
4	5　8　9　10	88.333	1.185 5	0.001 467 6

续表

参数个数	最优参数组合	识别率/%	初始温度	终止温度
5	4　5　8　9　10	89.000	1.029 4	0.002 489
6	2　5　8　10　11　13	88.667	0.929 44	0.001 438 2
7	1　5　7　8　9　10　11	89.667	0.465 44	0.000 900 29
8	1　4　5　7　8　10　11　13	89.667	0.421 55	0.001 592 6
9	1　3　5　6　7　8　9　10　11	89.333	0.296 88	0.001 402
10	1　2　4　5　6　7　8　9　10　11	89.333	0.377 25	0.000 729 7
11	1　2　3　4　5　6　7　8　9　10　11	89.667	0.151 21	0.002 179 2
12	1　2　3　4　5　7　8　9　10　11　12　13	89.000	0.126 55	0.001 167 3
13	1　2　3　4　5　6　7　8　9　10　11　12　13	87.333	0.100 43	0.001 157 9
14	1～14	85.667	—	—

观察表2－30易见，最近邻分类器的识别率随特征参数数目增加有一定波动，并出现多个峰值。当参数个数为14个时，最近邻分类器识别率为85.667%，比最高的识别率89.667%低了4个百分点，表明并非特征参数越多区分能力越强，这也从另一个侧面说明特征选择的重要性除了降低参数维数外，还能增强参数对样本的描述能力。

当参数个数为7、8和11时，在以上参数组合下的最近邻分类器识别率达到最高，为89.667%。依据参数数目最少且分类器识别率最高的原则，选择特征参数组合 $\boldsymbol{V}=[W_1,W_5,W_7,W_8,W_9,W_{10},W_{11}]$，即该木材表面纹理参数体系是由角二阶矩（$W_1$）、方差（$W_5$）、方差和（$W_7$）、逆差矩（$W_8$）、差的方差（$W_9$）、和熵（$W_{10}$）、集群突出（$W_{13}$）共7个特征参数组成，并将其命名为木材表面纹理参数体系Ⅲ。在参数体系Ⅲ下木材表面纹理的分类与识别情况如下：

BP神经网络分类器设计方法同上，最终确定输入节点数为7，输出节点数为10，训练函数为trainbr，训练误差为10^{-3}，训练步长为300，最终确定隐含层节点数为14。表2－31～表2－34所示为BP神经网络分类器集成前后的数据。

表2－31　集成前10个总体识别率最高的BP神经网络分类器对每个类别测试样本的分类识别率

(%)

纹理类型	1	2	3	4	5	6	7	8	9	10
网络1	83.333	83.333	73.333	76.667	93.333	70.000	83.333	93.333	100.000	90.000
网络2	86.667	100.000	70.000	76.667	90.000	80.000	83.333	100.000	100.000	86.667
网络3	76.667	93.333	76.667	86.667	90.000	66.667	86.667	93.333	90.000	86.667
网络4	83.333	93.333	86.667	80.000	93.333	70.000	80.000	100.000	93.333	76.667

续表

纹理类型	1	2	3	4	5	6	7	8	9	10
网络 5	73. 333	90. 000	90. 000	86. 667	100. 000	80. 000	83. 333	96. 667	83. 333	93. 333
网络 6	76. 667	93. 333	83. 333	76. 667	96. 667	76. 667	83. 333	100. 000	93. 333	86. 667
网络 7	83. 333	90. 000	76. 667	80. 000	96. 667	83. 333	90. 000	100. 000	90. 000	83. 333
网络 8	76. 667	86. 667	70. 000	80. 000	93. 333	56. 667	96. 667	100. 000	90. 000	83. 333
网络 9	83. 333	93. 333	86. 667	80. 000	100. 000	73. 333	90. 000	93. 333	96. 667	90. 000
网络 10	83. 333	96. 667	80. 000	70. 000	93. 333	73. 333	90. 000	100. 000	90. 000	83. 333

表 2－32　集成前 10 个总体识别率最高的 BP 神经网络分类器对测试样本集合的总体分类识别率　(%)

网络编号	1	2	3	4	5	6	7	8	9	10
总体分类识别率	84. 667	87. 333	84. 667	85. 667	87. 667	86. 667	87. 333	83. 333	88. 667	86. 000

由表 2－32 易见，以上 10 个 BP 神经网络分类器总体识别率最高达到 88. 667%。根据以上集成原则可知，用于集成的 BP 神经网络分类器其总体识别率必须高于 85. 667%，因此，网络 1、网络 3、网络 8 被排除，最终用于集成的分类器只是剩余的 7 个网络，即网络 2、网络 4、网络 5、网络 6、网络 7、网络 9 和网络 10。

表 2－33 所示为集成前的 7 个 BP 神经网络分类器对未知样本集合中每个类别的分类识别率，表 2－34 所示为对未知样本集合总体的分类识别率，表 2－35 所示为在参数体系Ⅲ下两种分类器对未知样本集合的分类识别率。

表 2－33　以上 7 个 BP 神经网络分类器对每个类别未知样本的分类识别率　(%)

纹理类型	1	2	3	4	5	6	7	8	9	10
网络 2	75. 0	92. 5	85. 0	67. 5	90. 0	85. 0	85. 0	100. 0	95. 0	90. 0
网络 4	72. 5	92. 5	87. 5	80. 0	90. 0	80. 0	87. 5	97. 5	87. 5	82. 5
网络 5	65. 0	90. 0	85. 0	67. 5	95. 0	82. 5	92. 5	97. 5	85. 0	87. 5
网络 6	75. 0	90. 0	82. 5	70. 0	92. 5	85. 0	90. 0	100. 0	82. 5	87. 5
网络 7	77. 5	90. 0	85. 0	75. 0	90. 0	95. 0	90. 0	97. 5	90. 0	90. 0
网络 9	82. 5	87. 5	77. 5	67. 5	92. 5	85. 0	85. 0	97. 5	90. 0	92. 5
网络 10	72. 5	95. 0	85. 0	67. 5	95. 0	82. 5	87. 5	100. 0	92. 5	87. 5

表 2－34　以上 7 个 BP 神经网络分类器对未知样本集合的总体分类识别率　(%)

网络编号	1	2	3	4	5	6	7	8	9	10	集成
总体分类识别率	—	86. 50	—	85. 75	84. 75	85. 50	88. 00	—	85. 75	86. 50	90. 25

表2-35 在参数体系Ⅲ下2种分类器对未知样本集合的分类识别率 (%)

纹理类型	1	2	3	4	5	6	7	8	9	10	总体
最近邻分类器	85.00	87.50	82.50	72.50	87.50	90.00	95.00	100.00	92.50	82.50	87.50
集成BP分类器	80.00	95.00	87.50	77.50	92.50	92.50	87.50	100.00	95.00	95.00	90.25

从表2-35、表2-19和表2-27中可以看出，在纹理参数体系Ⅲ下，最近邻分类器的识别率为87.50%，比纹理参数体系Ⅰ、Ⅱ分别高出2.25个与0.75个百分点。集成BP神经网络分类器的识别率为90.25%，比纹理参数体系Ⅰ、Ⅱ分别高出3.75个与3.25个百分点，并且在以上三个纹理参数体系下，集成BP神经网络分类器的分类识别率均高于最近邻分类器的。

通过以上分析，得出结论：①参数体系Ⅲ对木材表面纹理的描述能力是最强的，参数体系Ⅱ、Ⅰ依次次之，表明了SNFS算法是非常有效的；②集成BP神经网络分类器的分类识别能力要强于最近邻分类器。

为了进一步分析木材表面纹理参数体系Ⅲ对样本的识别情况，表2-36所示为在参数体系Ⅲ下，最近邻分类器错误分类的样本列表。

表2-36 在参数体系Ⅲ下最近邻分类器错误分类的样本列表

纹理类别	各类样本分类识别的情况
1	10 (3), 17 (2), 21 (2), 22 (3), 23 (3), 28 (6)
2	45 (1), 62 (1), 63 (1), 67 (3), 77 (1)
3	81 (4), 84 (4), 89 (4), 96 (4), 98 (4), 102 (1), 110 (4)
4	124 (3), 131 (3), 132 (3), 136 (3), 137 (2), 138 (2), 141 (2), 143 (3), 150 (2), 151 (1), 155 (6)
5	175 (6), 185 (6), 188 (6), 189 (6), 200 (6)
6	207 (5), 208 (5), 226 (5), 232 (5)
7	243 (10), 263 (10),
8	
9	339 (10), 346 (10), 349 (10)
10	367 (7), 368 (9), 370 (9), 374 (9), 383 (9), 385 (9), 389 (7)

观察表2-36可知，最近邻分类器共错分了50个样本。其中，有34个样本（约占错误样本总数的68%）是由于对同类树种的径切和弦切纹理样本的错误分类造成的。同纹理参数体系Ⅰ、Ⅱ相似，其分类识别率仍主要受对同类树种的径切和弦切样本识别能力影响。可见，虽然参数体系Ⅲ提高了对样本的识别率，但没有明显增强对同类树种径切和弦切纹理样本的识别能力。总结以上3种纹理参数体系错分样本列表（表2-20、表2-28和表2-36），将它们都不能识别的样本进行归纳，具体见表2-37。

表 2－37　在以上 3 种参数体系下最近邻分类器错误分类的样本列表

纹理类别	各类样本分类识别的情况
1	10（3），22（4），23（3），28（6）
2	45（1），62（1），63（1），67（－），77（－）
3	81（4），98（4），110（4）
4	124（3），131（3），136（3），137（2），141（2），143（3），150（2），151（1），155（6）
5	185（6），188（6），189（6）
6	207（5），226（5）
7	243（10）
8	
9	349（10）
10	368（9），370（9），374（9），383（9），385（9），389（－）

由表 2－37 易见，共有 34 个样本用以上 3 种参数体系均无法识别。其中，有 21 个是由于同类树种的径切和弦切的错误分类造成的，约占均无法识别样本总数的 62%。综合以上分析可知，以上 3 种纹理参数体系，虽然降低了特征空间的维数，在一定程度上提高了对样本分类识别率。但是，它们有一个共性的弊病，即不能很好地描述同类树种的径切和弦切纹理，而这恰恰是提高对木材表面纹理分类识别能力的瓶颈。

为了排除以上 3 种纹理参数体系共性的弊病是由分类器所造成的，下面来讨论一下集成 BP 神经网络分类器错分样本的情况，具体见表 2－38、表 2－39 和表 2－40。

表 2－38　在参数体系 I 下集成 BP 神经网络分类器错误分类的样本列表

纹理类别	各类样本分类识别的情况
1	1（2），4（2），10（3），17（2），18（4），19（2），20（3），22（3），23（3）
2	45（1），54（4），77（3）
3	95（4），98（4），104（4），110（4）
4	122（6），124（3），125（3），130（6），132（3），135（3），136（3），137（3），138（2），139（2），141（2），143（3），145（3），146（3），150（3）
5	182（6），187（6），188（6），193（6）
6	207（5），208（5），223（5），225（5），226（5），231（4），232（5），234（4）
7	243（10），262（10），264（10）
8	
9	332（10），339（10）
10	367（9），374（9），381（7），382（7），389（8），399（6）

表2－39　在参数体系Ⅱ下集成BP神经网络分类器错误分类的样本列表

纹理类别	各类样本分类识别的情况
1	1（2），4（2），10（3），17（2），19（2），20（4），22（3），23（3），34（2）
2	45（1），67（3）
3	84（2），89（4），95（4），98（4），102（1），103（4），110（4）
4	121（6），124（3），130（6），132（3），135（3），136（3），137（2），138（2），141（2），143（3），146（3），150（2），151（1），155（6）
5	187（6），188（6），189（6），200（6）
6	223（5），225（5），226（5），232（5）
7	243（10），264（10），275（10）
8	
9	332（10），337（10），339（10），349（10）
10	374（9），378（8），384（9），389（7），399（9）

表2－40　在参数体系Ⅲ下集成BP神经网络分类器错误分类的样本列表

纹理类别	各类样本分类识别的情况
1	1（2），2（2），4（2），10（3），17（2），20（4），22（3），23（3）
2	45（1），77（1）
3	95（4），98（4），102（4），109（4），110（4）
4	124（3），130（6），135（3），136（3），137（1），138（2），141（2），143（3），150（1），
5	182（6），187（6），193（6）
6	207（5），208（5），232（5）
7	241（10），243（10），255（10），262（10），275（10）
8	
9	332（10），339（10）
10	374（9），399（6）

观察表2－38～表2－40易见，在错分的样本列表中，由于同类树种的弦切和径切纹理区分不开导致错误分类的样本个数分别为33个、32个、24个，分别占相应的错分样本总数的61%、62%、62%，也就是说，其仍是影响分类识别率的主导因素，得到了与分类器是最近邻分类器时相同的结论，排除了分类器的影响。

通过观察样本错分列表发现，某些样本无论在哪种木材表面纹理参数体系下均不能正确识别。综合前面的分析与研究表明，虽然灰度共生矩阵的特征参数对木材表面纹理具有较强的描述能力，但只靠灰度共生矩阵参数的组合或变换已经不能提高对木材表面纹理的分类识别能力。

2.3 基于高斯 - 马尔可夫随机场（GMRF）木材表面纹理的分类与识别

马尔可夫随机场（Markov Random Field，MRF）是马尔可夫随机过程在二维参数集中的推广。Abend Etal 于 1965 年开始研究马尔可夫随机场模型，直到 20 世纪 70 年代末，Hassher 等人才真正利用马尔可夫随机场模型模拟出各种图像，特别是纹理图像。1984 年，D. Geman 和 S. Geman 将吉布斯分布和模拟退火算法引入图像恢复，马尔可夫随机场的研究得到深入的发展。作为一种描述图像结构的概率模型，它已广泛应用于图像恢复与分割、图像重构、纹理分析以及对象匹配与识别等领域。

2.3.1 马尔可夫随机场

马尔可夫过程（Markov Progress，MP）的特点是，当某一过程在时刻 t 所处的状态已知，则过程在 t 以后所处状态与过程在 t 以前的状态无关，这个特性称为马尔可夫性。马尔可夫随机过程定义如下：

设 $\{X(t),t\in T\}$ 为一个随机过程，$t_i\in T,i=1,\cdots,n$，且 $t_1<t_2<\cdots<t_n$，如果对于状态空间 S 中的任意状态 $x_1,\cdots,x_{n-1},X(t_n)$ 的条件分布函数满足

$$\begin{aligned}&P\{X(t_n)<x_n\,|\,X(t_{n-1})=x_{n-1},\cdots,X(t_1)=x_1\}\\&=P\{X(t_n)<x_n\,|\,X(t_{n-1})=x_{n-1}\},x_n\in\mathbf{R}\end{aligned}\tag{2-79}$$

则称 $\{X(t),t\in T\}$ 具有马尔可夫性或无后效性，并称 $\{X(t),t\in T\}$ 为马尔可夫过程。令

$$F(t_{n-1},x_{n-1};t_n,x_n)=P\{X(t_n)<x_n\,|\,X(t_{n-1})=x_{n-1}\}\tag{2-80}$$

称 $F(t_{n-1},x_{n-1};t_n,x_n)$ 为马尔可夫过程的转移概率分布。

马尔可夫随机场和吉布斯分布都是建立在子团和邻域系统的概念之上，因此在介绍马尔可夫随机场之前，先介绍邻域系统和子团的定义。通过一个邻域系统，可以把规则网格 L 中的点和其他任意一个点联系起来。L 的一个邻域系统定义为如下集合：

$$\boldsymbol{N}=\{N_i\,|\,\forall_{\,i}\in L\}\tag{2-81}$$

式中，N_i是和 i 相邻的点集。邻域系统有如下性质：

（1）$i\notin N_i$，任意一个点 i 不与它本身相邻；

（2）$i\in N_i\Leftrightarrow i'\in N_i$，相邻关系是相互的。

对于一个规则网格 L，点 i 的邻域系统可以定义为在半径 r 以内的点集

$$N_i=\{i'\in L\,|\,[\mathrm{dist}(\mathrm{pixel}_{i'},\mathrm{pixel}_i)]^2\leqslant r,i'\neq i\}\tag{2-82}$$

即像素 i 的邻域系统 N_i是由 i 与 i'的平方距离不大于 r 的全体点 i'所构成的集合，其中，$\mathrm{dist}(A,B)$ 表示两相邻像素 A，B 之间的欧几里得距离，r 取整数。

最常用的邻域系统有两种：

（1）一阶邻域系统：$N_{ij}^{(1)}=\{(i-1,j),(i+1,j),(i,j-1),(i,j+1)\}$

（2）二阶邻域系统：$N_{ij}^{(2)}=\{(i-1,j-1),(i-1,j),(i-1,j+1),(i,j-1),$

$(i,j+1),(i+1,j-1),(i+1,j),(i+1,j+1)\}$

一阶邻域系统又叫4邻域系统，每个点有4个邻域点，点的关系如图2－28（a）所示；二阶邻域系统又叫8邻域系统，每个点有8个邻域点，点的关系如图2－28（b）所示；图2－28（c）所示为1～5阶的邻域系统，高阶邻域系统总是包含低阶邻域系统子集在内。

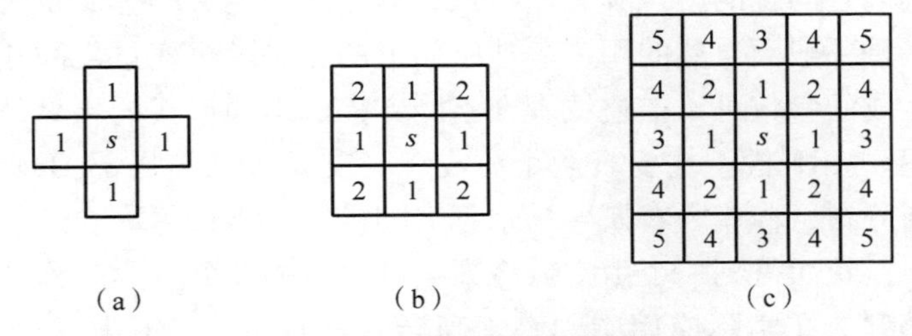

图2－28　邻域系统的结构

（a）一阶邻域系统；（b）二阶邻域系统；（c）五阶邻域系统

子团（集簇）是说明网点之间相互联系、相互制约的关系，这种关系的强弱由分配参数的数值大小来决定。若 L 的一个子集满足：

（1）C 由单个像素组成；

（2）对 $(i,j)\neq(k,l)$，若 $(i,j)\in C$，$(k,l)\in C$，意味着 $(i,j)\in N_{kl}$，则称 C 为 (L,N) 对的子团。(L,N) 中的全部子团由 $C(L,N)$ 表示。

有了以上的几个定义，在邻域系统 N 上就可以定义二维马尔可夫随机场，具体如下：

马尔可夫随机场是马尔可夫过程的二维形式。当把时间域看成是空间域时，一个 n 阶的双向马尔可夫随机过程MP，就可以推广为马尔可夫随机场MRF。二维马尔可夫随机场定义为：

设 N 为定义在网格 L 上的邻域系统，定义在 L 上的随机场 $x=\{x_{ij}\}$ 为邻域系统 N 的马尔可夫场，当且仅当对所有的 $(i,j)\in L$ 有：

①$P(X=x)>0$；

②$P\{X_{ij}=x_{ij}\mid X_{kl}=x_{kl},(k,l)\neq(i,j)\}=P\{X_{ij}=x_{ij}\mid X_{kl}=x_{kl},(k,l)\in N_{ij}\}$

（2－83）

则称 X 是以 N 为邻域系统的马尔可夫随机场，其中，①说明系统内部全部像点的状态直接为正；②中的大写字母表示随机场，小写字母表示一个具体的实现。其实质是：图像场中任一像素灰度出现的概率取决于其邻域系统上的其他像素灰度，并且整个随机场的全局条件概率分布可以用描述其局部特征的条件概率分布来表征。但是由于随机场的局部特征很难表达，实用中总是采用联合概率分布，因此研究 MRF 模型及其应用主要有两个分支：一支是采用与局部 Markov 性描述完全等价的吉布斯（Gibbs）分布，这种模型称为吉布斯 - 马尔可夫随机场模型（Gibbs - MRF）；另一支是假设激励噪声满足 Gauss 分布，从而得到一个由空域像素灰度表示的差分方程，称作高斯 - 马尔可夫随机场模型（Gauss - MRF）。Gauss - MRF 随机场模型是一种描述图像结构的概率模型，是一种较好的描述纹理的方法。它是建立在 MRF 模型和 Bayes 估计基础上，按统计决策和估计理论中的最优准则确定问题的解。其突出特点是通过适当定义的邻域系统引入结构信息，提供了一种一般而自然的用来表达空间上的相关随机变量之间相互作用的模型，由此所生成的参数可以描述纹理在不同方向、不同形式的集聚特征，更符合人的感官认识。MRF 模型主要有两个分支：一支是采用与局部 Markov 描述完全等价的吉布斯分布，称作吉布斯 - 马尔可夫随机场模型；另一支是假设激励噪声满足高斯分布，从而得到一个由空域像素灰度表示的差分方程，称作高斯 - 马尔可夫随机场模型。在实际应用中，由于高斯 - 马尔可夫随机场的计算量相对较小，获得了较为广泛的应用。

木材表面纹理具有随机性，从几何性征来看，木材纹理是由不同类型、不同方向的纹理集聚组成，纹理积聚具有局部性和相对的稳定性，将纹理集聚和马尔可夫随机场的集簇相对应，从而建立起表达纹理集聚的概率模型，通过求解 MRF 模型的统计参数，就能够在全局上得出有关木材纹理的关于各种不同方向、不同类型的纹理集聚特征。在 Gibbs - MRF 中，T 表示反映近邻集聚的纹理特征参数，对于二阶系统，如果图像是二值图像，T 有 2^8 种不同情况的集聚形式，而对于 256 个灰度级的图像，T 有 256^8 种集聚形式，这对于统计灰度值的条件概率是非常困难的，目前的微机存储系统无法支持且运算量巨大，无法实现。因此该方法一般使用在二值纹理图像的分析中。然而，二值化图像的纹理信息丢失严重，在前期研究中，基于 Gibbs - MRF 参数的分类识别率较低，所以在这里仅讨论 Gauss - MRF（GMRF）。

2.3.2　高斯 - 马尔可夫（GMRF）随机场模型及其参数估计

高斯 - 马尔可夫随机场是一个平稳自回归过程，其协方差矩阵正定，邻域系统对称，对称邻域点的参数相等。用 GMRF 模型表达纹理，即图像中某一点 s 的灰度 $y(s)$ 是 s 所有方向邻域点灰度的函数，并可用下面的条件概率形式表示：

$$p[y(s) \mid \text{all}: y(s+r), r \in N_S] \qquad (2-84)$$

式中，N_S为以 s 为中心，r 为半径，但不包括 s 的对称邻域。GMRF 模型的阶数（1 ~ 5阶）与邻域关系如图 2 - 28 所示。例如，当阶数等于 2 时，邻域关系如图 2 - 28（b）所示。此时，$N_S = \{(0,1),(0,-1),(-1,0),(1,-1),(-1,1),$

$(-1,-1),(1,1)\}$, $p(y_{ij}|N_S)$,见式（2-84）。

$$p(y_{ij}|N_S)=\left|y_{ij}\left|\begin{matrix}y_{i-1,j-1} & y_{i-1,j} & y_{i-1,j+1}\\ y_{i,j-1} & & y_{i,j+1}\\ y_{i+1,j-1} & y_{i+1,j} & y_{i+1,j+1}\end{matrix}\right|\right. \quad (2-85)$$

设 S 是 $M\times M$ 网格上的点集，$S=\{(i,j),1\leqslant i,j\leqslant M\}$。假定纹理 $[y(s)=s, s\in S, S=\{(i,j),1\leqslant i,j\leqslant M\}]$ 是零均值的高斯随机过程，则 GMRF 模型可以用一个包含多个未知参数的线性方程来表示：

$$y(s)=\sum_{r\in N_s}\theta_r[y(s+r)+y(s-r)]+e(s) \quad (2-86)$$

式中，N_S为点 s 的邻域；r 为邻域半径；θ_r 为系数；$e(s)$是均值为零的高斯噪声序列。考虑到 N_S为对称情形，$\theta_r=\theta_{-r}$，可将式（2-86）写成

$$y(s)=\sum_{r\in N_s}\theta_r[y_1(s+r)]+e(s) \quad (2-87)$$

将式（2-86）应用于区域 S 中的每一点，则可得到 M^2 个关于 $\{e(s)\}$ 和 $\{y(s)\}$ 的方程，写成矩阵的形式

$$\boldsymbol{y}=\boldsymbol{Q}^{\mathrm{T}}\boldsymbol{\theta}+\boldsymbol{e} \quad (2-88)$$

式（2-87）就是 GMRF 的线性模型，$\boldsymbol{Q}^{\mathrm{T}}$ 是关于全部 $y_1(s+r)$ 的矩阵；$\boldsymbol{\theta}$ 是模型待估计的特征向量。以最小平方误差准则估计求解式（2-87）可得

$$\widehat{\theta}=\left(\sum_{s\in S_1}\boldsymbol{Q}_s\boldsymbol{Q}_s^{\mathrm{T}}\right)^{-1}\left(\sum_{s\in S_1}\boldsymbol{Q}_s\boldsymbol{y}_s\right) \quad (2-89)$$

$$\widehat{\sigma}=\frac{1}{N^2}\sum_{s\in S_1}(\boldsymbol{y}_s-\widehat{\boldsymbol{\theta}}^{\mathrm{T}}\boldsymbol{Q}_s)^2 \quad (2-90)$$

式（2-89）中的 $\widehat{\theta}$ 是对 GMRF 模型参数的渐近一致性估计，式（2-90）给出了参数估计的平方误差 $\widehat{\sigma}$。当邻域系统的阶数较低时，用线性自回归的高斯-马尔可夫随机场模型描述复杂的图像特征有一定的局限性，随着阶数的增加，$\widehat{\theta}$ 能描述更复杂的纹理。综合考虑木材表面纹理复杂性、参数描述性能以及数据运算量，并参考前期研究，最终选定邻域系统的阶数为5，其参数具体估计方法见式（2-88）、式（2-89）和式（2-90）。

$$\boldsymbol{Q}_s=[y_{s+r_1}+y_{s-r_1},\cdots,y_{s+r_{12}}+y_{s-r_{12}}]^{\mathrm{T}} \quad (2-91)$$

式中，$\{r_1,r_2,r_3,r_4,r_5,r_6,r_7,r_8,r_9,r_{10},r_{11},r_{12}\}=\{(0,1),(1,0),(1,1),(1,-1),(0,2),(2,0),(2,1),(-2,1),(-2,2),(2,2)\}$，$\boldsymbol{\theta}=\{\theta_1,\theta_2,\theta_3,\theta_4,\theta_5,\theta_6,\theta_7,\theta_8,\theta_9,\theta_{10},\theta_{11},\theta_{12}\}^{\mathrm{T}}$，为12维向量。

2.3.3 基于高斯-马尔可夫随机场木材表面纹理特征的获取

我们应用 MATLAB 编制了 GMRF 纹理分析程序，并获取了10种纹理类型共1 000个样本的5阶 GMRF 特征参数，具体见表2-41（受篇幅限制，每类样本只列出前5个）。

表 2-41　木材表面纹理样本的 GMRF 特征参数（每类 5 个）

纹理类型	θ_1	θ_2	θ_3	θ_4	θ_5	θ_6
白桦径切	0.314 91	0.559 67	−0.199 21	−0.154 64	−0.101 99	−0.056 66
	0.283 26	0.526 71	−0.151 61	−0.156 3	−0.069 55	−0.057 35
	0.292 5	0.547 81	−0.180 32	−0.147 54	−0.086 46	−0.061 16
	0.296 33	0.558 42	−0.178 89	−0.156 52	−0.094 36	−0.059 82
	0.300 32	0.558 25	−0.183 55	−0.160 23	−0.093 5	−0.061 98
均值	0.473 85	0.519 21	−0.234 92	−0.224 05	−0.060 46	−0.117 62
标准差	0.131 64	0.025 049	0.048 867	0.059 036	0.028 629	0.054 118
白桦弦切	0.270 24	0.580 04	−0.170 77	−0.133 29	−0.108 45	−0.048
	0.272 68	0.580 11	−0.170 95	−0.135 57	−0.108 61	−0.045 39
	0.304 02	0.558 38	−0.179 39	−0.154 17	−0.100 73	−0.053 5
	0.305 27	0.539 96	−0.167 19	−0.157 08	−0.087 4	−0.050 4
	0.310 59	0.529 87	−0.167 15	−0.154 17	−0.081 66	−0.051 06
均值	0.301 53	0.535 53	−0.126 74	−0.112 64	−0.076 83	−0.041 24
标准差	0.026 437	0.053 814	0.061 285	0.057 937	0.046 212	0.012 068
红松径切	0.317 62	0.538 04	−0.158 06	−0.159 54	−0.070 32	−0.022 88
	0.257 33	0.516 54	−0.086 21	−0.150 78	−0.060 53	−0.034 77
	0.265 33	0.509 68	−0.088 89	−0.148 5	−0.052 01	−0.034 15
	0.287 67	0.503 36	−0.109 26	−0.142 38	−0.046 39	−0.034 74
	0.278 49	0.519 29	−0.101 43	−0.160 52	−0.060 28	−0.037 5
均值	0.266 6	0.525 49	−0.114 06	−0.147 72	−0.064 52	−0.032 91
标准差	0.023 918	0.019 098	0.035 269	0.037 567	0.015 936	0.013 75
红松弦切	0.230 34	0.538 92	−0.131 81	−0.113 99	−0.084 73	−0.047 38
	0.226 28	0.536 07	−0.129 42	−0.110 3	−0.082 35	−0.044 12
	0.224 23	0.537 21	−0.127 35	−0.108 18	−0.083 98	−0.041 73
	0.223 6	0.541 25	−0.124 89	−0.108 48	−0.087 4	−0.038 63
	0.236 09	0.538 53	−0.131 26	−0.109 09	−0.093 39	−0.040 62
均值	0.230 45	0.528 5	−0.105 9	−0.128 88	−0.079 91	−0.040 98
标准差	0.020 95	0.020 397	0.030 914	0.024 776	0.016 064	0.008 091
落叶松径切	0.313 21	0.556 56	−0.122 53	−0.189 04	−0.076 32	0.006 332
	0.307 81	0.591 5	−0.148 7	−0.190 25	−0.108 27	0.001 977
	0.306 42	0.576	−0.134 85	−0.189 84	−0.093 9	0.018 031
	0.302 3	0.558 23	−0.117 48	−0.185 8	−0.077 16	0.016 528
	0.318 2	0.544 92	−0.120 43	−0.187 29	−0.066 6	0.008 184
均值	0.311 1	0.565 53	−0.148 11	−0.178 37	−0.092 77	−0.005 4

续表

纹理类型	θ_1	θ_2	θ_3	θ_4	θ_5	θ_6
标准差	0.024 143	0.015 385	0.037 781	0.029 062	0.013 189	0.022 609
落叶松弦切	0.321 54	0.552 22	−0.186 96	−0.131 92	−0.116 78	−0.055 44
	0.307 87	0.551 56	−0.176 77	−0.127 36	−0.112 26	−0.051 65
	0.310 1	0.502 76	−0.165 18	−0.112 34	−0.096 12	−0.055 15
	0.311 07	0.503 76	−0.156 69	−0.121 49	−0.087 82	−0.056 02
	0.298 37	0.552 37	−0.160 38	−0.151 58	−0.117 49	−0.054 3
均值	0.298 25	0.545 74	−0.167 86	−0.133 89	−0.100 19	−0.051 84
标准差	0.019 495	0.021 011	0.020 795	0.018 958	0.016 428	0.007 409
水曲柳径切	0.422 56	0.564 86	−0.254 97	−0.218 29	−0.076 52	−0.096 22
	0.428 9	0.558 67	−0.262 75	−0.222 55	−0.070 46	−0.098 1
	0.435 16	0.564 21	−0.272 16	−0.229 07	−0.076 2	−0.101 5
	0.434 66	0.575 34	−0.266 96	−0.238 15	−0.086 79	−0.101 92
	0.427 08	0.565 3	−0.205 3	−0.278 3	−0.074 74	−0.106 09
均值	0.386 3	0.563 85	−0.204 2	−0.231 86	−0.072 78	−0.094 04
标准差	0.020 767	0.010 789	0.027 05	0.020 548	0.010 587	0.014 185
水曲柳弦切	0.448 43	0.551 08	−0.244 28	−0.239 47	−0.093 32	−0.108 74
	0.443 62	0.564 3	−0.249 92	−0.244 71	−0.100 88	−0.108 77
	0.444 34	0.563 55	−0.250 28	−0.246 03	−0.100 02	−0.110 17
	0.446 65	0.568 76	−0.259 27	−0.249 14	−0.105 57	−0.113 39
	0.443 36	0.570 85	−0.257 6	−0.246 79	−0.107 29	−0.108 84
均值	0.392 83	0.566 7	−0.248 04	−0.218 21	−0.099 21	−0.097 06
标准差	0.030 104	0.018 172	0.018 177	0.027 883	0.023 043	0.007 441
柞木径切	0.306 94	0.561 48	−0.187 09	−0.163 58	−0.068 38	−0.068 56
	0.282 92	0.553 42	−0.169 59	−0.153 02	−0.060 58	−0.062 87
	0.284 18	0.549 92	−0.178 68	−0.152 35	−0.058	−0.070 56
	0.297 62	0.565 2	−0.181 19	−0.164 67	−0.073 21	−0.071 48
	0.299 13	0.539 66	−0.135 5	−0.168 56	−0.050 87	−0.059 85
均值	0.291 32	0.550 75	−0.141 73	−0.170 97	−0.059 88	−0.060 75
标准差	0.013 015	0.012 053	0.024 2	0.020 614	0.011 271	0.005 867
柞木弦切	0.304 7	0.525 68	−0.107 67	−0.207 17	−0.036 77	−0.061 18
	0.278 48	0.533 23	−0.101 88	−0.202 2	−0.043 24	−0.057 27
	0.290 52	0.542 89	−0.112 53	−0.214 91	−0.051 4	−0.067 16
	0.296 65	0.548 3	−0.125 02	−0.212 87	−0.056 48	−0.072 17
	0.300 65	0.562 57	−0.163 83	−0.172 84	−0.070 65	−0.073 16
均值	0.297 73	0.551 24	−0.156 84	−0.174 53	−0.060 5	−0.068 12
标准差	0.017 751	0.014 413	0.026 637	0.021 784	0.013 903	0.010 989

续表

纹理类型	θ_7	θ_8	θ_9	θ_{10}	θ_{11}	θ_{12}
白桦径切	0.021659	0.041 39	0.023 484	0.051 241	-0.003 4	0.003 523
	0.029 385	0.031 701	0.027 67	0.027 779	0.003 844	0.004 445
	0.024 067	0.044 306	0.026 427	0.037 706	-0.002 59	0.005 245
	0.025 269	0.040 235	0.029 846	0.036 26	-0.000 85	0.004 055
	0.029 506	0.040 131	0.030 555	0.038 5	0.000 213	0.001 771
均值	0.051 215	0.056 271	0.012 963	0.018 583	0.001 094	0.003 853
标准差	0.024 285	0.019 436	0.015 049	0.018 97	0.004 968	0.004 449
白桦弦切	0.009 82	0.032 855	0.021 182	0.034 88	0.002 457	0.009 038
	0.008 084	0.030 963	0.020 206	0.035 872	0.002 196	0.010 388
	0.017 277	0.038 773	0.030 605	0.036 367	-0.001 99	0.004 344
	0.020 853	0.034 595	0.032 729	0.026 585	0.000 521	0.001 551
	0.020 392	0.034 853	0.031 679	0.024 444	0.001 888	0.000 313
均值	-0.005 14	0.001 524	-0.011 9	-0.006 6	0.020 439	0.022 067
标准差	0.037 319	0.040 635	0.057 294	0.060 701	0.028 09	0.024 525
红松径切	0.025 069	-0.019 2	0.013 449	0.023 822	0.012 332	-0.000 34
	0.018 525	-0.002 34	0.035 262	-0.003 66	0.011 811	-0.001 17
	0.020 684	-0.003 31	0.030 897	-0.008 18	0.011 699	-0.003 26
	0.020 591	-0.003 27	0.021 831	-0.006 97	0.013 282	-0.003 71
	0.025 052	0.002 417	0.038758	-0.005 86	0.009 735	-0.008 15
均值	0.011 544	0.008 74	0.029 698	0.009 305	0.005 468	0.002 347
标准差	0.011 98	0.010 82	0.015 557	0.016 589	0.004 567	0.005 068
红松弦切	0.018 128	0.024 334	0.027 497	0.029 283	0.004 413	0.004 996
	0.015 339	0.020 512	0.026 923	0.030 022	0.004 882	0.006 151
	0.014 743	0.018 16	0.025 753	0.030 014	0.005 05	0.006 058
	0.015 452	0.012 785	0.024 71	0.029 493	0.006 274	0.005 821
	0.015 64	0.017 247	0.028 313	0.027 936	0.007 208	0.003 37
均值	0.019 709	0.011 919	0.033 169	0.019 567	0.008 479	0.003 878
标准差	0.004 756	0.008 456	0.008 917	0.016 899	0.003 791	0.002 415
落叶松径切	0.004 403	-0.010 71	0.029 326	-0.009 22	0.003 016	-0.005 04
	0.006 948	-0.004 1	0.038 156	0.010 749	0.001 247	-0.007 09
	-0.002 22	-0.013 51	0.034 564	0.003 699	0.000 587	-0.004 99
	-0.001 96	-0.012 52	0.029 612	-0.007 23	7.84×10^{-5}	-0.004 6
	0.000 792	-0.009 68	0.0260 78	-0.011 48	0.001 589	-0.004 28
均值	0.006 429	-0.001 35	0.029 662	0.014 486	0.001 221	-0.002 43

续表

纹理类型	θ_7	θ_8	θ_9	θ_{10}	θ_{11}	θ_{12}
标准差	0.014 227	0.014 615	0.013 785	0.018 385	0.005 712	0.004 625
落叶松弦切	0.010 589	0.043 181	0.017 021	0.047 245	-0.008 076	0.007 381
	0.006 882	0.039 51	0.015 713	0.043 551	-0.005 515	0.008 464
	0.015 398	0.038 365	0.020 489	0.047 364	-0.008 358	0.002 655
	0.022 98	0.030 807	0.018 831	0.037 643	-3.95×10^{-3}	0.000 859
	0.023 492	0.034 227	0.030 531	0.044 109	-0.003 456	0.004 108
均值	0.019 271	0.034 266	0.019 811	0.037 086	-0.003 815	0.003 163
标准差	0.008 885	0.008 747	0.008 811	0.009 657	0.003 3224	0.002 593
水曲柳径切	0.029 764	0.048 887	0.024 752	0.042 444	9.96×10^{-5}	0.012 603
	0.029 781	0.053 177	0.026 442	0.046 682	-0.003 166	0.013 343
	0.031 739	0.058 505	0.033 026	0.050 362	-0.003 938	0.009 827
	0.035 382	0.054 213	0.037 777	0.049 035	-9.67×10^{-4}	0.008 354
	0.065 095	0.030 22	0.055 338	0.014 492	0.013 122	-0.006 24
均值	0.049 998	0.036 12	0.037 376	0.024 936	0.004 9744	-0.000 7
标准差	0.010 548	0.013 497	0.009 874	0.018 887	0.006 8384	0.006 467
水曲柳弦切	0.048 397	0.052 486	0.042 981	0.047 074	-1.89×10^{-3}	-0.002 79
	0.048 925	0.054 374	0.047 19	0.052 549	-0.004 946	-0.001 8
	0.049 917	0.055 817	0.047 558	0.053 873	-0.006 386	-0.002 22
	0.052 309	0.062 024	0.051 074	0.061 11	-1.04×10^{-2}	-0.004 22
	0.049 161	0.059 327	0.050 804	0.059 541	-0.008 887	-0.003 69
均值	0.042 769	0.058 923	0.048 828	0.064 586	-0.010 07	-0.002 08
标准差	0.010 839	0.009 069	0.012 008	0.011 961	0.004 9372	0.004 215
柞木径切	0.036 619	0.029 832	0.015 133	0.037 416	-2.44×10^{-3}	0.002 634
	0.031 645	0.025 353	0.013 755	0.034 907	-0.001 828	0.005 87
	0.035 318	0.031 471	0.016 525	0.040 788	-0.002 26	0.003 631
	0.033 722	0.034 83	0.026 016	0.032 754	1.88×10^{-4}	0.000 213
	0.027 626	0.019 699	0.021 096	-0.000 35	0.008 586	-0.000 66
均值	0.030 715	0.018 666	0.023 901	0.009 877	0.006 9073	0.001 192
标准差	0.007 251	0.009	0.010 555	0.015 896	0.005 4895	0.004 239
柞木弦切	0.043 196	0.010 263	0.039 516	-0.015 908	1.26×10^{-2}	-0.007 264
	0.041 298	0.010 439	0.046 138	-0.008 471	0.010 603	-0.007 131
	0.049 532	0.014 188	0.053 191	-0.006 545	0.011 756	-0.009 545
	0.050 171	0.022 587	0.051 863	-0.001 488	7.58×10^{-3}	-0.009 155
	0.033 206	0.031 213	0.030 631	0.014 912	0.008 1003	-0.000 807
均值	0.036 847	0.027 429	0.024 948	0.019 96	0.001 842 7	-2.03×10^{-5}
标准差	0.009 215 5	0.010 8	0.011 378	0.014 649	0.005 7701	0.004 271

为了更直观地观察 12 个 GMRF 特征参数在不同类别间的分布情况，我们绘制了 GMRF 参数在 10 类样本间的分布情况，如图 2－29 所示。其中，纹理类型 1～10 依次为：白桦径切、白桦弦切、红松径切、红松弦切、落叶松径切、落叶松弦切、水曲柳径切、水曲柳弦切、柞木径切和柞木弦切。

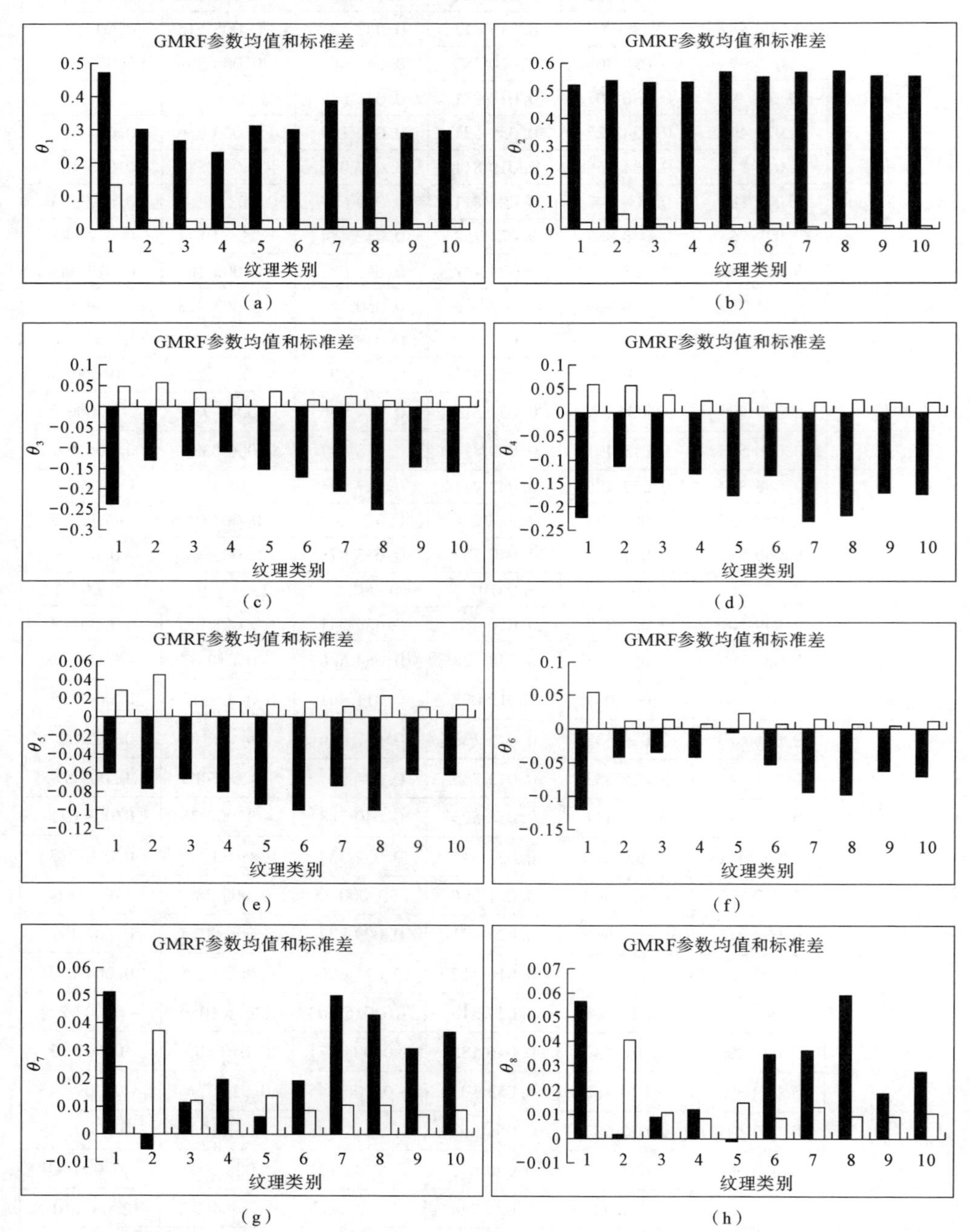

图 2－29　10 种纹理共 1 000 个木材样本的 5 阶 GMRF 参数均值和标准差

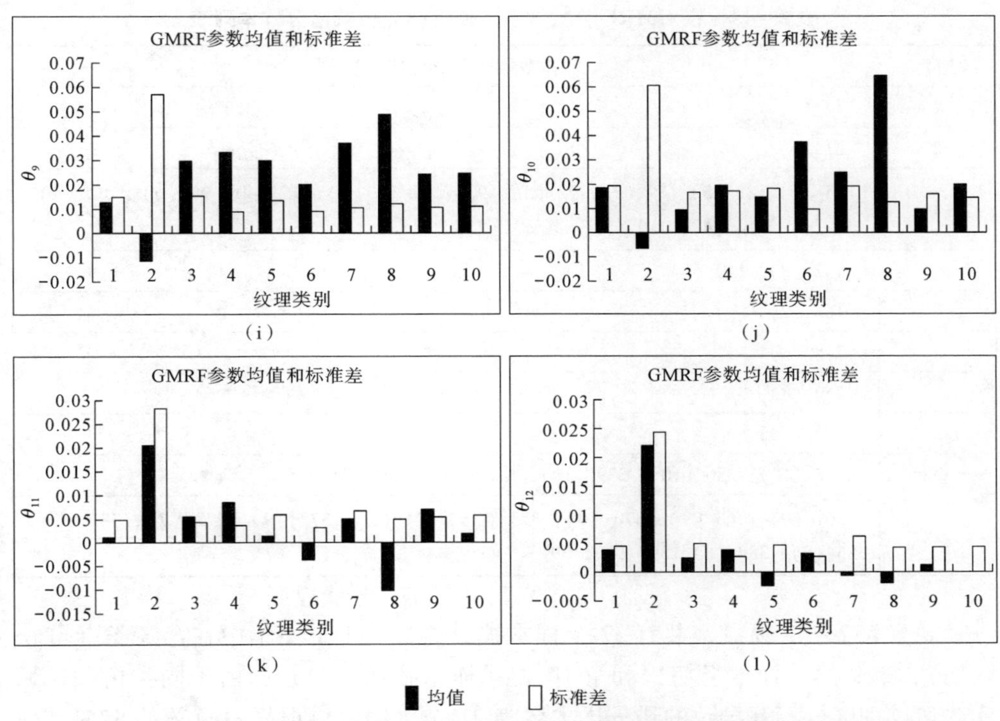

图2-29 10种纹理共1 000个木材样本的5阶GMRF参数均值和标准差（续）

由图2-29易见，12个GMRF纹理特征参数在10种纹理类型间总体上具有较大的差异。我们引入GMRF目的是得到一种能有效区分同种木材的不同纹理类型（即径切纹理和弦切纹理）的特征参数。因此，为了便于说明问题，下面我们只选用了最近邻分类器对木材表面纹理进行分类识别。

2.3.4 基于GMRF木材表面纹理的分类与识别

将12个GMRF特征参数组成特征向量，输入给最近邻分类器，对未知样本集合分类识别结果如表2-42与表2-43所示。

表2-42 在GMRF参数体系下最近邻分类器对未知样本集合分类识别情况

纹理类型	1	2	3	4	5	6	7	8	9	10	总体
识别率/%	97.50	97.50	70.00	95.00	97.50	97.50	97.50	97.50	87.50	70.00	90.75

由表2-42可见，GMRF的12个纹理特征参数对纹理类型1、2、5、6、7、8的识别率最高为97.5%，纹理类型3、10最低为70%，总体识别率为90.75%。可以发现，总体识别率主要是受纹理类型3、10的影响，这里我们对其进行了详细分析，具体如表2-43所示。

表 2－43　在 GMRF 参数体系下最近邻分类器错分样本列表

纹理类型	各类样本分类识别的情况
1	17（2）
2	51（6）
3	85（6），88（5），89（5），92（5），93（5），94（9），96（4），98（6），102（4），110（4），114（4），119（5）
4	142（2），143（3）
5	168（2）
6	218（4）
7	269（8）
8	302（10）
9	332（10），336（10），339（10），341（10），354（10）
10	361（9），366（9），370（9），373（9），374（9），377（9），378（7），381（7），385（9），389（8），397（9），399（9）

观察表 2－43 易见，共有 37 个样本被分错，其中主要集中在第 3 类（红松弦切）、第 9 类（柞木径切）和第 10 类（柞木弦切）纹理，由于同类树种径切和弦切纹理区分不开导致的错分样本数为 21 个，约占错误样本总数的 57%，似乎没有比灰度共生矩阵的数据有明显提高。但如果抛开第 9 类与第 10 类纹理，由于同类树种径切和弦切纹理区分不开导致的错分样本数占总错分样本的 30%，大大低于灰度共生矩阵的数据，表明除柞木外，高斯－马尔可夫随机场特征参数区分同类树种径切和弦切纹理的能力均强于灰度共生矩阵，但其抗击噪声的能力却远远低于灰度共生矩阵，这也是我们没有直接选用它的原因。此外，比较表 2－20、表 2－28、表 2－36、表 2－37 与表 2－43 发现，基于高斯－马尔可夫随机场的木材表面纹理的分类识别情况与基于灰度共生矩阵的不同，能够互相弥补对方对样本描述的不足，这也从另一个侧面证明了我们所选择融合特征的正确性。

2.4　基于小波变换分形维特征木材表面纹理的分类与识别

木材表面纹理具有明显的自相似特征，这种自相似性在不同分辨率下的木材纹理图案之间得到了充分体现；同时，各个不同分辨率下的木材纹理均具有丰富的细节，因此，木材纹理具有自然分形性和尺度性。通过对不同分辨率尺度的木材纹理图像的像素灰度进行分形特征研究，以获得木材纹理的粗糙度和随机性信息，进而进行纹理分类应当是可行的。

2.4.1　小波分析

小波变换的概念是法国工程师 J. Morlet 和 A. Grossmann 在 1974 年提出的。1986 年数学家 Y. Meyer 构造出第一个真正的小波基，并与 S. Mallat 合作建立了构造小波基的方法及其多尺度分析之后，小波分析才开始蓬勃发展起来，比利时女数学家 I. Daubechies 撰写的《小波十讲》（Ten Lectures on Wavelets）对小波的普及起了重要的推动作用。小波分析是调和与分析这一数学领域半个世纪以来众多科学家的工作结晶，小波分析优于传统傅里叶变换的地方是，它在时（空）域和小波域同时具有良好的局部化性能，并通过伸缩和平移运算对信号进行多尺度细化分析（Multiscale Analysis），从而解决了傅里叶变换不能解决的许多问题，被誉为“数学显微镜”。因此，小波变换在信号分析和图像处理领域获得了广泛的应用。

小波的数学定义为：

对于函数 $\psi(x) \in L^2(\mathbf{R})$，若满足

$$\int_R \psi(x)\,\mathrm{d}x = 0 \tag{2-92}$$

则这个函数就可以是一个基本小波。对小波进行平移、伸缩生成的函数族

$$\psi_{b,a}(x) = |a|^{-1/2}\psi\left(\frac{x-b}{a}\right)(b, a \in \mathbf{R}) \tag{2-93}$$

构成一组小波基，其中 a 是尺度伸缩参数，b 是位置平移参数。

用上述小波基对函数 $f(x) \in L^2(R)$ 进行的连续小波变换定义为

$$(W_\psi f)(b,a) = \langle f, \psi_{b,a} \rangle = |a|^{-1/2}\int_R f(x)\psi\left(\frac{x-b}{a}\right)\mathrm{d}x \tag{2-94}$$

小波变换实质上是原始信号与经过尺度伸缩后的小波函数族的相关运算，运算结果称为小波系数。通过调整尺度因子，可以得到具有不同时频宽度的小波以匹配原始信号的不同位置，达到对信号的局部分析的目的。式（2－92）的卷积形式为

$$(W_\psi f)(b,a) = f * \psi_{b,a}$$

可见，从滤波器的观点出发，小波变换又可看成是用一组不同尺度的小波滤波器对原始信号进行的滤波运算，从而将信号分解到一系列频带上。

由小波变换的结果可以重构原始信号，小波变换的重构公式为

$$f(x) = C_\psi^{-1}\int_R\int_R (W_\psi f)(b,a)\psi_{b,a}(x)\,\frac{\mathrm{d}a}{a^2}\mathrm{d}b \tag{2-95}$$

式中，

$$C_\psi = \int_R \frac{|\hat{\psi}(\omega)|}{|\omega|}\mathrm{d}\omega \tag{2-96}$$

上述过程必须满足完全重构条件

$$C_{\psi} = \int_{R} \frac{|\hat{\psi}(\omega)|^{2}}{|\omega|} d\omega < \infty \tag{2-97}$$

同时，$\Psi(x)$ 还应满足窗函数的约束条件

$$\int_{R} |\psi(X)| dx < \infty \tag{2-98}$$

因此，为了满足完全重构条件，$\hat{\psi}(\omega)$在原点必须等于零，即

$$\hat{\psi}(0) = \int_{R} \psi(x) dx = 0 \tag{2-99}$$

在对信号$f(x)$连续小波变换$(W_{\psi}f)(b,a)$中，参数 a，b 的值域为整个实轴。

对连续小波变换的小波基的伸缩尺度 a 二进离散化，同时也对卷积的平移参数 b 离散化，取 $a=2^{j}, b=\frac{k}{2^{j}}, j,k\in \mathbf{Z}$；就可得到一类对时间－尺度都离散化了的小波变换，称为二进小波变换：

$$\psi_{j,k}(t) = 2^{-j/2}\psi(2^{-j}t-k), (j,k\in \mathbf{Z}) \tag{2-100}$$

2.4.2 计算机图像小波变换算法

对信号进行小波分解，就是在各个不同的尺度上对信号进行分析，而小波变换正是对信号的一种多尺度表示。小波变换中的参数 a 越大，尺度越粗，分辨率越低。

为了便于说明问题，在分辨率2^{j}下，引入一个投影算子A_{j}。对于任意一个函数$f\in L^{2}(\mathbf{R})$，$A_{j}f$是f的一个近似。可以证明，A_{j}是线性算子，因此由下式定义的一个集合 V_{j}：$V_{j}=\{A_{j}f | f\in L^{2}(\mathbf{R})\}$ 是$L^{2}(\mathbf{R})$的一个子空间。

对信号f进行多尺度分析就是把f投影到一连串的粗尺度空间上。严格地说，对$L^{2}(\mathbf{R})$的一个多尺度近似就是一个嵌套的子空间序列V_{j}；它们满足以下条件：

（1）单调性：$V_{j}\subset V_{j+1}$，对任意$j\in \mathbf{Z}$，即$\cdots V_{-2}\subset V_{-1}\subset V_{0}\subset V_{1}\subset V_{2}\subset\cdots$；

（2）逼近性：$\mathrm{close}\left\{\bigcup_{-\infty}^{+\infty} V_{j}\right\} = L^{2}(\mathbf{R})$，$\bigcap_{-\infty}^{+\infty} V_{j} = \{\phi\}$；

（3）伸缩性：$f(x)\in V_{j} \Leftrightarrow f(2x)\in V_{j+1}$；

（4）平移不变性：$f(x)\in V_{j} \Rightarrow f(x-2^{-j}k)\in V_{j}$，$\forall k\in \mathbf{Z}$；

（5）Riesz 基存在性：存在 $g\in V_{j}$，使得$\{g(x-2^{-j}k) | k\in \mathbf{Z}\}$构成 V_{j} 的 Riesz 基，即对任何$f\in V_{j}$；存在唯一序列$\{a_{k}\}\in L^{2}(\mathbf{R})$（平方可和列），使得

$$f(x) = \sum_{-\infty}^{+\infty} a_{k} g(x-k) \tag{2-101}$$

反之，任意序列$\{a_{k}\}\in L^{2}(\mathbf{R})$确定一函数$f\in V_{j}$，且存在正数 A 和 B，其中$A\leqslant B$，使得

$$A\|f\|^{2} \leqslant \sum_{-\infty}^{+\infty} \|a_{k}\|^{2} \leqslant B\|f\|^{2} \tag{2-102}$$

对所有 $f \in V_j$ 成立。

（6）类似性：在分辨率为 2^j 的所有近似函数 $g(x)$ 中，$A_j f(x)$ 是最类似于 $f(x)$ 的函数，即

$$\| g(x) - f(x) \| \geq \| A_j f(x) - f(x) \|, \forall f(x) \in V_j \tag{2-103}$$

也就是说，近似算子 A_j 是在向量空间 V_j 上的正交投影。

我们称满足上述特性(1)～(6)的向量空间 V_j，$j \in \mathbf{Z}$，为 $L^2(\mathbf{R})$ 的多分辨率近似。一维多分辨率分析和小波模型可以推广到任意多维，图像信号是能量有限的函数：$f(x,y) \in L^2(\mathbf{R}^2)$。

$L^2(\mathbf{R}^2)$ 的多分辨率近似是 $L^2(\mathbf{R}^2)$ 的子空间列，它们满足性质(1)～(6)的直接二维推广形式，令 $V_j^2 (j \in \mathbf{Z})$ 是 $L^2(\mathbf{R}^2)$ 的这样一种推广，信号 $f(x,y)$ 在分辨率 2^j 的近似等于信号在向量空间 V_j^2 上的正交投影，存在一个唯一的尺度函数 $\phi(x,y)$，其伸缩和平移给出每个空间 V_j^2 的正交基。

考虑 $L^2(\mathbf{R}^2)$ 的可分离多分辨率近似的特殊情况，对于这样的多分辨率近似，每个向量空间 V_j^2 可以分解为 $L^2(\mathbf{R})$ 的两个相同的子空间的张量积，即

$$V_j^2 = V_j \otimes V_j \tag{2-104}$$

向量空间系列 $V_j (j \in \mathbf{Z})$ 组成 $L^2(\mathbf{R}^2)$ 的一个多分辨率近似，当且仅当 $(V_j)_{j \in \mathbf{Z}}$ 构成 $L^2(\mathbf{R})$ 的多分辨率近似时，向量空间序列 $(V_j)_{j \in \mathbf{Z}}$ 构成 $L^2(\mathbf{R} \times \mathbf{R})$ 的可分离的多分辨率近似。尺度函数 $\phi(x,y)$ 可以写作

$$\phi(x,y) = \phi(x)\phi(y) \tag{2-105}$$

式中，$\phi(x)$ 是多分辨率近似 $V_j (j \in \mathbf{Z})$ 的一维尺度函数。于是 V_j^2 的正交基由下式给出：

$$2^{-j}\phi(x - 2^{-j}n, y - 2^{-j}m) = 2^{-j}\phi(x - 2^{-j}n)\phi(y - 2^{-j}m) \quad (n,m) \in \mathbf{Z}^2 \tag{2-106}$$

假定原始图像的分辨率为 1，与一维情况类似，在分辨率 2^j 的细节信号等于 $f(x,y)$ 在 V_j^2 关于 V_{j+1}^2 的正交补空间 O_j 上的正交投影。

O_j 空间的正交小波函数有

$$\begin{cases} \psi^1(x,y) = \phi(x)\psi(y) \\ \psi^2(x,y) = \psi(x)\phi(y) \\ \psi^3(x,y) = \psi(x)\psi(y) \end{cases} \tag{2-107}$$

$\psi(x)$ 是对应的一维尺度函数 $\phi(x)$ 的小波函数。

在 2^j 分辨率下，图像信号 $f(x,y)$ 的逼近 $A_j f(x,y)$ 可以表示为内积关系：

$$A_j f = [\langle f(x,y), \phi_j(x - 2^{-j}n, y - 2^{-j}m) \rangle]_{(m,n) \in \mathbf{Z}^2} \tag{2-108}$$

在不同的分辨率下，二维图像的近似 $A_{j+1} f(x,y)$ 和 $A_j f(x,y)$ 的信息是不等的，这一不同分辨率下近似的差别信号由细节信号 D_j 来表示，细节信号可由三幅细节图像 D_j^1，D_j^2，D_j^3 来表示：

$$\begin{cases} D_j^1 f = [\ <f(x,y),\psi_j^1(x-2^{-j}n,y-2^{-j}m)>]_{(m,n)\in \mathbf{Z}^2} \\ D_j^2 f = [\ <f(x,y),\psi_j^2(x-2^{-j}n,y-2^{-j}m)>]_{(m,n)\in \mathbf{Z}^2} \\ D_j^3 f = [\ <f(x,y),\psi_j^3(x-2^{-j}n,y-2^{-j}m)>]_{(m,n)\in \mathbf{Z}^2} \end{cases} \tag{2-109}$$

离散的近似信号和细节信号还可以表示为卷积关系：

$$\begin{cases} A_j f = [f(x,y) * \phi_j(-x)\phi_j(-y)(2^{-j}n,2^{-j}m)]_{(m,n)\in \mathbf{Z}^2} \\ D_j^1 f = [f(x,y) * \phi_j(-x)\psi_j(-y)(2^{-j}n,2^{-j}m)]_{(m,n)\in \mathbf{Z}^2} \\ D_j^2 f = [f(x,y) * \psi_j(-x)\phi_j(-y)(2^{-j}n,2^{-j}m)]_{(m,n)\in \mathbf{Z}^2} \\ D_j^3 f = [f(x,y) * \psi_j(-x)\psi_j(-y)(2^{-j}n,2^{-j}m)]_{(m,n)\in \mathbf{Z}^2} \end{cases} \tag{2-110}$$

上式表明，二维图像分解成 $A_j f$，$D_j^1 f$，$D_j^2 f$ 和 $D_j^3 f$，可以通过沿 x 方向和 y 方向分别进行一维滤波而得到。于是图像的分解可以理解为在一组独立的空间有向频率通道上的信号分解，如图 2－30 所示。从图 2－30 中可以看出，在分辨率 2^j，$A_j f$ 代表了二维图像信号 $f(x,y)$ 的近似，$D_j^1 f$ 给出了 y 方向的高频分量（x 方向边缘）和 x 方向的低频分量，$D_j^2 f$ 给出了 x 方向的高频分量（y 方向边缘）和 y 方向的低频分量，$D_j^3 f$ 同时给出了 x 方向和 y 方向的高频分量（对应角点），分别对应 LL，HL，LH，HH 四个子频率通道。

$D_j^3 f$	$D_j^1 f$	$D_j^3 f$
$D_j^2 f$	$A_j f$	
$D_j^2 f$		

图 2－30　二维小波分解结果

对于 $\forall J>0$，图像 $A_j f$ 完全由下列 $3J+1$ 个离散图像来表征：

$$(A_j f, D_j^1 f, D_j^2 f, D_j^3 f)_{-J\leqslant J\leqslant 0} \tag{2-111}$$

这一集合称为二维图像的正交分解。可以这样理解：正交小波变换使用一组小波函数和相应的尺度函数将原始信号分解为不同的具有方向选择性的子带，重复地对低频子带进行分解可以产生下一级层次。二维图像的正交小波分解是一种非冗余分解，即分解前后图像的像素总和不变，数据量不变。

为实现二维图像的正交小波变换，将二维图像 f 分解成 $A_j f$，$D_j^1 f$，$D_j^2 f$ 和 $D_j^3 f$，Mallat 根据小波变换的重要性质，提出了二维小波分解算法：

$$\begin{cases} A_j f = \tilde{H}_c \tilde{H}_r A_{j+1} f \\ D_j^1 f = \tilde{G}_c \tilde{H}_r A_{j+1} f \\ D_j^2 f = \tilde{H}_c \tilde{G}_r A_{j+1} f \\ D_j^3 f = \tilde{G}_c \tilde{G}_r A_{j+1} f \end{cases} \tag{2-112}$$

式中，$\tilde{H}$，$\tilde{G}$ 为两个一维滤波器（正交镜像滤波器）；$\tilde{H}$ 为低通滤波器；$\tilde{G}$ 为高通滤波器；下标 r 和 c 对应于图像的行和列。按照此公式，二维小波变换可通过两个独立的一维小波变换来实现：先用一对滤波器对 $A_{j+1}f$ 的行进行卷积，隔列保留结果，再对该结果的列进行卷积，隔行保留结果，最终得到的分解结果 A_jf，D_j^1f，D_j^2f 和 D_j^3f 的行列值（即分辨率）将为原图像的一半，则图像的正交小波分解过程如图2-31所示。

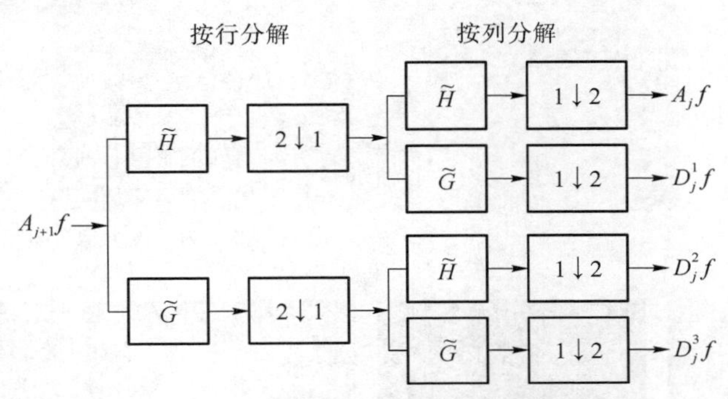

图2-31　二维正交小波变换的分解过程

二维重建算法与一维类似，$A_{j+1}f$ 可由 A_jf、D_j^kf 重建。首先在图像 A_jf、D_j^kf 的每两列之间插入一列0，并用一个一维滤波器和各行做卷积，然后在每两行之间插入一行0，且用另一个一维滤波器与各列做卷积，这样即可得到 $A_{j+1}f$。

$$A_{j+1}f = \sum_{j=N-M}^{N-1}\Big[(\tilde{H}_r\tilde{H}_c)^j\tilde{H}_r\tilde{G}_c(D_j^1f) + (\tilde{H}_r\tilde{H}_c)^j\tilde{G}_r\tilde{H}_c(D_j^2f) + (\tilde{H}_r\tilde{H}_c)^j\tilde{G}_r\tilde{G}_c(D_j^3f)\Big] + (\tilde{H}_r\tilde{H}_c)^{N-M}(A_{N-M}f) \tag{2-113}$$

通过重复这一算法，可以由小波重建图像 A。二维正交小波变换的重构计算过程如图2-32所示。

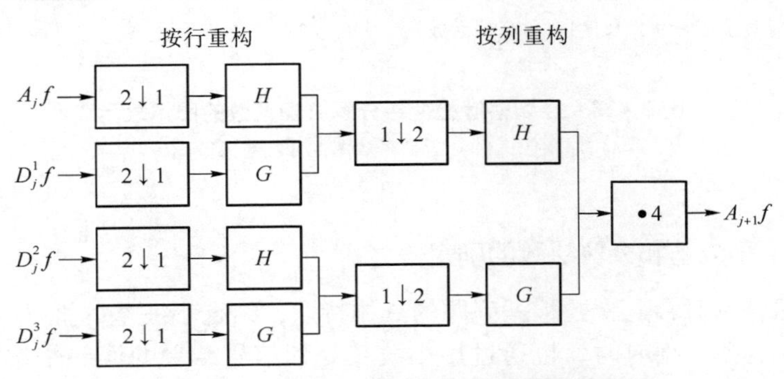

图2-32　二维正交小波变换的重构计算过程

如果仅对 A_jf、D_j^1、D_j^2、D_j^3 之一进行单支重构，还可形成多分辨率的各级近似和细节图像。如图 2－33 所示，一个利用二维离散正交小波变换算法进行图像分解的例子。在每个尺度上，经过滤波，可以得到一幅粗尺度图像 $A_j f$ 以及三幅细节图像 $D_j^1 f$，$D_j^2 f$，$D_j^3 f$。根据滤波器的性质，可知 $D_j^1 f$，$D_j^2 f$，$D_j^3 f$ 分别包含了原始图像在尺度 j 上的竖直、水平及对角的细节信息。

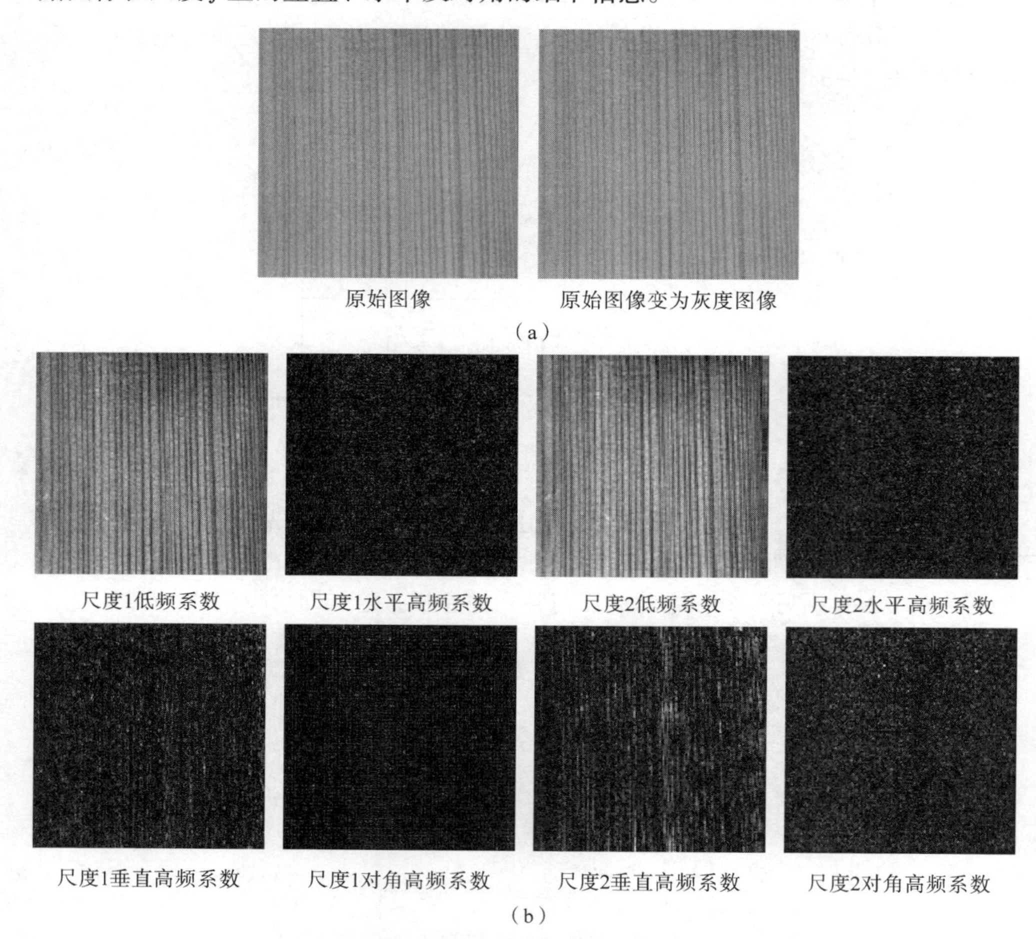

图 2－33　径切落叶松两级分解纹理系数的图像表示

（a）原图像；（b）近似系数图像和细节系数图像

2.4.3　小波基和分解层数的确定

在实际应用时，通常是根据问题的具体特点，结合小波基的性质和时频测不准原理进行选择。而有时，也通过用小波基处理信号结果的误差来选定小波基。选择小波基通常参考如下性质：

（1）正交性与双正交性：如果变换后的小波系数是不相关的，则称小波基具有正交性，正交小波变换系数具有最低的信息冗余，正是任何变换所期望的。

但是，对于除 Haar 小波之外的正交小波来说，线性相位、紧支撑等性质之间是矛盾的，在无法满足正交性的情况下，也可选择双正交小波。

（2）紧支性：小波基函数 $\psi(t)$ 的支撑长度，当时间或频率趋向无穷大时，小波基函数 $\psi(t)$ 从一个有限值收敛到 0 的速度；支撑宽度是从时间复杂度的角度来考虑的，小波变换实际上是一个卷积的过程，因此卷积核不能太长，否则会严重影响运算的时间。因此，应当尽可能选择支撑长度短的小波基，即紧支撑性。

（3）对称性：影响信号或图像的相位，为完全重构信号，应使用对称性或反对称小波基。

（4）正则性（regularity）：是指小波函数的光滑程度，直接影响小波系数的最小化量化误差。正则性好，图像的重构就能获得较好的平滑效果。而正则性太好，则有可能滤掉了图像的细节。因此，可根据实际的重构误差来确定。

在小波基函数族中，有一些被实践证明具有很好应用效果，表 2－44 所示为常用小波基的主要性质，根据之前相关研究结果最终选择 Symlets4。

表 2－44　常用小波基的主要性质

小波函数	Haar	Daubechies	Biothogonal	Coiflet	Symlets
缩写名	Haar	Db	Bior	Coif	Sym
表示形式	Haar	DbN	Bior Nr. Nd	Coif N	Sym N
举例	Haar	Db3	Bior 2. 4	Coif 3	Sym 2
正交性	√	√	×	√	√
双正交性	√	√	√	√	√
紧支撑性	√	√	√	√	√
连续小波变换	√	√	√	√	√
离散小波变换	√	√	√	√	√
支撑长度	1	$2N-1$	Decomposition：$Nd+1$ Reconstruction：$Nr+1$	$6N-1$	$2N-1$
滤波器长度	2	$2N$	$\mathrm{Max}(2Nr, 2Nd)+2$	$6N$	$2N$
对称性	√	Approximately	×	Approximately	Approximately
小波函数消失矩阶数	1	N	$Nr-1$	$2N$	N
尺度函数消失矩阶数	—	—	—	$2N-1$	—

此外，根据 Mallat 多分辨率分析理论，小波分解过程可以无限进行下去。

小波分解层数越多，信号的高、低频部分就分解得越彻底；同时，随着分解层数的增多，计算量也会增大，系统处理的时间会变长。此外，如果小波分解的层数过多，滤波重构后的图像可能会产生失真。因此我们必须找到一个有效的方法，来确定合适的小波分解层数，使之在分解效果和系统响应时间之间取得平衡。

信息熵可以对给定的信号进行信息相关的性能描述，因此，可以作为小波分解是否继续的判断标准。信息熵反映了信源输出消息之前平均不确定性程度的大小，熵越大，信息的不确定性越大；信息熵表示信源输出每个符号所提供的平均信息量，它是一种信息的测度。熵值越小，信息就越少。表2－45所示为用Symlets4小波进行4级分解－重构的子图像的信息熵。一般而言，若对原始图像 S 的第 N 级的分解细节系数求信息熵，分解的层数越多，得到的细节系数的熵越小，表明信息的确定性越大。若分解到某层细节系数的熵与原始信号的熵之比可以忽略不计（一般认为小于5%即可），则认为此时分解层数已能满足分析要求，不需进一步分解。

表2－45　木材图像4级分解－重构各子图像的信息熵

图像	1级熵	2级熵	3级熵	4级熵
原图像A	5.588 9	—	—	—
近似图像ai	5.547 1	5.44	5.043 1	4.519 6
水平细节图像hi	2.796 8	2.771	3.140 6	2.17
垂直细节图像vi	3.129 9	3.996 5	4.780 1	4.365 6
对角细节图像di	2.412 3	2.412 3	2.422 8	1.900 5
各级子图像熵的和	8.339	9.179 8	**10.343 5**	8.436 1

从表2－45可见，分解到第4级，各子图像仍有很多信息，这是由于小波分解过程采用下采样的方式，一方面丢失一半信息，另一方面丢失的信息又产生虚假纹理，造成信息增加。但各级子图像的熵和有变化，并在第3级出现一个最大值，这可能是在尺度3情况下，引入的伪纹理更多所致。信息熵的缺点是不能直观反映出纹理信息的幅度变化，而且熵值变换不大。

我们也尝试采用计算重构图像能量的方法来确定小波分解级数。该方法基于这样的事实：随着小波分解的进行，各级重构图像的能量在逐级减小，这反映了各级纹理在整个纹理中的贡献大小。对于贡献小的弱纹理子图像可以舍弃，从而终止分解过程。图像能量定义如下：

$$E(I) = \sum_{m=1}^{N}\sum_{n=1}^{N}\frac{f^2(m,n)}{N^2} \tag{2-114}$$

式中，$f(m,n)$是重构图像灰度值。实验结果如表2－46所示。

表2－46　木材图像4级分解－重构各子图像的能量E

图像	1级重构能量	2级重构能量	3级重构能量	4级重构能量
原图像O	0.449 7	—	—	—
近似图像ai	0.449 57	0.449 22	0.448 45	0.448 12
水平细节hi	$4.666\,7\times10^{-5}$	$7.371\,9\times10^{-5}$	$4.320\,1\times10^{-5}$	1.812×10^{-5}
垂直细节vi	$7.599\,2\times10^{-5}$	0.000 246 36	0.000 684 53	0.000 398 43
对角细节di	$2.879\,8\times10^{-5}$	$2.879\,8\times10^{-5}$	$2.723\,9\times10^{-5}$	$1.294\,1\times10^{-5}$
各级细节能量比例hi+vi+di/O	$2.145\,7\times10^{-5}$/0.449 7 $=3.367\,9\times10^{-4}$	0.000 348 877/0.449 7 $=7.758\,0\times10^{-4}$	0.001 086 81/0.449 7 $=2.416\,7\times10^{-3}$	0.000 429 491/0.449 7 $=9.550\,6\times10^{-4}$

由表2－46可见，随着分解的进行，子图能量仅为原图能量的1/10 000量级，从原理上来讲，分解级数增加，子图能量总和应当进一步减小，而在第3级，各重构子图的能量与原图像的能量比值达到最大（0.24%），这是由于虚假纹理造成的结果。综合重构图像的信息熵和和能量值和，可以确定：以2为分解级数较好。

2.4.4　木材表面纹理的分形特征分析

图2－34所示为样本库1中的9个木材样本，其中，R代表径向，T代表弦向，K代表阔叶材，Z代表针叶材。为了不失一般性，我们把木材样本按纹理特征分为三大类：①纹理光滑：紫椴、麦吊云杉、银杏；②纹理较为粗糙：水曲柳、钻天柳、青钱柳；③纹理粗糙：春榆、铁木、西南桦。我们提取了上述9种木材样本图像的分形维数，如表2－47所示。

表2－47　木材图像的分形维数

项目	纹理类别1			纹理类别2			纹理类别3		
树种名称	R－K－水曲柳	R－K－钻天柳	T－K－青钱柳	T－K－春榆	T－K－铁木	T－K－西南桦	R－K－紫椴	R－Z－麦吊云杉	R－Z－银杏
分形维数	2.650 9	2.670 5	2.678 8	2.695 4	2.721 2	2.721 4	2.752 9	2.754 7	2.765 1

表2－47所示为直接对原图像求取的分形维数。从数据可以看出，在选取的木材纹理样本中，第一类纹理分形维数在2.65～2.68（纹理光滑）；第二类纹理分形维数在2.69～2.72（纹理较为粗糙）；第三类纹理分形维数在2.75～2.76（纹理粗糙）。可见，纹理细致的木材，其分形维数值也相对较小；纹理粗糙的木材，其分形维数值也相对较大；分形维数可以反映出木材纹理的粗糙度特征。

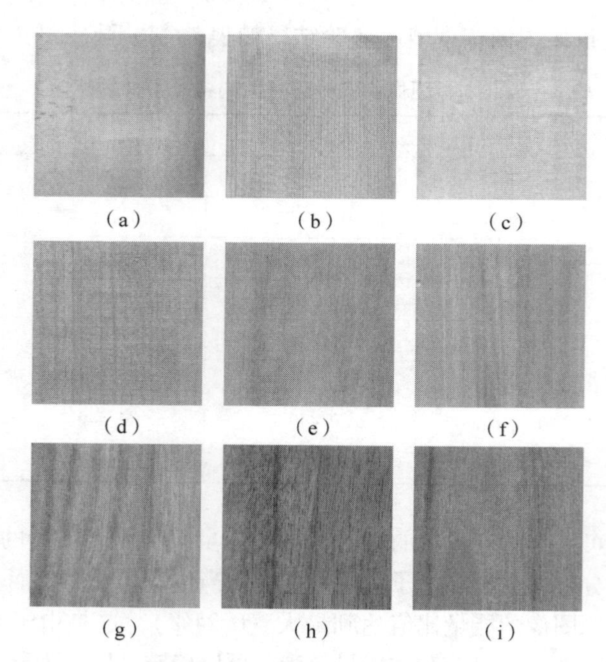

图 2-34　9 种木材样本的图像

(a) R-Z-银杏；(b) R-Z-麦吊云杉；(c) R-K-紫椴；(d) R-K-水曲柳；
(e) T-K-青钱柳；(f) R-K-钻天柳；(g) T-K-春榆；(h) T-K-铁木；(i) T-K-西南桦

2.4.5　木材表面纹理的小波变换分形维数特征的提取

前述方法由于只有一个参数，描述的又是木材纹理的整体概况，这对木材纹理的描述与分类显然是不足的。如果用小波对原图像多次分解并单支重构，再对重构后的子图像计算分形维数，将带来两个好处：第一，求取了图像近似和细节的分维；第二，获得了多分辨率信息。

我们用 Symlets-4 小波，将原图像进行两级分解并进行单支重构，形成两个分辨率下的近似和水平、垂直、对角三个方向的细节图像。再对重构后的八个子图像计算分形维数，分解并重构的图像如图 2-35 所示，计算结果列于表 2-48 中。本书以 ai、hi、vi、di 表示各个重构子图像，$i=1$，2 代表分解-重构的级次(分辨率)。

表 2-48　多分辨率下各木材重构图像的纹理分形维数

各级重构图像	R-K-水曲柳	R-K-钻天柳	T-K-青钱柳	T-K-春榆	T-K-铁木	T-K-西南桦	R-K-紫椴	R-Z-麦吊云杉	R-Z-银杏
a1-fd	2.542 6	2.609 4	2.604 6	2.597 5	2.592 6	2.602 8	2.538 0	2.548 8	2.539 2
a2-fd	2.372 6	2.477 3	2.462 0	2.385 5	2.360 5	2.369 1	2.411 7	2.394 6	2.435 8

续表

各级重构图像	R-K-水曲柳	R-K-钻天柳	T-K-青钱柳	T-K-春榆	T-K-铁木	T-K-西南桦	R-K-紫椴	R-Z-麦吊云杉	R-Z-银杏
h1-fd	2.809 8	2.820 7	2.817 8	2.848 6	2.829 9	2.837 7	2.834 1	2.808 4	2.817 9
h2-fd	2.590 4	2.595 5	2.597 1	2.588 9	2.587 7	2.596 0	2.606 0	2.589 1	2.596 0
v1-fd	2.839 4	2.840 5	2.836 5	2.855 2	2.827 4	2.867 7	2.817 2	2.851 0	2.824 9
v2-fd	2.620 2	2.639 9	2.638 9	2.665 9	2.696 6	2.647 0	2.603 6	2.685 8	2.577 4
d1-fd	2.935 1	2.916 1	2.915 0	2.935 0	2.924 7	2.922 3	2.922 0	2.914 9	2.926 4
d2-fd	2.842 5	2.852 9	2.854 1	2.848 0	2.847 6	2.850 8	2.850 4	2.847 4	2.850 1

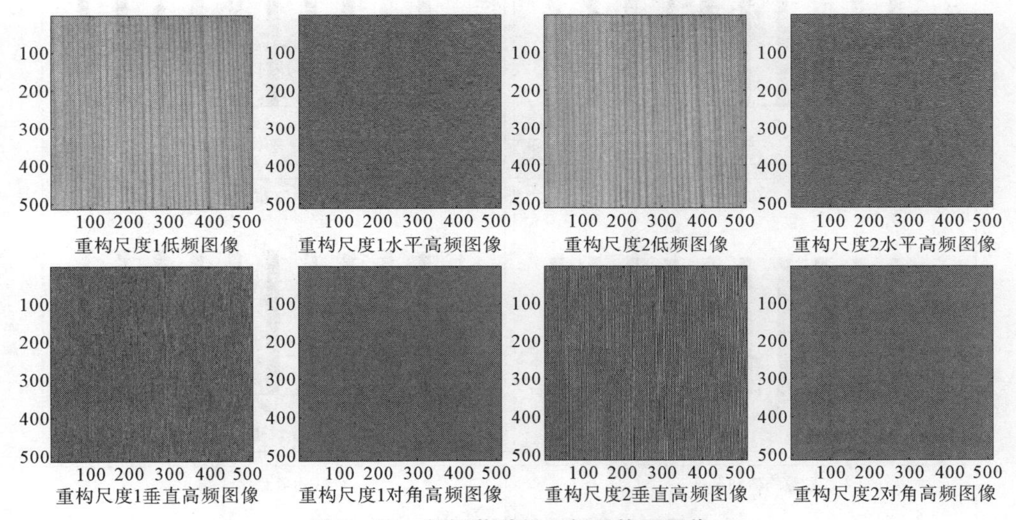

图2-35 径切落叶松2级重构子图像

由表2-48可见：

（1）在一级近似图像a1中，水曲柳、紫椴、银杏的分形维数相近（2.538 0～2.542 6）；麦吊云杉、铁木、春榆的分形维数相近（2.548 8～2.597 5）；西南桦、青钱柳、钻天柳相近（2.602 8～2.609 4）；

（2）在一级水平细节图像h1中，水曲柳、青钱柳、麦吊云杉、银杏的分形维数相近（2.808 4～2.817 9）；钻天柳、铁木相近（2.820 7～2.829 9）；春榆、西南桦的分形维数相近（2.837 7～2.848 6）；

（3）在一级垂直细节图像v1中，紫椴、银杏的分形维数相近（2.817 2～2.827 4）；水曲柳、钻天柳、青钱柳的分形维数相近（2.836 5～2.840 5）；麦吊云杉、春榆、西南桦的分形维数相近（2.840 5～2.867 7）；

（4）在一级对角细节图像d1中，由于几乎没有纹理，所以9个样本的差别不明显。

（5）二级分辨率下的情况与之类似。

可见，多分辨率下的分形维数反映了不同尺度下木材纹理近似、各方向细节图像的粗糙度特征，各级细节图像的分形维反映出粗糙程度相似的木材样本在细节上的有关不规则性和自相似性的差异。这里对其规律性不做过多的分析，这是木材物理学的研究范畴。

我们求取了样本库2中的10种木材表面纹理、共计1 000幅图像的多分辨率分形维（MultiResolution Fractal Dimension，MRFD），图2－36所示为10类木材纹理参数的均值和标准差。

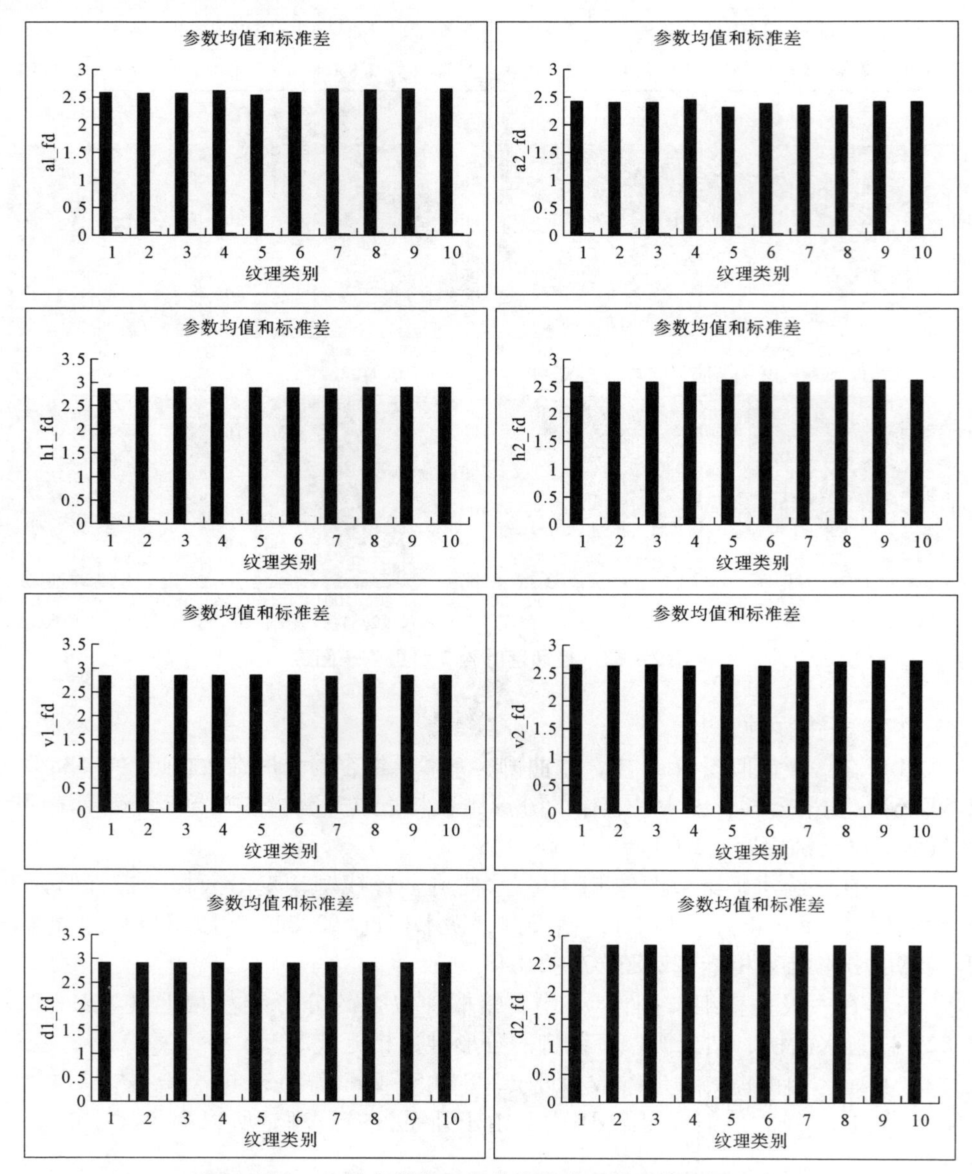

图2－36　10种木材纹理多分辨率分形维均值和标准差

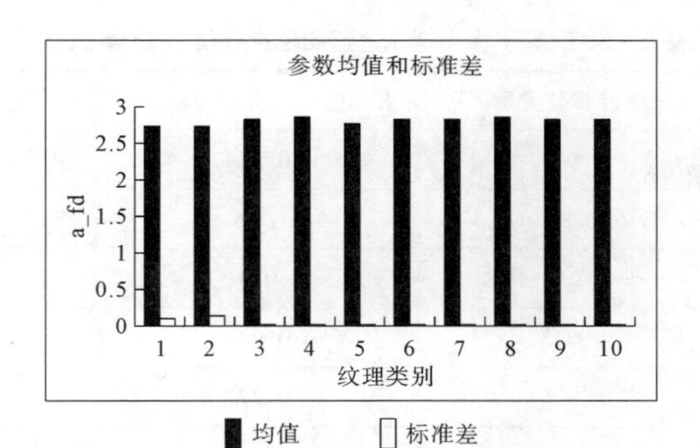

图 2－36　10 种木材纹理多分辨率分形维均值和标准差（续）

2.4.6　基于小波变换分形维木材表面纹理的分类与识别

由前面研究可知，用小波变换多分辨率分形维描述木材纹理存在可行性。而计算这套参数的目的就是在纹理描述的定量化的基础上，实现纹理的自动分类。使用 SNFS 算法，参数特征选择结果如表 2－49 所示。

表 2－49　基于 SNFS 算法的小波变换多分辨率分形维参数选择结果

参数个数	参数最优组合	识别率	初始温度	终止温度
1	1	0.423 33	9.586 3	0.028 973
2	6　9	0.663 33	3.532	0.013 344
3	1　3　6	0.82	1.165	0.002 253 5
4	1　5　6　7	0.893 33	0.644 87	0.003 045 3
5	1　4　5　6　7	91.333	0.581 29	0.001 756 8
6	1　2　4　5　6　7	0.926 67	0.317 77	0.001 200 5
7	1　3　4　5　6　7　8	0.94	0.291 11	0.001 718 4
8	1　2　3　4　5　6　8　9	0.943 33	0.254 33	0.002 932 2
9	—	0.936 67	—	—

显然，在参数个数为 8 时，识别率达到最高（94.33%），因此，选择 8 个参数最好。这样就形成了描述木材表面纹理的 8 维特征向量：

$$I_1=[a_1\_fd,a_2\_fd,h_1\_fd,h_2\_fd,v_1\_fd,v_2\_fd,d_2\_fd,a\_fd]$$

将 I_1 输入给 K－近邻和集成神经网络分类器就可以分类了。

如表 2－50 所示，三种分类器在最优参数组合下，用第 3 组 40 个样本的最终分类测试结果。从表 2－50 可以看出，在最优参数组合下，K－近邻分类器与最近邻分类器的识别率相同；集成神经网络的总体识别率达到 96.25%，而K－近邻分类器的总体识别率为 93.75%。所以集成神经网络具有更强的分类能力。

表 2－50　基于多分辨率分形维的分类器总体识别率

纹理类别	最近邻分类器	K－近邻分类器（$k=1$）	集成神经网络分类器
1	0.975	0.975	0.875 0
2	0.85	0.85	0.950 0
3	0.9	0.9	0.925 0
4	0.975	0.975	0.975 0
5	0.975	0.975	1.000 0
6	0.975	0.975	1.000 0
7	1	1	1.000 0
8	1	1	1.000 0
9	0.925	0.925	0.950 0
10	0.8	0.8	0.950 0
总体识别率	0.937 5	0.937 5	0.962 5

2.5　基于多种特征融合技术木材表面纹理的分类与识别

2.5.1　多种特征数据融合概念

融合的概念出现在20世纪70年代初期，当时称之为多源相关、多传感器混合或数据融合。80年代以来，数据融合技术得到迅速发展，对它的称谓也渐趋统一，现在多称之为数据融合。数据融合首先出现在军事领域，美国国防部JDL（Joint Directors of Laboratories）将其定义为：是一种多层次、多方面的处理过程，整个过程是对多源数据进行检测、相关、估计和组合以达到精确的状态估计和身份估计，以及完整、及时的态势评估和威胁估计。目前，数据融合作为一种基于多源数据的信息综合处理技术，可定义为：采集并集成各种信息源（多媒体和多格式信息），从而进行完整、准确、及时、有效的综合信息处理的过程。数据融合技术的主要研究内容就是如何加工、处理以及协同利用多源信息，使不同形式的信息相互补充，从而最终获得对同一事物或目标的更客观、更本质认识。

数据融合是人类和其他生物系统中普遍存在的一种基本功能，也是对人脑综合处理复杂问题功能的模拟。人类可以通过多种感觉功能器官（如眼、鼻、耳、四肢）所获得的信息，与先验知识一起来正确地识别环境或物体的状况，即使这些信息含有一定的不确定性、矛盾或错误的成分，人类也能进行合理的判断。而在多传感器系统中，各种传感器所提供的信息可能具有不同的特征，如时变的或者非时变的、实时的或者非实时的、快变的或者缓变的、模糊的或者确定的、相互支持的或互补的、相互矛盾的或冲突的等。多传感器数据融合的基本原理就像人脑综合处理信息的过程一样，它充分利用多个传感器资源，通过对这些传感器及其观测信息的合理支配和使用，把多个传感器在时间或空间上的冗余或互补信息依据某种准则来进行组合，以获得被测对象的一致性解释或描述，使该信息系统由此而获得比它的各组成部分的子集所构成的系统更优越的性能。

多传感器数据融合与经典信号处理方法之间存在本质的区别，其关键在于数据融合所处理的多传感器信息具有更为复杂的形式，而且可以在不同的信息层次上出现。按照融合过程中信息抽象的层次，可以将数据融合过程分为三个层次，即数据层（Data Level）融合、特征层（Feature Level）融合和决策层（Decision Level）融合。针对我们所涉及的内容，下面主要侧重于数据融合在图像处理与模式识别领域应用，对以上三个层次进行叙述。

1. 数据层融合

数据层融合也称为像素层融合，是直接在采集到的原始数据层上进行的融合，在多个传感器的原始信息未经预处理之前就进行数据的综合与分析。它是最低层次的图像融合，将经过高精度图像配准后的多源图像数据按照一定的融合原则（如局部能量原则、局部梯度原则或信息熵原则）进行像素的合成，生成一幅新的图像。其目的在于提高图像质量，提供良好的地物细节信息，直接服务于目视解释、自动分类等。数据层融合目标识别的框图如图2－37所示。

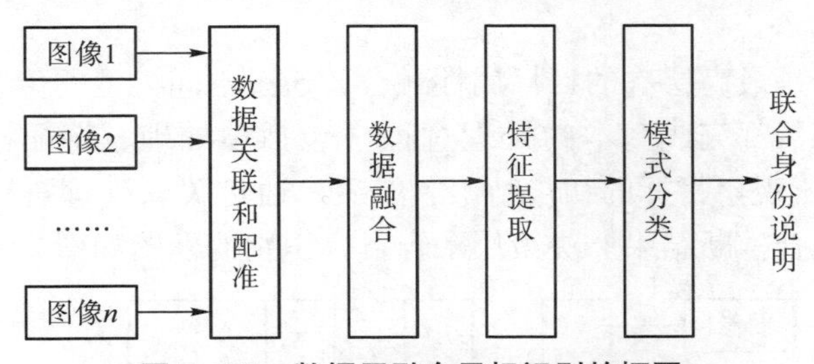

图2－37　数据层融合目标识别的框图

数据层数据融合主要应用在多源图像复合、图像分析和理解、同类或同质雷达波形的直接合成等方面。其主要优点是能保持尽可能多的现场数据，提供其他融合层次所不能提供的细微信息。但由于融合的层次太低，也存在处理效率低、数据限制大、分析能力差、容错性能低和抗干扰性差等缺点。

2. 特征层融合

特征层融合是利用从多个传感器的原始信息中获取的特征信息进行综合分析和处理的过程，是介于像素层融合和决策层融合中间层次的融合。特征层融合就是特征层的联合识别，特征层融合可以有效地改善识别性能，多特征获取可以提供比单特征获取更多的识别目标的特征信息，增大特征空间维数。例如，针对同一幅地物目标的多源图像，分别获取地物图像的边缘、区域、光谱、纹理等特征信息，通过图像特征间的关联以及融合特征的定位与描述，形成融合特征向量，更精确地反映目标的本质特征，提高分类与识别的精度。其中，融合特征可以是各组特征向量连接而成的一个更高维的特征向量，也可以是由各组特征向量组合而成的全新类型的特征向量，我们选用的是前者。

特征层融合目标识别对数据配准的要求不像数据层融合那样严格，信息损失和计算机等资源的要求处于数据层融合和决策层融合之间，保留了足够数量的重要信息。参与融合的特征通常是不同类型的特征，但要注意不同类型融合特征的归一化。特征层融合目标识别的框图如图 2－38 所示。

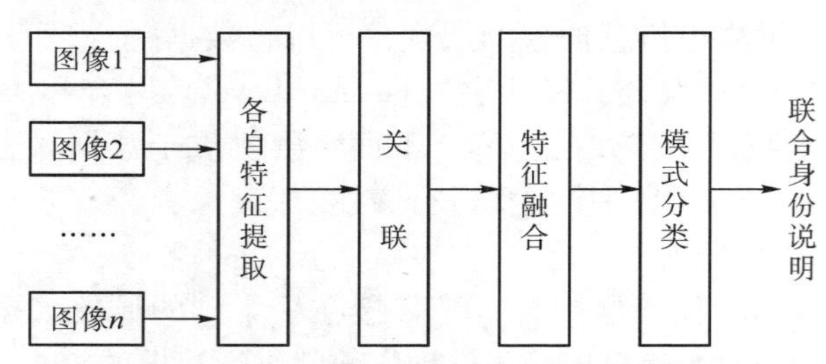

图 2－38　特征层融合目标识别的框图

特征层融合的优点在于实现了可观的信息压缩，便于实时处理。由于所获取的特征直接与决策分析有关，因而融合结果能最大限度地给出决策分析所需要的特征信息。

3. *决策层融合*

决策层融合是最高层次的目标属性融合，通过不同类型的传感器观测同一个目标，每个传感器都完成基本的处理过程（包括预处理、特征抽取、识别或判决），以建立对所观察目标的初步结论。然后，通过关联处理进行决策层融合判决，最终获得联合推断结果。决策层融合目标识别的框图如图 2－39 所示。

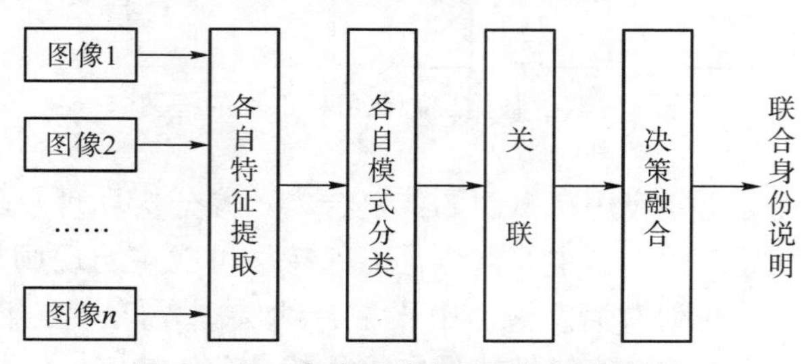

图 2－39　决策层融合目标识别的框图

一般来说，决策层融合输出的联合决策结果比任何单传感器决策更为准确。但是，必须保证各传感器的信号是相互独立的，否则决策层融合的分类性能可能低于特征层融合。目前，融合目标识别所取得的成果大多是在决策层的，并形成了数据融合研究的一个热点。但是，其最大的弱点就是决策层融合的信息损失量太大。

通过研究可以发现，对于复杂模式识别问题，如手写体汉字识别、自然纹理图像识别，目前还没有一种通用的方法可以提高模式识别系统的识别率和可靠程度。然而，每种方法都有各自的特点以及不同的适用范围，并且往往各种方法间也存在有一定的互补性。一般来说，我们总希望保存有益于识别的特征，排除冗余无用的特征，这也是将数据融合引入模式识别领域的主要原因。基于数据融合的模式识别方法就是从不同传感器的角度观察待识别目标，对待识别目标做出预处理、特征获取、识别或判决，通过在不同层次将多传感器所观察的信息进行融合最终获得联合推断结果，达到提高识别效果的目的。数据融合技术在模式识别中最为突出的作用在于它可以使最后得到融合特征对待识别对象具有更深刻的描述，并在很大程度上简化了模式分类器的设计，提高了模式识别系统的性能。

2.5.2　多特征融合木材表面纹理的分类与识别

根据数据表征层次，多传感器数据融合可分为3个级别：数据级融合、特征级融合、决策级融合。其中，特征级融合的优势是明显的。事实上，对同一模式所抽取的不同特征向量总是反映模式的不同特性，对它们的优化组合，既保留了参与融合的多特征的有效鉴别信息，又在一定程度上消除了由于主客观因素带来的冗余信息，对识别无疑具有重要的意义。

木材表面纹理特征参数体系构建方法是将三种不同类型的特征向量首尾相连生成一个新的特征向量，由于三种不同类型的板材纹理特征参数之间，一定包含着冗余信息。因此，为了提高木材表面纹理特征参数体系的有效性，必须在更高维的向量空间重新进行特征数据融合，具体流程如图2－40所示。

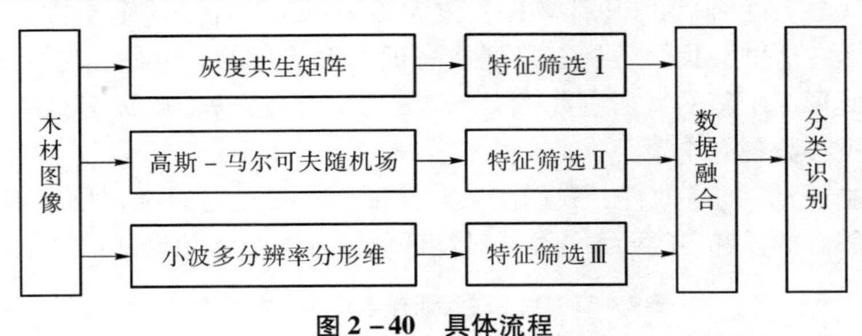

图2－40　具体流程

（1）原始木材表面纹理特征参数体 $\boldsymbol{V}$ 的建立：将用上述三种不同类型的板材纹理特征参数组合在一起，得到 $\boldsymbol{V}=[V_1,V_2,V_3]=[g_1,g_5,g_7,g_8,g_9,g_{10},g_{11},\theta_2,\theta_3,\theta_4,\theta_5,\theta_6,\theta_8,\theta_9,\theta_{10},\theta_{11},\theta_{12},f_1,f_2 f_3,f_4,f_5,f_6,f_8,f_9]$ 共25维，将其编号标记为1～25。

（2）特征参数的归一化预处理：由于上述三种不同类型板材纹理特征参数的量纲和取值范围不一致，在进行特征融合前，应该进行特征参数的归一化预处理，以消除量纲的影响，这里采用的是经典的 Z－Score 公式。

设有 P 个木材表面纹理样本，x_i^p 表示第 p 个木材表面纹理样本第 i 个分量，y_i^p 是变换后新得到的变量，则可做如下变换：

$$y_i^p = (x_i^p - \overline{x_i})/\sigma_i \tag{2-115}$$

式中，$\overline{x_i} = \frac{1}{P}\sum_{p=1}^{P} x_i^p$；$\sigma_i = \frac{1}{P-1}\sum_{p=1}^{P}(x_i^p - \overline{x_i})^2$。

（3）特征融合方法：搜索策略选用的是有记忆的模拟退火算法，而评价准则直接选用了最近邻分类器识别率，因为我们最终的目的就是获得较高的识别率，这要比选用可分离判据等间接评价准则更为直接、有效，如表2－51所示。

表2－51　特征级数据融合后的结果

参数个数	最优参数组合	识别率
6	2 6 9 18 20 23	0.986 67
7	2 3 12 15 19 20 23	0.986 67
8	2 6 9 13 18 20 23 25	0.99
9	1 2 4 6 9 12 18 20 23	0.99
10	1 2 3 12 14 18 19 20 23 25	0.99
11	1 2 4 5 7 10 18 20 21 23 25	0.99
12	2 4 5 6 9 13 14 15 18 19 20 23	0.993 33
13	1 2 3 4 6 9 13 14 15 18 20 23 25	0.99
14	1 2 3 4 9 12 13 14 15 18 20 21 23 25	0.99
15	1 2 3 5 6 10 16 17 18 19 20 21 23 24 25	0.99
16	1 2 3 4 5 7 10 14 17 18 19 20 21 23 24 25	0.99

可见，参数融合后的识别率有了很大提高。事实上，6个参数就已经达到98.667%，在这里，我们还是以得到最高识别率为目的，因此，选择12个参数组合，由此形成了新的特征参数：$V_{new} = [g_5, g_8, g_9, g_{10}, \theta_3, \theta_8, \theta_9, \theta_{10}, f_1, f_2, f_5, f_7]$，其中，每类参数各有4个。

为了验证V_{new}的有效性，我们用其对验证样本集进行分类识别，表2－52列出了最近邻分类器和BP网络分类器对验证集样本的总体和局部识别情况。

表2－52　V_{new}对验证样本集的识别情况

纹理类别	1	2	3	4	5	6	7	8	9	10	总体识别率
最近邻分类器	0.975	0.975	0.925	1	1	1	1	1	1	0.9	0.977 5
BP网络分类器	0.95	1	1	1	1	1	1	1	0.975	0.925	0.985 0

表2－52是V_{new}对验证样本集400个样本的识别情况。从表2－52中可以看出，最近邻分类器的总体识别率为97.75%，BP网络分类器的总体分类识别率达到98.50%，达到了满意的识别率，也证明了本书采用的融合方法对木材表面纹理的识别是非常有效的，同时也得到了本书中最适合木材表面纹理分类识别的特征参数体系。

2.6　木材表面纹理特征提取与分析 MATLAB 程序设计

2.6.1　计算机图像灰度共生矩阵纹理分析程序设计

1. 用户接口函数说明（表2－53）

表2－53　用户接口函数说明

功能	主函数
原型	function GLCM_FAST（path_of_image，seq，step，gray_level）
参数	1. Path_of_Image 图像存储路径，string 格式； 2. Seq 批处理图像序号，Seq＝［first last］，first 是首图片编号，last 是尾图片编号； 3. Step 灰度共生矩阵生成步长，Step＝1、2、3、…（整数）； 4. GRAY_LEVEL 图像灰度级数，GRAY_LEVEL＝16，32，64，128，256
返回	灰度共生矩阵 14 个特征参数及程序运行时间

2. 内部接口函数说明（表2－54）

表2－54　内部接口函数说明

功能	计算 $\theta=0°$ 方向灰度共生矩阵函数
原型	function GCLM_P＝Cal_Co_Matrix_0（DATA，GRAY_LEVEL，STEP）
参数	1. DATA 已经读入的图像数据； 2. Step 灰度共生矩阵生成步长，Step＝1、2、3、…（整数）； 3. GRAY_LEVEL 图像灰度级数，GRAY_LEVEL＝16，32，64，128，256
返回	灰度共生矩阵 $\theta=0°$ 方向 14 个特征参数
功能	计算 $\theta=45°$ 方向灰度共生矩阵函数
原型	function GCLM_P＝Cal_Co_Matrix_45（DATA，GRAY_LEVEL，STEP）
参数	1. DATA 已经读入的图像数据； 2. Step 灰度共生矩阵生成步长，Step＝1、2、3、…（整数）； 3. GRAY_LEVEL 图像灰度级数，GRAY_LEVEL＝16，32，64，128，256
返回	灰度共生矩阵 $\theta=45°$ 方向 14 个特征参数
功能	计算 $\theta=90°$ 方向灰度共生矩阵函数
原型	function GCLM_P＝Cal_Co_Matrix_90（DATA，GRAY_LEVEL，STEP）
参数	1. DATA 已经读入的图像数据； 2. Step 灰度共生矩阵生成步长，Step＝1、2、3、…（整数）； 3. GRAY_LEVEL 图像灰度级数，GRAY_LEVEL＝16，32，64，128，256
返回	灰度共生矩阵 $\theta=90°$ 方向 14 个特征参数

续表

功能	计算 $\theta=135°$ 方向灰度共生矩阵函数
原型	function GCLM_P = Cal_Co_Matrix_135（DATA，GRAY_LEVEL，STEP）
参数	1. DATA 已经读入的图像数据； 2. Step 灰度共生矩阵生成步长，Step = 1、2、3、…（整数）； 3. GRAY_LEVEL 图像灰度级数，GRAY_LEVEL = 16，32，64，128，256
返回	灰度共生矩阵 $\theta=135°$ 方向 14 个特征参数
功能	计算灰度共生矩阵 14 个特征参数函数
原型	function Parameter = Cal_Para（GCLM_P，GRAY_LEVEL）
参数	1. GCLM_P 待处理的灰度共生矩阵； 2. GRAY_LEVEL 图像灰度级数，GRAY_LEVEL = 16，32，64，128，256
返回	灰度共生矩阵 14 个特征参数

3. 计算机图像灰度共生矩阵纹理分析程序运行使用方法

（1）将文件置于 MATLAB 软件默认调用函数目录中；

（2）将待处理图片，依次按数字编号 1，2，3，…，修改文件名；

（3）打开 MATLAB 程序，在命令窗口中，分别给 Path_of_Image、Seq、Step、GRAY_LEVEL 赋初始值；

（4）在命令窗口中，输入“GLCM_FAST（Path_of_Image，Seq，Step，GRAY_LEVEL）;”即可运行程序。待弹出窗口后，程序结束，在命令窗口中显示程序运行时间，并将所得特征参数写到当前目录下相应的“WH_4_Angles. txt”“WH_AVR. txt”和“WH_4_Angles_Gui. txt”3 个数据文件中，分别对应灰度共生矩阵 4 个方向特征参数值数据文件、4 个方向特征参数平均值数据文件和 4 个方向归一化后特征参数值数据文件。

4. 计算机图像灰度共生矩阵纹理分析程序 MTALAB 代码

```
function GLCM_FAST(path_of_image,seq,step,gray_level)
clc;
t = cputime;
Seq = seq;
STEP = step;
GRAY_LEVEL = gray_level;
PATH_OF_IMAGE = path_of_image;
YDT = fix(clock);
time = [num2str(YDT(4)),':',num2str(YDT(5)),':',num2str(YDT(6))];
disp(time)
eval(['cd''' PATH_OF_IMAGE]);
```

```
    TAG = ['角二阶矩';'对比度';'相关';'熵';'方差';'均值和';'方差和';'逆差矩';'差的方差';'和熵
';'差熵'];
    ff0 = fopen('WH_4_Angles.txt','w');
    ff1 = fopen('WH_AVR.txt','w');
    ff2 = fopen('WH_4_Angles_Gui.txt','w');
    Image_First = Seq(1);Image_Last = Seq(2);
    name = int2str(Image_First);
    for Image_number = Image_First:Image_Last
        x = imread(name,'bmp');
        data = rgb2gray(x);
        DATA = double(data);
        GCLM_P1 = Cal_Co_Matrix_0(DATA,GRAY_LEVEL,STEP);
        Parameter(1,:)= Cal_Para(GCLM_P1,GRAY_LEVEL);
        GCLM_P2 = Cal_Co_Matrix_45(DATA,GRAY_LEVEL,STEP);
        Parameter(2,:)= Cal_Para(GCLM_P2,GRAY_LEVEL);
        GCLM_P3 = Cal_Co_Matrix_90(DATA,GRAY_LEVEL,STEP);
        Parameter(3,:)= Cal_Para(GCLM_P3,GRAY_LEVEL);
        GCLM_P4 = Cal_Co_Matrix_135(DATA,GRAY_LEVEL,STEP);
        Parameter(4,:)= Cal_Para(GCLM_P4,GRAY_LEVEL);
        PARAMETER = mean(Parameter);
        P_SUM = sum(Parameter);
        Parameter_Gui = Parameter;
        for iii =1:14
            Parameter_Gui(:,iii)= Parameter(:,iii)/P_SUM(iii);
        end
        for J =1:4
            for I =1:14
                String = [num2str(Parameter(J,I)),''];
                fprintf(ff0,'% s',String);
                String2 = [num2str(Parameter_Gui(J,I)),''];
                fprintf(ff2,'% s',String2);
                if J ==1
                    String1 = [num2str(PARAMETER(I)),''];
                    fprintf(ff1,'% s',String1);
                end
            end%
                fprintf(ff0,'% s \n',';');
                fprintf(ff2,'% s \n',';');
```

```
        end%
        fprintf(ff1,'% s \n',';');
        name = str2double(name);name = name +1;name = int2str(name);
        fprintf(ff0,'% s \n','');
        fprintf(ff2,'% s \n','');
end
fclose(ff0);
fclose(ff1);
fclose(ff2);
YDT = fix(clock);
time =[num2str(YDT(4)),':',num2str(YDT(5)),':',num2str(YDT(6))];
disp(time)
disp(cputime - t)
figure
function GCLM_P = Cal_Co_Matrix_0(DATA,GRAY_LEVEL,STEP)
[ROW,COL] = size(DATA);
GCLM_0 = zeros(GRAY_LEVEL);
for I =1:ROW
        for J =1:COL
                if (J > STEP)&(J <= COL - STEP)
                        colum1 = DATA(I,J) +1;
                        colum2 = DATA(I,J + STEP) +1;
                        colum3 = DATA(I,J - STEP) +1;
                        GCLM_0(colum1,colum2)= GCLM_0(colum1,colum2) +1;
                        GCLM_0(colum1,colum3)= GCLM_0(colum1,colum3) +1;
                end
                if J <= STEP
                        colum1 = DATA(I,J) +1;
                        colum2 = DATA(I,J + STEP) +1;
                        GCLM_0(colum1,colum2)= GCLM_0(colum1,colum2) +1;
                end
                if J > COL - STEP
                        colum1 = DATA(I,J) +1;
                        colum3 = DATA(I,J - STEP) +1;
                        GCLM_0(colum1,colum3)= GCLM_0(colum1,colum3) +1;
                end
        end
end
```

```
R = sum(sum(GCLM_0));
GCLM_P = GCLM_0 /R;
function GCLM_P = Cal_Co_Matrix_45(DATA,GRAY_LEVEL,STEP)
[ROW,COL] = size(DATA);
GCLM_45 = zeros(GRAY_LEVEL);
for I =1:ROW
    for J =1:COL
        if (I > STEP)&(J <= STEP)
            colum1 = DATA(I,J) +1;
            colum2 = DATA(I - STEP,J + STEP) +1;
            GCLM_45(colum1,colum2)= GCLM_45(colum1,colum2) +1;
        end
        if (I <= STEP)&(J > STEP)
            colum1 = DATA(I,J) +1;
            colum2 = DATA(I + STEP,J - STEP) +1;
            GCLM_45(colum1,colum2)= GCLM_45(colum1,colum2) +1;
        end
        if (I > STEP)&(I <= ROW - STEP)&(J > STEP)&(J <= COL - STEP)
            colum1 = DATA(I,J) +1;
            colum2 = DATA(I + STEP,J - STEP) +1;
            colum3 = DATA(I - STEP,J + STEP) +1;
            GCLM_45(colum1,colum2)= GCLM_45(colum1,colum2) +1;
            GCLM_45(colum1,colum3)= GCLM_45(colum1,colum3) +1;
        end
        if (I > ROW - STEP)&(J > STEP)&(J <= COL - STEP)
            colum1 = DATA(I,J) +1;
            colum2 = DATA(I - STEP,J + STEP) +1;
            GCLM_45(colum1,colum2)= GCLM_45(colum1,colum2) +1;
        end
        if (J > COL - STEP)&(I <= ROW - STEP)&(I > STEP)
            colum1 = DATA(I,J) +1;
            colum2 = DATA(I + STEP,J - STEP) +1;
            GCLM_45(colum1,colum2)= GCLM_45(colum1,colum2) +1;
        end
    end
end
R = sum(sum(GCLM_45));
GCLM_P = GCLM_45 / R;
```

```
function GCLM_P = Cal_Co_Matrix_90(DATA,GRAY_LEVEL,STEP)
[ROW,COL] = size(DATA);
GCLM_90 = zeros(GRAY_LEVEL);
for J = 1:COL
    for I = 1:ROW
        if (I > STEP)&(I <= ROW - STEP)
            colum1 = DATA(I,J) +1;
            colum2 = DATA(I + STEP,J) +1;
            colum3 = DATA(I - STEP,J) +1;
            GCLM_90(colum1,colum2)= GCLM_90(colum1,colum2) +1;
            GCLM_90(colum1,colum3)= GCLM_90(colum1,colum3) +1;
        end
        if I <= STEP
            colum1 = DATA(I,J) +1;
            colum2 = DATA(I + STEP,J) +1;
            GCLM_90(colum1,colum2)= GCLM_90(colum1,colum2) +1;
        end
        if I > ROW - STEP
            colum1 = DATA(I,J) +1;
            colum3 = DATA(I - STEP,J) +1;
            GCLM_90(colum1,colum3)= GCLM_90(colum1,colum3) +1;
        end
    end
end
R = sum(sum(GCLM_90));
GCLM_P = GCLM_90 / R;
function GCLM_P = Cal_Co_Matrix_135(DATA,GRAY_LEVEL,STEP)
[ROW,COL] = size(DATA);
GCLM_135 = zeros(GRAY_LEVEL);
for I = 1:ROW
    for J = 1:COL
        if (J <= STEP)&(I <= ROW - STEP)
            colum1 = DATA(I,J) +1;
            colum2 = DATA(I + STEP,J + STEP) +1;
            GCLM_135(colum1,colum2)= GCLM_135(colum1,colum2) +1;
        end
        if (I <= STEP)&(J <= COL - STEP)&(J > STEP)
            colum1 = DATA(I,J) +1;
            colum2 = DATA(I + STEP,J + STEP) +1;
```

```
                GCLM_135(colum1,colum2)=GCLM_135(colum1,colum2)+1;
            end
            if (I>STEP)&(I<=ROW-STEP)&(J>STEP)&(J<=COL-STEP)
                colum1=DATA(I,J)+1;
                colum2=DATA(I-STEP,J-STEP)+1;
                colum3=DATA(I+STEP,J+STEP)+1;
                GCLM_135(colum1,colum2)=GCLM_135(colum1,colum2)+1;
                GCLM_135(colum1,colum3)=GCLM_135(colum1,colum3)+1;
            end
            if (I>ROW-STEP)&(J>STEP)
                colum1=DATA(I,J)+1;
                colum2=DATA(I-STEP,J-STEP)+1;
                GCLM_135(colum1,colum2)=GCLM_135(colum1,colum2)+1;
            end
            if (J>COL-STEP)&(I>STEP)&(I<=ROW-STEP)
                colum1=DATA(I,J)+1;
                colum2=DATA(I-STEP,J-STEP)+1;
                GCLM_135(colum1,colum2)=GCLM_135(colum1,colum2)+1;
            end
        end
    end
    R=sum(sum(GCLM_135));
    GCLM_P=GCLM_135/R;
    function Parameter=Cal_Para(GCLM_P,GRAY_LEVEL)
    para1=0;para2=0;para3=0;para4=0;para5=0;para6=0;para7=0;para8
=0;para9=0;para10=0;para11=0;para12=0;para13=0;para14=0;
    I=1:1:GRAY_LEVEL;
    J=1:1:GRAY_LEVEL;
    GCLM_P_2=GCLM_P.^2;
    para1=sum(sum(GCLM_P_2));
    for iRow=I
        para2=para2+(iRow-I).^2.*GCLM_P(iRow,:);
    end
    para2=sum(para2);
    pU=sum(GCLM_P);
    u1=sum(I.*pU);
    iU1=(I-u1).^2;
    d=iU1.*pU;
    d1=sum(d);
```

```
    d = d1^2;
    for iRow = I
        for jCol = I
            para3 = para3 + ((iRow - u1) * (jCol - u1) * GCLM_P(iRow,jCol))/d;
            para12 = para12 + (iRow + jCol - u1 - u1)^3 * GCLM_P(iRow,jCol);
            para13 = para13 + (iRow + jCol - u1 - u1)^4 * GCLM_P(iRow,jCol);
        end
    end
    T = GCLM_P;
    T(find(T == 0)) = 1;
    para4 = GCLM_P. * log2(T);
    para4 = - sum(sum(para4));
    Mean = mean2(GCLM_P);
    Col_Sum = sum(GCLM_P);
    II = (I - Mean).^2;
    para5 = sum(II. * Col_Sum);
    Pxy = zeros(GRAY_LEVEL);
    Pyx = zeros(GRAY_LEVEL);
    for iRow = I
        for jColumn = J
            Pxy(iRow + jColumn)= Pxy(iRow + jColumn) + GCLM_P(iRow,jColumn);Pyx
(abs(iRow - jColumn) + 1)= Pyx(abs(iRow - jColumn) + 1) + GCLM_P(iRow,jColumn);
        end
    end
    K = 2:1:2 * GRAY_LEVEL;
    P_X = Pxy(2:1:2 * GRAY_LEVEL);
    para6 = sum(K. * P_X);
    K = (K - para6).^2;
    para7 = sum(K. * P_X);
    for iRow = I
        para8 = para8 + GCLM_P(iRow,:)./(1 + (iRow - J).^2);
    end
    para8 = sum(para8);
    K = 0:1:GRAY_LEVEL - 1;
    P_Y = Pyx(1:GRAY_LEVEL);
    PYK = sum(K. * P_Y);
    para9 = sum((K - PYK).^2. * P_Y);
    T = P_X;
    T(find(T == 0)) = 1;
```

```
    para10 = P_X. * log2(T);
    para10 = - sum(sum(para10));
    T = P_Y;
    T(find(T == 0))=1;
    para11 = P_Y. * log2(T);
    para11 = - sum(sum(para11));
    para14 = max(max(GCLM_P));
    Parameter = [para1,para2,para3,para4,para5,para6,para7,para8,para9,
para10,para11,para12,para13,para14];
```

2.6.2 计算机图像高斯－马尔可夫随机场纹理特征分析程序设计

1. 用户接口函数说明（表2－55）

表2－55　用户接口函数说明

功能	主函数
原型	function Gauss_MRF（path_of_image，seq）
参数	1. Path_of_Image 图像存储路径，string 格式； 2. Seq 批处理图像序号，Seq = ［first last］，first 是首图片编号，last 是尾图片编号
返回	图像2～5阶高斯－马尔可夫随机场特征参数及程序运行时间

2. 内部接口函数说明（表2－56）

表2－56　内部接口函数说明

功能	计算2阶高斯－马尔可夫随机场特征函数
原型	function b = Gauss_MRF2（DATA）
参数	DATA 已经读入的图像数据
返回	b 为2阶高斯－马尔可夫随机场特征参数
功能	计算3阶高斯－马尔可夫随机场特征函数
原型	function b = Gauss_MRF3（DATA）
参数	DATA 已经读入的图像数据
返回	b 为3阶高斯－马尔可夫随机场特征参数
功能	计算4阶高斯－马尔可夫随机场特征函数
原型	function b = Gauss_MRF4（DATA）
参数	DATA 已经读入的图像数据
返回	b 为4阶高斯－马尔可夫随机场特征参数
功能	计算5阶高斯－马尔可夫随机场特征函数
原型	function b = Gauss_MRF5（DATA）
参数	DATA 已经读入的图像数据
返回	b 为5阶高斯－马尔可夫随机场特征参数

3. 计算机图像高斯－马尔可夫随机场纹理特征分析使用方法

（1）将文件置于 MATLAB 软件默认调用函数目录中；

（2）打开 MATLAB 程序，在命令窗口中，分别给 path_of_image，seq 赋初始值；

（3）在命令窗口中，输入“Gauss_MRF（path_of_image，seq）;”即可运行程序。待弹出窗口后，程序结束，在命令窗口中，显示程序运行时间和图像 2～5 阶高斯－马尔可夫随机场特征统计参数。

4. 计算机图像高斯－马尔可夫随机场纹理特征分析 MATLAB 程序代码

```
  functionGauss_MRF(path_of_image,seq)
  clc;
  t = cputime;
  Seq = seq;
  PATH_OF_IMAGE = path_of_image;
  YDT = fix(clock);
  time = [num2str(YDT(4)),':',num2str(YDT(5)),':',num2str(YDT(6))];
  disp(time)
  eval(['cd''' PATH_OF_IMAGE]);
  ff0 = fopen('WH1.txt','w');
  ff1 = fopen('WH2.txt','w');
  ff2 = fopen('WH3.txt','w');
  Image_First = Seq(1);
  Image_Last = Seq(2);
  name = int2str(Image_First);
for Image_number = Image_First:Image_Last
      x = imread(name,'bmp');
      data = rgb2gray(x);
      DATA = double(data);
      Parameter(1,:)= Gauss_MRF2(DATA);
      Parameter(2,:)= Gauss_MRF3(DATA);
      Parameter(3,:)= Gauss_MRF4(DATA);
      Parameter(4,:)= Gauss_MRF5 (DATA);
      for J =1:4
          for I =1:4
              String = [num2str(Parameter(J,I)),''];
              fprintf(ff0,'% s',String);
              String2 = [num2str(Parameter_Gui(J,I)),''];
              fprintf(ff2,'% s',String2);
              if J ==1
                  String1 = [num2str(PARAMETER(I)),''];
```

```
                    fprintf(ff1,'% s',String1);
                end
            end
                fprintf(ff0,'% s \n',';');
                fprintf(ff2,'% s \n',';');
    end
    fprintf(ff1,'% s \n',';');
    name = str2double(name);
    name = name + 1;
    name = int2str(name);
    fprintf(ff0,'% s \n','');
    fprintf(ff2,'% s \n','');
end
fclose(ff0);
fclose(ff1);
fclose(ff2);
YDT = fix(clock);
time = [num2str(YDT(4)),':',num2str(YDT(5)),':',num2str(YDT(6))];
disp(time)
disp(cputime - t)
figure

function b = Gauss_MRF2(DATA)
clc;
disp('-------------------------------------------------------------------------')
t = cputime;
YDT = fix(clock);
time = [num2str(YDT(4)),':',num2str(YDT(5)),':',num2str(YDT(6))];
disp(time)
y = double(DATA);
[m,n] = size(y);
if m ~= n
    disp('该图像不是方阵');
end
ys = zeros((m - 2) * (n - 2),1);
for i = 2:m - 1
    for j = 2:n - 1
        ys((i - 2) * (n - 2) + (j - 1),1)=y(i,j);
    end
```

```
end
q=zeros(4,(m-2)*(n-2));yn=zeros(4);
for i=2:m-1
    for j=2:n-1
        yn(1)=y(i,j+1)+y(i,j-1);
        yn(2)=y(i+1,j)+y(i-1,j);
        yn(3)=y(i+1,j+1)+y(i-1,j-1);
        yn(4)=y(i-1,j+1)+y(i+1,j-1);
        for k=1:4
            q(k,(i-2)*(n-2)+(j-1))=yn(k);
        end
    end
end
b=zeros(4,1);
b=inv(q*q')*(q*ys);
YDT=fix(clock);
time=[num2str(YDT(4)),':',num2str(YDT(5)),':',num2str(YDT(6))];
disp(time)
ex_time=cputime-t;
str=['消耗时间为  ',num2str(cputime-t),'秒'];
disp(str)
disp('-----------------------------------------------------------------')
str=['2阶高斯-马尔可夫随机场的4个特征参数分别为  '];
disp(str)
PARAMETER=b;
disp(['    ','参数1   ',num2str(PARAMETER(1))]);
disp(['    ','参数2   ',num2str(PARAMETER(2))]);
disp(['    ','参数3   ',num2str(PARAMETER(3))]);
disp(['    ','参数4   ',num2str(PARAMETER(4))]);
disp('-----------------------------------------------------------------')

function b=Gauss_MRF3(DATA)
clc;
disp('-----------------------------------------------------------------')
t=cputime;
YDT=fix(clock);
time=[num2str(YDT(4)),':',num2str(YDT(5)),':',num2str(YDT(6))];
disp(time)
y=double(DATA);
```

```
[m,n] = size(y);
if m ~= n
    disp('该图像不是方阵');
end
ys = zeros((m - 4) * (n - 4),1);
for i = 3:m - 2
    for j = 3:n - 2
        ys((i - 3) * (n - 4) + (j - 2),1)=y(i,j);
    end
end
q = zeros(6,(m - 4) * (n - 4));yn = zeros(6);
for i = 3:m - 2
    for j = 3:n - 2
        yn(1)=y(i,j + 1) + y(i,j - 1);
        yn(2)=y(i + 1,j) + y(i - 1,j);
        yn(3)=y(i + 1,j + 1) + y(i - 1,j - 1);
        yn(4)=y(i - 1,j + 1) + y(i + 1,j - 1);
        yn(5)=y(i - 2,j) + y(i + 2,j);
        yn(6)=y(i,j - 2) + y(i,j + 2);
        for k = 1:6
            q(k,(i - 3) * (n - 4) + (j - 2))=yn(k);
        end
    end
end
b = zeros(6,1);
b = inv(q * q') * (q * ys);
YDT = fix(clock);
time = [num2str(YDT(4)),':',num2str(YDT(5)),':',num2str(YDT(6))];
disp(time)
ex_time = cputime - t;
str = ['消耗时间为  ',num2str(cputime - t),'秒'];
disp(str)
disp('---------------------------------------------------------------------')
str = ['3 阶高斯 - 马尔可夫随机场的 6 个特征参数分别为  '];
disp(str)
PARAMETER = b;
disp(['   ','参数 1  ',num2str(PARAMETER(1))]);
disp(['   ','参数 2  ',num2str(PARAMETER(2))]);
disp(['   ','参数 3  ',num2str(PARAMETER(3))]);
```

```
disp(['    ','参数 4   ',num2str(PARAMETER(4))]);
disp(['    ','参数 5   ',num2str(PARAMETER(5))]);
disp(['    ','参数 6   ',num2str(PARAMETER(6))]);
disp('-------------------------------------------------------------')

function b = Gauss_MRF4(DATA)
clc;
disp('-------------------------------------------------------------')
t = cputime;
YDT = fix(clock);
time = [num2str(YDT(4)),':',num2str(YDT(5)),':',num2str(YDT(6))];
disp(time)
y = double(DATA);
[m,n] = size(y);
if m ~= n
      disp('该图像不是方阵');
end
ys = zeros((m - 4) * (n - 4),1);
for i = 3:m - 2
      for j = 3:n - 2
            ys((i - 3) * (n - 4) + (j - 2),1)= y(i,j);
      end
end
q = zeros(10,(m - 4) * (n - 4));yn = zeros(10);
for i = 3:m - 2
      for j = 3:n - 2
            yn(1)= y(i,j + 1) + y(i,j - 1);
          yn(2)= y(i + 1,j) + y(i - 1,j);
          yn(3)= y(i + 1,j + 1) + y(i - 1,j - 1);
          yn(4)= y(i - 1,j + 1) + y(i + 1,j - 1);
          yn(5)= y(i - 2,j) + y(i + 2,j);
          yn(6)= y(i,j - 2) + y(i,j + 2);
          yn(7)= y(i + 1,j - 2) + y(i - 1,j + 2);
          yn(8)= y(i - 1,j - 2) + y(i + 1,j + 2);
          yn(9)= y(i + 2,j - 1) + y(i - 2,j + 1);
          yn(10)= y(i + 2,j + 1) + y(i - 2,j - 1);
            for k = 1:10
                  q(k,(i - 3) * (n - 4) + (j - 2))= yn(k);
            end
      end
end
```

```
b = zeros(10,1);
b = inv(q * q') * (q * ys);
YDT = fix(clock);
time = [num2str(YDT(4)),':',num2str(YDT(5)),':',num2str(YDT(6))];
disp(time)
ex_time = cputime - t;
str = ['消耗时间为  ',num2str(cputime - t),'秒'];
disp(str)
disp('--------------------------------------------------------------------')
str = ['4 阶高斯 - 马尔可夫随机场的 10 个特征参数分别为  '];
disp(str)
PARAMETER = b;
disp(['    ','参数 1   ',num2str(PARAMETER(1))]);
disp(['    ','参数 2   ',num2str(PARAMETER(2))]);
disp(['    ','参数 3   ',num2str(PARAMETER(3))]);
disp(['    ','参数 4   ',num2str(PARAMETER(4))]);
disp(['    ','参数 5   ',num2str(PARAMETER(5))]);
disp(['    ','参数 6   ',num2str(PARAMETER(6))]);
disp(['    ','参数 7   ',num2str(PARAMETER(7))]);
disp(['    ','参数 8   ',num2str(PARAMETER(8))]);
disp(['    ','参数 9   ',num2str(PARAMETER(9))]);
disp(['    ','参数 10  ',num2str(PARAMETER(10))]);
disp('--------------------------------------------------------------------')

function b = Gauss_MRF5(DATA)
clc;
disp('--------------------------------------------------------------------')
t = cputime;
YDT = fix(clock);
time = [num2str(YDT(4)),':',num2str(YDT(5)),':',num2str(YDT(6))];
disp(time)
y = double(DATA);
[m,n] = size(y);
if m ~= n
     disp('该图像不是方阵');
end
ys = zeros((m - 4) * (n - 4),1);
k = 1;
for i = 3:m - 2
```

```
        for j =3:n -2
              ys(k)=y(i,j);k =k +1;
        end
    end
    q = zeros(12,(m -4) * (n -4));yn = zeros(12,1);L =1;% k =1:12;
    for i =3:m -2
        for j =3:n -2

yn(1)=y(i,j +1) +y(i,j -1);yn(2)=y(i +1,j) +y(i -1,j);yn(3)=y(i +1,j +1)
 +y(i -1,j -1);yn(4)=y(i -1,j +1) +y(i +1,j -1);yn(5)=y(i -2,j) +y(i +2,
j);yn(6)=y(i,j -2) +y(i,j +2);

yn(7)=y(i +1,j -2) +y(i -1,j +2);yn(8)=y(i -1,j -2) +y(i +1,j +2);yn(9)=
y(i +2,j -1) +y(i -2,j +1);yn(10)=y(i +2,j +1) +y(i -2,j -1);yn(11)=y(i +
2,j +2) +y(i -2,j -2);yn(12)=y(i +2,j -2) +y(i -2,j +2);
              for k =1:12
                    q(k,L)=yn(k);
              end
              L =L +1;
        end
    end
    b = inv(q * q') * (q * ys);
    b = b';
    YDT = fix(clock);
    time = [num2str(YDT(4)),':',num2str(YDT(5)),':',num2str(YDT(6))];
    disp(time)
    ex_time = cputime - t;
    str = ['消耗时间为  ',num2str(cputime - t),'秒'];
    disp(str)
    disp('------------------------------------------------------------------')
    str = ['5 阶高斯 - 马尔可夫随机场的 12 个特征参数分别为  '];
    disp(str)
    PARAMETER = b;
    disp(['    ','参数 1   ',num2str(PARAMETER(1))]);
    disp(['    ','参数 2   ',num2str(PARAMETER(2))]);
    disp(['    ','参数 3   ',num2str(PARAMETER(3))]);
    disp(['    ','参数 4   ',num2str(PARAMETER(4))]);
    disp(['    ','参数 5   ',num2str(PARAMETER(5))]);
```

```
disp(['    ','参数 6   ',num2str(PARAMETER(6))]);
disp(['    ','参数 7   ',num2str(PARAMETER(7))]);
disp(['    ','参数 8   ',num2str(PARAMETER(8))]);
disp(['    ','参数 9   ',num2str(PARAMETER(9))]);
disp(['    ','参数 10  ',num2str(PARAMETER(10))]);
disp(['    ','参数 11  ',num2str(PARAMETER(11))]);
disp(['    ','参数 12  ',num2str(PARAMETER(12))]);
disp('-------------------------------------------------------------------')
```

2.6.3　计算机图像小波变换多分辨率分形维纹理特征分析程序设计

1. 用户接口函数说明（表2－57）

表2－57　用户接口函数说明

功能	主函数
原型	function Fen_Xing（path_of_image，seq）
参数	1. Path_of_Image 图像存储路径，string 格式； 2. Seq 批处理图像序号，Seq =［first last］，first 是首图片编号，last 是尾图片编号
返回	图像分形维数特征参数及程序运行时间

2. 内部接口函数说明（表2－58）

表2－58　内部接口函数说明

功能	计算盒子分形维数特征函数
原型	function Dimension = Fen_Xing_BOX（DATA）
参数	DATA 已经读入的图像数据
返回	Dimension 为盒子分形维数特征参数
功能	计算自相关分形维数特征函数
原型	function Dimension = fenxing（DATA）
参数	DATA 已经读入的图像数据
返回	Dimension 为自相关分形维数特征参数
功能	计算小波多分辨率自相关分形维数特征函数
原型	function Dimension = XB_ fenxing（DATA）
参数	DATA 已经读入的图像数据
返回	Dimension 为小波多分辨率自相关分形维数特征参数
功能	计算小波多分辨率盒子分形维数特征函数
原型	function Dimension = XB_ Fen_Xing_BOX（DATA）
参数	DATA 已经读入的图像数据
返回	Dimension 为小波多分辨率盒子分形维数特征参数

3. 计算机图像小波变换多分辨率分形维纹理特征分析程序使用方法

（1）将文件置于 MATLAB 软件默认调用函数目录中；

（2）打开 MATLAB 程序，在命令窗口中，分别给 path_of_image，seq 赋初始值；

（3）在命令窗口中，输入"Fen_Xing（path_of_image，seq）;"即可运行程序。待弹出窗口后，程序结束，在命令窗口中显示程序运行时间和图像分形维数特征统计参数，其他参数 r 和 N 直接在命令窗口输入相应参数即可。

4. 计算机图像小波变换多分辨率分形维纹理特征分析 MATLAB 程序代码

```
function Fen_Xing (path_of_image,seq)
clc;
t = cputime;
Seq = seq;
PATH_OF_IMAGE = path_of_image;
YDT = fix(clock);
time = [num2str(YDT(4)),':',num2str(YDT(5)),':',num2str(YDT(6))];
disp(time)
eval(['cd''' PATH_OF_IMAGE]);
ff0 = fopen('WH1.txt','w');
ff1 = fopen('WH2.txt','w');
ff2 = fopen('WH3.txt','w');
Image_First = Seq(1);
Image_Last = Seq(2);
name = int2str(Image_First);
for Image_number = Image_First:Image_Last
    x = imread(name,'bmp');
    data = rgb2gray(x);
    DATA = double(data);
    Parameter(1,:)= Fen_Xing_BOX(DATA);
    Parameter(2,:)= fenxing(DATA);
    Parameter(3,:)= XB_fenxing(DATA);
    Parameter(4,:)= XB_Fen_Xing_BOX (DATA);
    for J =1:4
        for I =1:4
            String =[num2str(Parameter(J,I)),''];
            fprintf(ff0,'% s',String);
            String2 =[num2str(Parameter_Gui(J,I)),''];
            fprintf(ff2,'% s',String2);
            if J ==1
                String1 =[num2str(PARAMETER(I)),''];
```

```
                    fprintf(ff1,'% s',String1);
                end
            end%
                fprintf(ff0,'% s \n',';');
                fprintf(ff2,'% s \n',';');
        end%
        fprintf(ff1,'% s \n',';');
        name = str2double(name);
        name = name +1;
        name = int2str(name);
        fprintf(ff0,'% s \n','');
        fprintf(ff2,'% s \n','');
end
fclose(ff0);
fclose(ff1);
fclose(ff2);
YDT = fix(clock);
time = [num2str(YDT(4)),':',num2str(YDT(5)),':',num2str(YDT(6))];
disp(time)
disp(cputime - t)
figure

function Dimension = Fen_Xing_BOX(DATA)
clc;
disp('--------------------------------------------------------------')
B = DATA;
%B = B(1:512,1:512);
%B = B(1:32,1:32);
B = double(B);
[Row,Col] = size(B);
if Row ~= Col
    disp('Row ~= Col')
end
M = Row;
S = 3:2:15;
h = S * 256 / M;
[1,h_Size] = size(h);
r = S / M;
Site = 1:1:256;
```

```
N = zeros(1,h_Size);
pixel_MAX = 0;
pixel_MIN = 0;
pixel_MAX_Number = 0;
pixel_MIN_Number = 0;
for k = 1:h_Size
      for i = k + 1:Row - k
            for j = k + 1:Col - k
                  pixel_MAX = max(max(B(i - k:i + k,j - k:j + k)));
                  pixel_MIN = min(min(B(i - k:i + k,j - k:j + k)));
                  pixel_MAX_Number = round(pixel_MAX/h(k));
                  pixel_MIN_Number = round(pixel_MIN/h(k));
                  if pixel_MIN_Number == 0
                      pixel_MIN_Number = 1;
                  end
                  N(k)= N(k) + pixel_MAX_Number - pixel_MIN_Number + 1;
            end
      end
end
x = log(1./r);
y = log(N);
a = polyfit(x,y,1);
Dimension = 3 - abs(a(1)/2);
y1 = polyval(a,x);
Handle_figure = figure('Name','分形维 --- 盒子维');
set(Handle_figure,'MenuBar','none','NumberTitle','off');
plot(x,y,'o',x,y1,'-')
tt = ['分形维 =',num2str(Dimension)];
title(tt);
YDT = fix(clock);
time = [num2str(YDT(4)),':',num2str(YDT(5)),':',num2str(YDT(6))];
disp(time)
ex_time = cputime - t;
str = ['消耗时间为  ',num2str(cputime - t),'秒'];
disp(str)
disp('----------------------------------------------------------------------')
str = ['盒子维分形维数为  ',num2str(Dimension)];
disp(str)
disp('----------------------------------------------------------------------')
```

```
function Dimension = fenxing(DATA)
clc;
disp('-----------------------------------------------------------')
I = DATA;
ma = max(I);
ma = max(ma);
[h,l] = size(I);
I1 = zeros(h,l,7);
for m = 1:7
      for i = m + 1:h - m
            for j = m + 1:l - m
                  I1(i,j,m)= abs(I(i,j) - ((I(i - m,j) + I(i + m,j) + I(i,
                  j + m) + I1(i,j - m))/4));
            end
      end
end
for m = 1:7
      sm = 0;
      for i = m * 2 + 1:h - 2 * m
            for j = m * 2 + 1:l - 2 * m
sm = sm + abs(I1(i,j,m) - ((I1(i - m,j,m) + I1(i + m,j,m) + I1(i,j + m,m) + I1(i,j - m,m))/4));
            end
      end
      R(m)= sm/((h - 4 * m)^2);
end
 a = R(1);
for i = 1:7
        T(i)= R(i)/a;
end
x = [log10(1),log10(2),log10(3),log10(4),log10(5),log10(6),log10(7)];
y = [log10(T(1)),log10(T(2)),log10(T(3)),log10(T(4)),log10(T(5)),
log10(T(6)),log10(T(7))];
a = polyfit(x,y,1);
Dimension = 3 - abs(a(1)/2);

Handle_figure = figure('Name','分形维 --- 自相关函数');
set(Handle_figure,'MenuBar','none','NumberTitle','off');

y1 = polyval(a,x);plot(x,y,'o',x,y1,'b');
```

```
tt = ['分形维 =',num2str(Dimension)];
title(tt);

YDT = fix(clock);
time = [num2str(YDT(4)),':',num2str(YDT(5)),':',num2str(YDT(6))];
disp(time)
ex_time = cputime - t;
str = ['消耗时间为  ',num2str(cputime - t),'秒'];
disp(str)
disp('-----------------------------------------------------------------')
str = ['自相关分形维数为  ',num2str(Dimension)];
disp(str)
disp('-----------------------------------------------------------------')

function Dimension = XB_ fenxing (DATA)
    juzhen_Frist =1;
    juzhen_Last =9;
    X = DATA;
    w_type ='sym4';
    [c,s] =wavedec2(X,4,w_type);
    a1 =wrcoef2('a',c,s,w_type,1); a2 =wrcoef2('a',c,s,w_type,2);
    h1 =wrcoef2('h',c,s,w_type,1); h2 =wrcoef2('h',c,s,w_type,2);
    v1 =wrcoef2('v',c,s,w_type,1); v2 =wrcoef2('v',c,s,w_type,2);
    d_1 =wrcoef2('d',c,s,w_type,1);d_2 =wrcoef2('d',c,s,w_type,2);
    gscale =5.0;
    gtb =128.0;
    h1 =gscale * h1 +gtb;
    v1 =gscale * v1 +gtb;
    d_1 =gscale * d_1 +gtb;
    h2 =gscale * h2 +gtb;
    v2 =gscale * v2 +gtb;
    d_2 =gscale * d_2 +gtb;
    for juzhen = juzhen_Frist:juzhen_Last
        if juzhen ==1
            data = a1;
            juzhen_name = 'a1';
        elseif juzhen ==2
            data = a2;
            juzhen_name = 'a2';
```

```
elseif juzhen ==3
      data = h1;
      juzhen_name ='h1';
elseif juzhen ==4
      data = h2;
      juzhen_name ='h2';
elseif juzhen ==5
      data = v1;
      juzhen_name ='v1';
elseif juzhen ==6
      data = v2;
      juzhen_name ='v2';
elseif juzhen ==7
      data = d_1;
      juzhen_name ='d1';
elseif juzhen ==8
      data = d_2;
      juzhen_name ='d2';
elseif juzhen ==9
      data = X;
      juzhen_name ='X';
end
data = double(data);
data = round(data);
[row,column] = size(data);
I = data;
ma = max(I);
ma = max(ma);
[h,l] = size(I);
I1 = zeros(h,l,7);
for m =1:7
     for i = m +1:h - m
           for j = m +1:l - m
                 I1(i,j,m)= abs(I(i,j) -((I(i -m,j) +I(i +
                 m,j) +I(i,j +m) +I1(i,j -m))/4));
           end
     end
end
```

```
            for m = 1:7
                sm = 0;
                for i = m * 2 + 1:h - 2 * m
                        for j = m * 2 + 1:l - 2 * m
sm = sm + abs(I1(i,j,m) - ((I1(i -m,j,m) + I1(i +m,j,m) + I1(i,j +m,m) + I1(i,j -m,m)) /4));
                        end
                end
                R(m)= sm /((h - 4 * m)^2);
            end
            a = R(1);
            for i = 1:7
                T(i)= R(i) /a;
            end
            x = [ log10(1),log10(2),log10(3),log10(4),log10(5),log10
            (6),log10(7)];
            y = [ log10(T(1)),log10(T(2)),log10(T(3)),log10(T(4)),
            log10(T(5)),log10(T(6)),log10(T(7))];
            a = polyfit(x,y,1);
            Dimension(juzhen)= 3 - abs(a(1) /2);
            y1 = polyval(a,x);
        end
    end

    function Dimension = XB_ Fen_Xing_BOX (DATA)
    juzhen_Frist = 1;
        juzhen_Last = 9;
        X = DATA;
        w_type = 'sym4';
        [c,s] = wavedec2(X,4,w_type);
        a1 = wrcoef2('a',c,s,w_type,1); a2 = wrcoef2('a',c,s,w_type,2);
        h1 = wrcoef2('h',c,s,w_type,1); h2 = wrcoef2('h',c,s,w_type,2);
        v1 = wrcoef2('v',c,s,w_type,1); v2 = wrcoef2('v',c,s,w_type,2);
        d_1 = wrcoef2('d',c,s,w_type,1);d_2 = wrcoef2('d',c,s,w_type,2);
        gscale = 5.0;
        gtb = 128.0;
        h1 = gscale * h1 + gtb;
        v1 = gscale * v1 + gtb;
        d_1 = gscale * d_1 + gtb;
```

```
h2 = gscale * h2 + gtb;
v2 = gscale * v2 + gtb;
d_2 = gscale * d_2 + gtb;
for juzhen = juzhen_Frist:juzhen_Last
    if juzhen == 1
        data = a1;
        juzhen_name = 'a1';
    elseif juzhen == 2
        data = a2;
        juzhen_name = 'a2';
    elseif juzhen == 3
        data = h1;
        juzhen_name = 'h1';
    elseif juzhen == 4
        data = h2;
        juzhen_name = 'h2';
    elseif juzhen == 5
        data = v1;
        juzhen_name = 'v1';
    elseif juzhen == 6
        data = v2;
        juzhen_name = 'v2';
    elseif juzhen == 7
        data = d_1;
        juzhen_name = 'd1';
    elseif juzhen == 8
        data = d_2;
        juzhen_name = 'd2';
    elseif juzhen == 9
        data = X;
        juzhen_name = 'X';
    end
    data = double(data);
    data = round(data);
    [row,column] = size(data);
    B = data;
    B = double(B);
    [Row,Col] = size(B);
```

```
        if Row ~= Col
            disp('Row ~= Col')
        end
        M = Row;
S = 3:2:15;
h = S * 256 /M;
[l,h_Size] = size(h);
r = S /M;
Site = 1:1:256;
N = zeros(l,h_Size);
pixel_MAX = 0;
pixel_MIN = 0;
pixel_MAX_Number = 0;
pixel_MIN_Number = 0;
for k = 1:h_Size
    for i = k + 1:Row - k
            for j = k + 1:Col - k
                    pixel_MAX = max(max(B(i - k:i + k,j - k:j + k)));
                    pixel_MIN = min(min(B(i - k:i + k,j - k:j + k)));
                    pixel_MAX_Number = round(pixel_MAX /h(k))
                    pixel_MIN_Number = round(pixel_MIN /h(k));
                    if pixel_MIN_Number == 0
                        pixel_MIN_Number = 1;
                    end
                    N(k)=N(k) +pixel_MAX_Number - pixel_MIN_Number +1;
            end
    end
end
x = log(1. /r);
y = log(N);
a = polyfit(x,y,1);
Dimension = 3 - abs(a(1) /2);
y1 = polyval(a,x);
Handle_figure = figure('Name','分形维 --- 盒子维');
set(Handle_figure,'MenuBar','none','NumberTitle','off');
plot(x,y,'o',x,y1,'-')
tt = ['分形维 =',num2str(Dimension)];
title(tt);
```

```
YDT = fix(clock);
time = [num2str(YDT(4)),':',num2str(YDT(5)),':',num2str(YDT(6))];
disp(time)
ex_time = cputime - t;
str = ['消耗时间为  ',num2str(cputime - t),'秒'];
disp(str)
disp('————————————————————————————————————')
str = ['盒子维分形维数为  ',num2str(Dimension)];
disp(str)
disp('————————————————————————————————————')
```

第3章 木材表面纹理分类识别研究的新进展

3.1 基于彩色图像分析市材表面纹理分类识别研究

纹理和颜色特征是图像两种很重要的特性，在图像分析与分类识别中得到了广泛的应用。纹理特征是一种不依赖于颜色或亮度的、反映图像中同质现象的重要特征，是所有物体表面共有的内在特性，包含了物体表面结构组织排列的重要信息以及与周围环境的联系。而颜色特征是一种表现图像内容的非常简洁且有效的视觉特征，能够提供丰富的信息来表达图像内容，比如对于树木、海洋、沙地等不同对象，颜色具有较强的可分性，它包含的信息是关于纹理信息（灰度级）光谱分布的补充描述。

传统的纹理分析主要集中在灰度级纹理分析的研究上，有必要通过增加颜色信息对灰度级纹理分析进行改进。因此，近年来，彩色纹理图像分析成为研究的热点。彩色纹理图像可以认为是纹理图像的色彩和结构分布之间的关系。尽管彩色纹理图像分析具有优越性，但如何很好地把颜色和纹理特征整合成为一个有机模型还是一个挑战。一般来说，彩色图像的纹理分析可以总结为以下两种方式：第一种是先进行颜色空间转换，把灰度信息和彩色信息分开来，分别提取图像的纹理特征和颜色特征，然后对它们进行综合考虑。第二种是在多个颜色通道上提取图像纹理特征，它直接把灰度图像特征分析算法扩展到彩色图像，主要应用于彩色纹理分割和分类。以上研究总体上彩色纹理分析的研究仍然较少，不同方法需要与具体对象相结合，没有一种普遍适应的彩色纹理分析分类。

彩色视觉涉及人类视觉系统、颜色的物理本质等方面。通常人们所说的颜色一般多指彩色，但严格地说，彩色和颜色并不相同，颜色包括无彩色和有彩色两大类。无彩色是指白色、黑色和各种深浅程度不同的灰色。能够吸收所有波长光的物体表面看起来就是灰色的，反射的多则呈浅灰色，反之则为深灰色。如果反射的光少于入射光的10%则为黑色。以白色为一端，通过一系列从浅到深排列的各种灰色，到达另一端的黑色，这些灰色可以组成一个黑白系列。而彩色是指除去黑白系列以外的各种颜色。

彩色视觉的生理基础与视觉感知的化学过程有关，并与大脑中神经系统的神经处理过程有关。波长在100～700 nm的电磁辐射会刺激人体的感觉神经，从而产生色感，如图3－1所示。如果光源由单波长组成，就称为单色光源，该光源具有的能量称为强度。实际上，只有极少数光源是单色的。

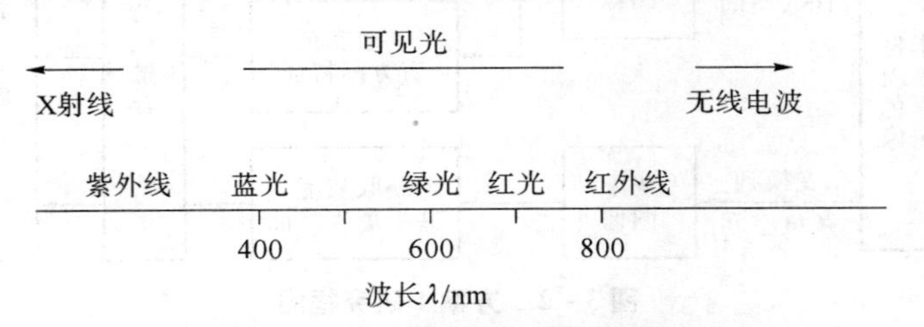

图3－1　电磁波谱中的可见光部分

在物理世界中，辐射能量的分布是客观的，但彩色仅存在于人的眼睛和大脑中，对彩色的视觉感知是人类视觉系统的固有能力。总的来说，人的色觉产生是一个复杂的过程，它需要具备一系列要素。颜色空间（也称为颜色模型）是表示颜色的一种数学方法，是指某个三维颜色空间中的一个可见光子集，包含了某个颜色区域的所有颜色，可用来指定和产生颜色，使颜色数字化。颜色空间中的颜色通常使用代表三个参数的三维坐标来指定。

颜色空间的建立和选择对于获取有效表征彩色图像的颜色特征来说至关重要，而不同的颜色空间，则分别用于不同的研究目的。目前，从应用角度看，广泛采用的颜色空间大致可以分为两类：一类面向诸如彩色显示器或彩色打印机之类的硬设备，如RGB颜色空间、CMY颜色空间、YUV颜色空间等；另一类是面向视觉感知或者说以彩色处理分析为目的的应用，如HSV颜色空间、HSI颜色空间、$L^*a^*b^*$颜色空间等，这些颜色空间模型是非线性的，既与人类颜色视觉感知比较接近，又独立于显示设备。

一般来讲，在彩色图像分析中关于彩色和纹理的处理有两种策略：分开策略与联合策略。分开策略是指彩色和纹理被认为是独立的图像特征，从而可以分别从图像中获取灰度纹理特征参数和纯彩色特征参数。然后，使用特征融合手段，将它们有机地融合在一起，形成新的特征向量，在这个特征向量中同时包含有彩色和纹理信息。在这种策略下，许多来自这两个领域的方法都能被直接使用，这也是该策略得到广泛应用的一个重要原因。

例如，我们采用第一种策略，第一步，在HSV空间中，获取图像的颜色直方图特征和颜色矩特征。第二步，在图像的灰度空间中，获取图像的灰度共生矩阵特征。第三步，对不同类型的特征进行归一化处理，使用特征融合算法将“颜色直方图特征和灰度共生矩阵特征”“颜色矩特征和灰度共生矩阵特征”或“颜色直方图特征、颜色矩特征和灰度共生矩阵特征”融合在一起，分别形成新的纹理特征向量，其研究框图如图 3 – 2 所示。

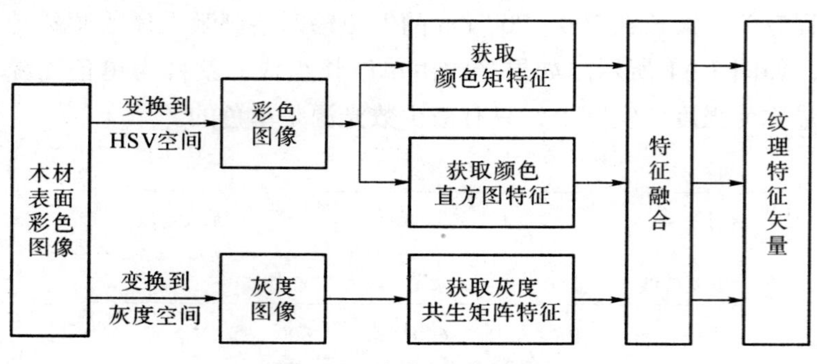

图 3 – 2　方案 1 研究框图

第二种彩色和纹理处理策略是将彩色和纹理在彩色图像处理过程中联合起来使用。在这种策略中，首先从一幅彩色图像中提取出 *N* 幅伪灰度图像，然后分别获取每一幅伪灰度图像的纹理特征，将从这些伪灰度图像中提取出来的纹理特征作为原彩色图像的纹理描述。目前，从彩色图像中推导伪灰度图像主要有两种方法：基于颜色相似性的推导方法和直接将彩色图像的色彩光谱频道作为伪灰度图像的推导方法。其中，后者应用更为广泛，因此，被本课题所采用。

例如，我们采用第二种策略则是把 HSV（或 RGB）颜色空间的三个通道的图像看作是原彩色图像的三幅伪灰度图像，在三幅伪灰度图像上直接提取灰度共生矩阵纹理特征，并将它们组合在一起，分别形成新的纹理特征向量，然后使用特征选择方法对所形成的特征向量进行降维处理，以减小运算量和分类器的负担，简化下一步分类器的设计，研究框图如图 3 – 3 所示。

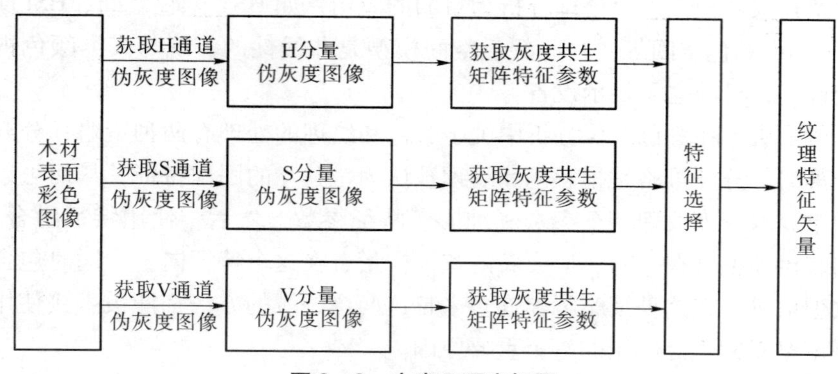

图 3 – 3　方案 2 研究框图

3.2　基于高光谱成像技术的木材表面纹理分类识别研究

自然界中的光是由不同波段的单色光复合而成的，当一束自然光照射到某个物体上时，该物体内的某种物质会有选择地吸收自然光中某个波段的能量，这就会使得接收到以反射或散射方式回来的光束中某一波段的能量有明显损伤，就会形成不同波段的吸收峰。由于物体内部化学成分复杂多变，造成的吸收峰也就会各不相同，因此近红外光谱能够反映一定的化学成分。高光谱成像技术起源于遥感测量领域，但从实质上来说，高光谱检测技术是一种以原子间的振动以及分子转动等表征为基础来分析物体内部物质成分含量的研究方法。正是由于近红外光谱的这一特点，使其得到了广泛的应用。它将二维成像和光谱技术有机融为一体，可以同时获取研究对象的空间及光谱信息，高光谱图像数据是三维立体的，集目标的图像信息和光谱信息于一体，是由与波段数数量相同的二维图像按照波长从小到大的顺序依次堆叠而成的，已经广泛应用于水果、蔬菜、生鲜肉等农畜产品品质安全检测领域，利用其解决木材表面纹理检测识别是可行的。但目前，高光谱成像技术在木材无损检测识别中的研究在国内尚无，在国外仅处于起步阶段，且大多数为实验室研究，距离实际应用尚有差距。

高光谱成像技术可利用可见/近红外和近红外高光谱成像技术对木材样本进行分析，充分挖掘图像和光谱中的有效信息，突破了现有研究中近红外光谱技术只采集被测对象一个点域的信息，缺少被测对象的空间信息的这一局限性，改为采集 ROI 区域平均值信息，增加了预测模型的稳定性和适应性；突破了现有研究中对图像光谱波长限制的技术局限，获得了更加丰富的信息，有利于下一步对木材表面纹理开展检测识别研究；突破现有研究中仅采用外在图像或光谱特征的技术局限，为有效解决木材表面纹理识别问题提供了全新思路，同时结合模式识别技术对木材表面纹理无损检测识别可以进行以下三个方面研究。

1. 研究基于光谱特征的木材主要材性预测和树种无损检测识别

木材密度和木质素是木材的两个主要材性，木质素是组成木材的主要成分，与木材其他性质以及木材的加工利用关系密切，而木材密度则是判定木材各项力学强度的重要指标。本项目研究光谱特征随上述两个木材材性变化规律，为树种检测识别奠定基础，主要研究内容涉及：研究光谱平滑、导数、多元散射校正、变量标准化、小波变换等光谱维数据预处理方法，对木材光谱数据的影响，确定最合适木材光谱数据的预处理方法；关键解决光谱数据特征提取和优选有效特征波长选择问题，确定适合木材表面纹理识别的光谱特征和优选有效特征波长，研究利用回归统计方法验证木材主要材性（如密度、木质素等）与光谱特征的相关性，建立预测模型；分别在全光谱特征和降维后特征波长的空间中，研究利用多种模式分类器建立基于平均光谱木材表面纹理识别模型。

2. 研究基于高光谱图像维数据特征的木材表面纹理无损检测识别

高光谱图像相邻波段间有着较高的相关性和冗余性，并不是所有波段对图像的处理都有同等重要的作用，为避免出现 Hughes 现象，去除图像的冗余，以及减小数据量和计算量，关键需要研究木材高光谱图像维数据降维方法，在降维后图像维数据提取纹理和颜色特征参数，利用特征融合算法解决纹理和颜色特征参数筛选和融合的问题，获得有效的特征参数体系，研究利用多种模式分类器建立基于高光谱图像维数据特征的木材表面纹理识别模型。

3. 研究基于光谱和图像特征融合的木材表面纹理识别

木材光谱特征能有效反映木材物理和化学等主要材性，图像特征能有效表征木材表面复杂的模式特性和视觉特性，将图、谱特征进行融合，可以在对树种识别时，综合考虑木材表面和内部构成，使得识别结果更具有说服力，研究利用多种模式分类器建立基于光谱和图像特征融合的木材表面纹理识别模型。通过以上三类树种识别模型及传统可见光模型的分析比较，找出最优模型，以提高木材表面纹理无损检测识别的正确率。

下面给出基于高光谱成像技术的木材表面纹理分类识别研究技术路线。

（1）样本库制备与高光谱图像采集。

按照我们技术路线，需要制备实验样本库，每种类木材取 200～300 块样本，样本尺寸 15 cm×15 cm。我们选用 VIS /NIR 和 NIR 两套高光谱成像仪，基于成像光谱仪的高光谱图像检测系统主要由光谱仪、成像系统（CCD 相机）、光源、电移动平台和计算机（含光谱处理软件 ENVI）等组成。光谱仪主要通过光学系统产生光谱区域在 400～1 000 nm 和 1 000～2 500 nm 的一系列光谱，光谱分辨率分别为 2. 8 nm 和 5 nm，使用该设备获取样本高光谱图像数据，采用 ENVI 软件提取高光谱图像数据感兴趣区域（ROI），进行预处理，输入到计算机中，技术路线如图 3－4 所示。

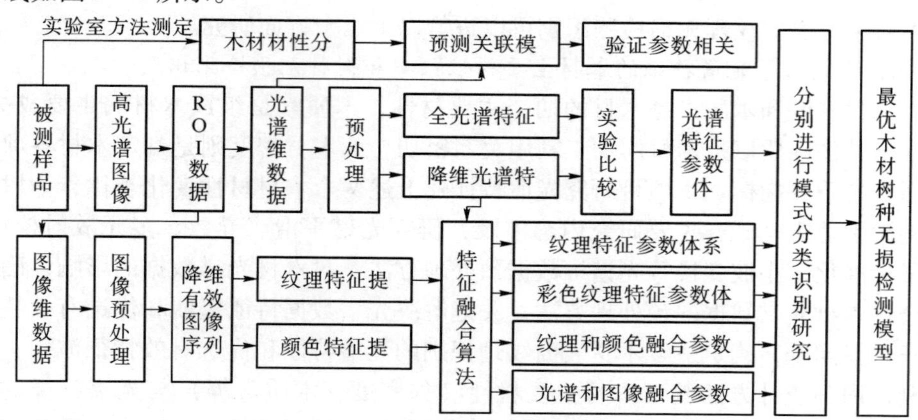

图 3－4　木材无损检测识别研究技术路线

（2）基于光谱特征的木材表面纹理无损检测识别的研究。

分别在400～1 000 nm和1 000～2 500 nm这两个波段范围内研究，利用化学分析和物理仪器检测的手段，检测木材样本密度和木质素两种主要木材材性的测量值，作为实验标定值。获取样本ROI区域平均光谱维数据后，难点是从复杂、重叠、变动的光谱中提取有效信息，分别采用主成分分析（PCA）、独立成分分析（ICA）、偏最小二乘法（PLS）、小波分解等方法提取光谱特征，并结合遗传算法进行寻优处理，获得有效的特征波长和特征向量，对光谱特征进行降维，研究使用主成分回归（PCR）、偏最小二乘法（PLS）、BP人工神经网络（BP-ANN）和最小二乘支持向量机（LS-SVM）方法对木材材性进行预测，确定最优木材密度和木质素含量材性预测模型，找出能够表征木材主要材性的光谱波长序列 W_1、特征参数体系记为 X_1，研究不同波长范围对木材表面纹理识别的影响，确定适合木材表面纹理分类识别的波长序列 W_2、特征参数体系记为 X_2，后续图像维数据的处理提供特征波长选择依据，在全光谱特征和降维光谱特征的空间中，利用 K 紧邻分类器（K-NN）、支持向量机（SVM）、神经网络（ANN）、AdaBoost等分类器建立木材表面纹理识别模型。

（3）基于高光谱图像纹理特征木材表面纹理无损检测识别的研究。

获取样本ROI区域图像维数据后，利用PCA提取主成分图像 $PC_i(i=1,2,\cdots,\lambda)$，根据波长的平均权重系数绝对值的大小，确定特征波长序列 W_3，分别对主成分图像序列、特征波长序列 W_1、W_2 和 W_3 相应图像序列提取灰度共生矩阵GLCM纹理特征参数，确定有效特征波长序列；在此有效波长序列下，研究高斯-马尔可夫随机场（GMRF）和Gabor小波特征参数的有效性，经特征融合算法处理后，得到有效纹理参数体系，利用上述多种模式分类器建立木材表面纹理识别模型。

（4）基于高光谱图像彩色纹理特征木材表面纹理无损检测识别的研究。

选择特定的R、G、B通道将高光谱图像转化为RGB图像，同时将其转化到HSV和HLS颜色空间，分别在每一个颜色空间下，提取基于GLCM的纹理特征参数，进行经特征融合算法处理后，得到有效彩色纹理特征参数体系，利用上述多种模式分类器建立木材表面纹理识别模型。

（5）基于高光谱图像颜色和纹理特征融合木材表面纹理无损检测识别的研究。

选择特定的R、G、B通道将高光谱图像转化为RGB图像，根据前期研究结果，分别在每一个颜色空间下，提取主颜色特征参数，选择适合木材表面纹理分类的颜色空间，与（3）得到了最终纹理特征参数体系，进行特征融合，得到有效的颜色和纹理特征融合参数体系，利用上述多种模式分类器建立木材表面纹理识别模型。同时，与（3）、（4）进行比较分析，确定最有效的特征参数体系，为本项目的适合木材表面纹理识别的高光谱图像维特征参数体系 X_4。

（6）基于光谱和图像特征融合（图谱合一）的木材表面纹理无损检测识别

的研究。

使用遗传算法，X_1与X_4、X_2与X_4、X_3与X_4分别在特征层进行数据融合，得到图谱合一的特征参数体系Y_1、Y_2与Y_3，将木材材性和图像视觉特征综合考虑到木材表面纹理分类识别中，对参数体系Y_1、Y_2与Y_3进行分析比较，得到有效纹理参数体系，利用上述多种模式分类器建立木材表面纹理识别模型。综合分析(1)、(5)、(6)提出的参数体系，得出本项目最优参数体系，利用K紧邻分类器（K－NN）、支持向量机（SVM）、神经网络（ANN）、AdaBoost等分类器建立木材表面纹理识别模型，其中识别率最高的模型，即为最终木材表面纹理识别模型。注意需要解决的关键问题如下：

①木材表面纹理样本高光谱图像的光谱维和图像维数据有效降维问题的实现。高光谱数据量很大，木材表面纹理样本的信息非常丰富，但其数据间相关性强，且存在很多冗余信息，这些冗余信息不仅会影响木材表面纹理识别正确率，还会增加数据处理的代价。因此，如何有效对高光谱数据降维，又能最大限度保留有效信息是关键问题之一。

②木材表面纹理样本高光谱图像的光谱维和图像维特征数据有效融合问题的实现。光谱特征能够有效描述木材材性，图像特征能够有效描述木材视觉特征，它们所表达的信息之间存在一定的独立性和互补性，如果将两种特征简单叠加在一起，势必会增加特征空间维数，可能会造成木材表面纹理样本在新的特征空间中的分布，变得越来越稀疏，使得难以定义新的度量函数，甚至会导致维数灾难现象。此外，难免会带来一些与分类无关或冗余的特征，一方面会大大增加分类器学习和训练的时间及空间复杂度，降低识别的精度；另一方面，大量特征参数的计算会严重影响系统的实时性。因此，上述特征融合问题是另一关键问题。

通过将高光谱成像技术引入到本领域，能够解决以往研究中图谱分离和光谱不平均的问题，使得人们可以摆脱对木材专家的过分依赖，可以快速有效地对木材表面纹理进行无损检测识别，对于充分合理利用木材，高效优质加工木材、木材表面纹理检测识别设备的研发以及加速木工企业自动化发展等木材相关产业的现实生产、管理、经营等各方面具有重要的理论指导与实践意义，同时也为木材树种无损检测识别方法的进一步发展和技术标准化提供基础的科学依据。

参考文献

[1] 刘一星．木材视觉环境学［M］．哈尔滨：东北林业大学出版社，1994.

[2] 王克奇，白雪冰．木材表面缺陷的模式识别方法［M］．北京：科学技术出版社，2011.

[3] 杨树根，张福和，李忠．木材识别与检验［M］．北京：中国林业出版社，2014.

[4] 徐峰，刘红青．木材比较鉴定图谱［M］．北京：化学工业出版社，2016.

[5] 朱忠明．木材识别与检验［M］．北京：中国林业出版社，2016.

[6] 阮秋琦等译．数字图像处理（第 3 版）［M］．北京：电子工业出版社，2017.

[7] 陈天华．数字图像处理及应用——使用 MATLAB 分析与实现［M］．北京：清华大学出版社，2018.

[8] 张学工．模式识别（第 3 版）［M］．北京：清华大学出版社，2010.

[9] 周润景．模式识别与人工智能（基于 MATLAB）［M］．北京：清华大学出版社，2018.

[10] Jiawei Han，MIcheline Kamber，Jian Pei. 数据挖掘：概念与技术（原书第 3 版）［M］．范明，孟小峰，译．北京：机械工业出版社，2012.